自然科学実験

北海道大学自然科学実験編集委員会 編

学術図書出版社

序　文

　本学の基礎実験は自然科学の根幹をなす，物理学・化学・生物学・地球惑星科学の各学問分野の基礎的なテーマを主体になされ，基礎的な面を重視し，教科書で習ってきたことの確認に主眼がおかれてきた．初年度教育としての「自然科学にじかにふれる」実験を理系の学生に経験させる．ひいては文系の学生にも発展させる．このようなことから実験に対する見直しが行われ，〈自然科学・科学一般に対する興味を培う〉，〈社会・環境における自然科学の役割〉など，現代のニーズに対応するテーマを積極的に取り入れ，学生の自然科学に対する興味を喚起し，基礎学力の育成を行い，科学的・創造的な思考力を養う科目としての実験科目の構築を目指す事となった．このことから基礎実験は学部教育に委ねられ，ここで構築する自然科学実験では新しいことを経験し，それにより自然を見る目・思考力を養うことを1つの目的とする．このような科目の作成が教育改革室に組織された自然科学実験テーマ検討 WG の下で検討され，個々の基礎を大事にし他分野にも目を向けた実験を構築し，実施されることとなった．このようなことからいままでの基礎実験を大幅に見直し，北海道大学理系学生の 2006 年度以降の全学教育科目である「自然科学実験」として準備した．

　自然科学実験では講義により得た基礎知識を確実なものとし，実際のものに触れ，考えることにより，理科の素養の実質的向上を目指す．このことから受験対応型の教育を受けてきた学生諸氏が大学教育の早期段階で本実験を受けることにより学習意欲の喚起・啓発，新しい視点の認識，実験が成功することの意義，実験が示唆することの意義，失敗することから学ぶ経験などにより，学問発展の礎を学び，人間性の涵養が可能となるのではと期待している．このようにして自然科学実験が本学の目指す教育理念，新しいことに積極的に取り組む開拓精神，科学素養を持って全世界的に活躍できる人材の養成，全人教育，実学教育の中心となると考えられる．実験においては手足・頭脳を使い得られた結果が教科書と同じや異なるといったことに一喜一憂するのは意味がない．重要なのはその結果を得るに至った過程であり，得られた結果をいかに分析するかである．したがって実験を通じて測定データの見方，データの処理と最終結果の信頼性に対しての考え方を習得し，実験の各過程を検証して手順に誤りがないのなら，得られた結果を尊重し，教科書に書かれた結果との相違点を科学的論理性にもとづき考察する．これらのことにより科学的センスを養うことができる．実験教育がうまく機能すれば，受講学生諸氏がここで構築された広い視野に立った基本的に2つの分野の実験に触れることにより，自然科学の根底に目を向け，個性ある科学者・創造性に富んだ社会人となってくれるものと期待している．

　今後のテーマ開発は総合大学としての立場を生かし，さらなる発展がうまく継続することが望まれる．本書の実験テーマは実験科目構築の一段階で，継続して，より魅力のある実質の伴った科目となるように改善を継続することが必要である．このようなことから関係各位の建設的な叱咤・激励・助言が寄せられることを編集・執筆に携わった者一同が願っております．

　2006 年 1 月

文責　中原純一郎

も　く　じ

物 理 系 実 験

P 1　目で見る電気信号 ……………………………………………………… 4

P 2　マイナス 200 度の世界と超伝導 ……………………………………… 17

P 3　レーザー光で学ぶ光の世界 …………………………………………… 27

P 4　弦 の 振 動 ………………………………………………………………… 34

P 5　重力加速度と地球 ……………………………………………………… 41

P 6　放 射 線 と 統 計 …………………………………………………………… 49

P 7　燃料電池と地球にやさしいクリーンエネルギー ………………… 58

化 学 系 実 験

C 1　酸化還元滴定による COD の測定 …………………………………… 68

C 2　吸収スペクトルと酸塩基平衡 ………………………………………… 75

C 3　タンパク質分解酵素の反応速度解析 ………………………………… 84

C 4　ものさしで測る分子の大きさと表面圧 ……………………………… 91

C 5　鈴木–宮浦カップリング反応 ………………………………………… 102

C 6　天然のかおり物質の合成 ……………………………………………… 109

生 物 系 実 験

B 1　顕微鏡の使い方 (細胞分裂の観察) …………………………………… 120

B 2　薄層クロマトグラフィーによる植物色素の分離 …………………… 124

B 3　ゾウリムシの行動観察 ………………………………………………… 130

B 4　DNA 実験—PCR による遺伝子の増幅 …………………………… 138

B 5　生活の中の科学—イカの解剖 ……………………………………… 145

B 6　水の中の小さな生物—珪藻の多様性と環境 ……………………… 154

地球惑星科学系実験

E 1　地形の実体視と地質プロセス ………………………………………… 164

E 2　堆積物からさぐる地球の環境 ………………………………………… 172

E 3　地球リソスフェアの岩石・鉱物しらべ ……………………………… 182

E 4　偏光顕微鏡で覗く岩石・鉱物の世界 ………………………………… 191

E 5　地震計で測る大地の震動 ……………………………………………… 199

E 6　VLF 帯電磁波動で探る雷活動 ……………………………………… 209

　　E7　環境水の水質分析 ……………………………………………………… 220

付　表

　1.　基本物理定数の値 ……………………………………………………… 236
　2.　エネルギー換算表 ……………………………………………………… 237
　3.　元素・化合物の物理量 ………………………………………………… 238
　4.　放射線 (単位換算) ……………………………………………………… 238
　5.　SI 基本単位 ……………………………………………………………… 239
　6.　SI 単位接頭語 …………………………………………………………… 239
　7.　ギリシャ語アルファベット …………………………………………… 239

　　裏見返し　元表の周期表

　　索　引 ……………………………………………………………………… 240

安全に実験をするために

　皆さんが自然科学実験を安全に行うために，テキストを注意深く読み，事故を起こさないよう細心の注意を払って実験を行ってください．

　なお，事故が起こったときは，基本的には教員の指示にしたがって素早く行動してください．

事故が発生したら　—緊急・緊急時の対応—

1.　万一火災が発生したら

　1)　火元の様子を見て，あわてず初期消火に努める．

　2)　「火事だ！」と叫び，近くの人に協力を求める．

　3)　ガスのコック，電気のスイッチなどの元栓を切る．

　4)　周囲に可燃物があったら，急いで取り去る．

　5)　出火を通報する，または火災報知器をならす．

2.　万一人身事故 (救急) が発生したら

　1)　あわてずに状況を的確に判断し，応急処置を行う．

　2)　応急処置を行った後，できるだけ速やかに学内の保健管理センター・病院・近くの医療機関へ急行するか，緊急度・重症度の高い場合は救急車を呼ぶ．

緊急・救急連絡先

　　　1)　時間内：＿＿＿＿＿＿＿＿＿＿　TEL：＿＿＿＿＿＿＿＿＿＿

　　　2)　時間外：＿＿＿＿＿＿＿＿＿＿　TEL：＿＿＿＿＿＿＿＿＿＿

　・治療を必要とする場合

　　　1)　時間内：＿＿＿＿＿＿＿＿＿＿　TEL：＿＿＿＿＿＿＿＿＿＿

　　　　　　：＿＿＿＿＿＿＿＿＿＿　TEL：＿＿＿＿＿＿＿＿＿＿

　　　　　　：＿＿＿＿＿＿＿＿＿＿　TEL：＿＿＿＿＿＿＿＿＿＿

　　　2)　時間外：＿＿＿＿＿＿＿＿＿＿　TEL：＿＿＿＿＿＿＿＿＿＿

　　　　　　：＿＿＿＿＿＿＿＿＿＿　TEL：＿＿＿＿＿＿＿＿＿＿

　　　　　　：＿＿＿＿＿＿＿＿＿＿　TEL：＿＿＿＿＿＿＿＿＿＿

電気の安全な使用

1. 電気機器の使用注意

1) たこ足配線はしない.

2) 汚れた手, 水でぬれた手で電気機器に触れない.

3) プラグやテーブルタップが破損している場合, 速やかに教員に相談すること.

4) 電気機器のアースを完全にする.

5) 水濡れの可能性のある実験室ではテーブルタップを床に置かない.

6) 電気機器のごみや油は清掃し, 漏電をさせない.

7) コンデンサは電源を切っても高圧を保持しているので, 回路に触れない.

8) 高電圧, 大電流の通電部は危険区域として指定されているので立ち入らない.

9) 高電圧は, 接触しなくても放電によって感電する. $2.5\,\mathrm{kV}$ では $30\,\mathrm{cm}$ 以上, $50\,\mathrm{kV}$ では $1\,\mathrm{m}$ 以上はなれる.

10) 高電圧部は手で触ってはいけない. 故障判断, 調整などは教員に相談すること.

11) 高電圧, 大電流を伴う実験は, 単独では行わず, 2 人以上で行う.

12) レーザー実験では, レーザー光線をのぞいてはいけない. また, 他人の目に入らないように気を付ける.

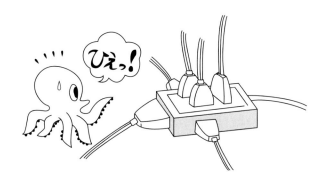

2. 電源の投入・遮断の順序

1) 電源の投入はおおもとから順次機器へと行う. 遮断は逆に最も先端の機器から行い, 最後に電源元スイッチをおとす.

2) ヒューズがとんだ場合は, 機器の電源スイッチを切り, 順次, 接続電源に向かって, 電源スイッチをおとす. 電源のヒューズまたはブレーカを回復させ, 電源投入の順序にしたがい, スイッチを入れる.

工作機械・工具の安全な使用

1. 服装など

1) 機械に巻き込まれる危険がある衣服はさけ，体にぴったりとした作業服を着用する．

2) スリッパやサンダルは機器の落下で怪我をする危険性がある．必ず運動靴を着用する．

3) 回転や高速往復運動する機械では手袋を使用しない．

4) 必要に応じて，保護メガネ，その他の保護具を使用する．

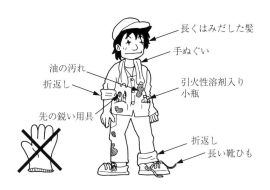

長くはみだした髪
手ぬぐい
油の汚れ
折返し
引火性溶剤入り小瓶
先の鋭い用具
折返し
長い靴ひも

2. 工具・機械類の取り扱い

1) 停電時，機械の点検中は，必ず電源の元スイッチを切る．

2) 機械の操作は1人で行う．2人で行ってはならない．

3) 機械の回転部に，直接手で触れてはならない．

4) いずれの工具・機械についても，あらかじめ教員の指導を受け使用方法を守る．

5) 工具・機械は使用後は定められた位置に戻す．

6) 機械・装置などの周囲を常にきれいにする．

7) 整理・整頓・清掃は安全の要である．

ガスの安全な取り扱い

1.　ガスの分類と性質

1) 可燃ガス：H_2，CO，NH_3，硫化水素，メタン，プロパン，都市ガスなど.

2) 支燃性ガス：空気，O_2，O_3，Cl_2，NO，NO_2 などの酸化力のあるガス.

3) 爆発性ガス：可燃性ガスと支燃性ガスの混合ガスのこと (特にある種のガスは空気と混合しただけで爆発する).

4) 不活性ガス：窒素，ヘリウム，アルゴンなど (これ自体は無害であるが，酸欠によって死亡事故を起こす場合がある).

5) 液化・固化ガス：液体窒素，液体ヘリウム，LPG，ドライアイスなど (これらは凍傷，爆発，酸欠を起こす).

6) 有毒ガス：CO，CO_2，NH_3，ハロゲンガス，ハロゲン化水素，硫化水素，シアン化水素，アルシン，ホスゲン，シラン類，オゾンなど (毒性の強いガスでは希薄ガスを吸引しても死にいたることがある).

7) 腐食性ガス：塩素ガス，塩化水素，オゾンなど (金属，プラスチック，ゴムなどを腐食し，思わぬ災害を引き起こす. また皮膚粘膜に障害を起こす).

8) 高圧ガス：ボンベに高圧充塡されている (ボンベの不注意な取り扱いは重大な事故を招く).

2.　ガスの安全な取り扱い

○実験操作に入る前の確認事項

1) 使用するガスの毒性，引火性，爆発性を確認しているか.

2) 換気は十分か.

3) 使用するガスの種類，および配管に間違いはないか.

4) ガスボンベの固定は大丈夫か.

5) ガスボンベの口金，圧力計に異常はないか.

6) 実験装置の周囲に引火しやすいもの，爆発しやすいものはないか.

○実験操作中の確認事項

1) 換気装置は正常に作動しているか.

2) ガスの計器に異常はないか.

3) 変な臭い，頭痛，めまい，目や喉の痛みはないか.

○実験終了後の確認事項

1) ガスの元栓を確実に閉めたか.

○ガスもれ，不完全燃焼時の行動

1) ただちにガスの使用を中止する.

2) 窓や戸を大きく開ける.

3) ガスの元栓を閉める.

4) 火気は絶対に使用しない.

5) 換気扇や電灯などの電気器具のスイッチを点灯しない.

薬品の安全な取り扱い

1. 薬品の危険性

薬品による危険性は以下の通りである.

1) 化学的危険性：火災や爆発を起こす発火危険性.

2) 生理的危険性：中毒や障害を起こす有害危険性.

薬品は危険の性質によって，消防法，毒物および劇物取締法，労働安全衛生法などにより取り扱いが規定され，試薬カタログや試薬ビンに以下のマークがついている.

試薬カタログのマーク

⑮……消防法による危険物	
⑯……毒物および劇物取締法による毒物	
⑰……毒物および劇物取締法による劇物	
注……取扱い上とくに注意を要する物	
遮……遮光貯蔵品	
冷……冷蔵貯蔵品	
凍……冷凍貯蔵品	

2. 薬品による災害対策

薬品による障害は，接触時間が長いほど障害は強くなり，体内に吸収され中毒症状を起こす. したがって，できるだけ早く，薬品を除去することが大切である.

ただし，薬品の除去方法は薬品の性質によって異なるので，教員の指示を受けること.

3. 緊急時の薬品除去対策

1) 酸やアルカリなどの化学薬品を皮膚に浴びた場合，ただちに大量の水 (水道水で可) で15分間以上洗い流す (化学実験室には緊急シャワーが設置されている).

2) 薬品が目に入った場合，即座に多量の水で洗眼する. その後至急専門医の診察を受ける.

3) 毒性のある薬品を誤って吸い込んだ場合，ノドに指を突っ込んで吐かせる. これが不可能な場合は胃洗浄や解毒剤の投与が必要なため，医療機関へ搬送する.

物理系実験

P1　目で見る電気信号

P2　マイナス 200 度の世界と超伝導

P3　レーザー光で学ぶ光の世界

P4　弦の振動

P5　重力加速度と地球

P6　放射線と統計

P7　燃料電池と地球にやさしいクリーンエネルギー

科学技術の発展は，半導体などに代表される電子機器や，レーザーなどをもちいた計測技術に支えられている．物理以外の分野でもその計測技術に支えられて発展している．化学分野におけるX線構造解析や核磁気共鳴などの分析法や医療分野における放射線や磁気共鳴イメージング (MRI) などはその代表であろう．これらは物理現象を応用しているのであり，新たな物理現象の発見は，新たな科学技術分野の発展に直接的に結びつく．そのために，自然科学実験の物理領域として現在の科学技術の基礎をなしているいくつかのテーマについての実験を用意した．計測技術の進歩によって電源を入れさえすれば測定できるような家庭電化製品のように便利な測定機器が数多くある．しかし，ルーチンワークではなくその測定器を使いこなす，もしくは不測の事態において対応できるためには計測機器などをただのブラックボックスと取り扱うのではなくその原理や，計測法についての見識を持つ必要がある．また測定器の示した数値を闇雲に信じるのではなくそれから結論できることできないことをしっかり判断できることが重要である．そのため，教科書に書いてある内容の確認といったものではなく，実験を通じて測定データの見方，データの処理と最終結果の信頼性に対しての考え方を習得することを目的とする．

　テーマの内容を以下に示す．

P1　目で見る電気信号

　オシロスコープは，時間とともに変化する電圧を観測するために非常に有効な装置であり，理工学系のみならず，生物や医学の分野でも広く利用されている．ここでは，デジタルストレージオシロスコープを用いてその基本的な原理・操作方法を学び，時間的に不規則あるいは周期的な変化をする様々な信号を観測する．応用例として，自分の脈拍の時間変化を観測し，オシロスコープが様々な分野で活用され得ることを理解する．

P2　マイナス200度の世界と超伝導

　高温超伝導体 (超伝導転移温度 $90\,\mathrm{K} = -183\,℃$) の電気抵抗の温度依存性を自動計測する．4端子法による電気抵抗の計測法を学び，超伝導状態におけるゼロ抵抗を観測する．また，超伝導を特徴づけるもうひとつの現象であるマイスナー効果の表れとして「浮き磁石」を観察する．さらに，寒剤として用いる液体窒素 (沸点 $77\,\mathrm{K} = -196\,℃$) の取り扱いを通して，温度の低下に伴う気体の体積の変化を学ぶ．

P3　レーザー光で学ぶ光の世界

　よく知られているように，光は波としての性質と粒子としての性質を合わせもっているが，日常生活で光が波動であることを体験することはあまり多くない．これは，光の波長が短いことに加えて通常の光では波長分布に大きな広がりがあるためである．このテーマでは，単色性と可干渉性のすぐれたレーザー光を用いて，光の波動としての特徴的な現象である回折について実験を行う．

P 4　弦の振動

両端固定の弦の振動から，定常波，固有振動，波数，分散関係など波動の基本的な性質を理解する．

P 5　重力加速度と地球

手に持った物体から手を放すとその物体は地上へ落下する．これは物体に重力がはたらくからである．落下に際しての加速度，つまり重力加速度は一定の値ではなく，地球上の場所によって異なる．これは地球が自転しているために遠心力がはたらくことと地球自身が完全な球形をしていないためである．本実験では，振り子の振動周期の測定から実験室における重力加速度を求める．また，測定における誤差の取り扱いについても習得する．

P 6　放射線と統計

放射線は，原子炉などから発生するだけでなく自然界に存在する自然放射性核種や宇宙から降り注いでいる宇宙線という自然放射線という形でも存在している．現代において放射線はいろいろな場所で利用されており，必要かくべからざるものとなっている．ただ放射線を怖がるのではなく，放射線の種類や性質についてきちんと理解する必要がある．そのために，法規制以下の微弱 β 線源を用いて放射線の特徴を調べる．

P 7　燃料電池と地球にやさしいクリーンエネルギー

燃料として水素と酸素のみを用い，副産物として環境に無害な水しか発生させないクリーンなエネルギーとして注目される固体高分子型燃料電池を取り扱う．このテーマでは燃料電池とは何かを理解し，実験課題を通じて発電機構や機能性を学ぶ．さらにエネルギー効率について調べ，燃料電池の基礎を学習する．そして最後に現在，注目されている燃料電池は本当に地球にやさしいクリーンで有効なエネルギーなのか，いま一度考えてみる．

P1　目で見る電気信号

1．目　的

　オシロスコープは，時間とともに変化する電圧を観測するために非常に有効な装置であり，理工学系のみならず，生物や医学の分野にも広く利用されている．ここでは，オシロスコープの基本的な原理・操作方法を学び，時間的に変化をする様々な信号を観測する．応用例として，心拍センサーを使い心拍の時間変化や，センサーのアナログ信号から脈拍を検出しデジタル化した信号を同時に観測する．これによりオシロスコープが様々な分野で活用され得ることを理解する．

2．実験上の注意

　実験で高電圧が生じることはないが，電気信号を取り扱う関係上感電する危険があるので，濡れた手で機器を操作しないこと．また，火花の発生や異臭 (焦げる匂い)，異音 (うなり) 等感じた場合すぐにスタッフに報告すること．

3．オシロスコープと多機能計測モジュール

　オシロスコープは，電圧の時間変化を画面に表示する機器である．自然現象あるいは人工現象では様々な量 (変位，音圧，温度，…) が時間とともに変化するが，その強弱を電圧の大きさに変換することができれば，その時間変化の様子もオシロスコープを使って目で見ることができる．従来はアナログ回路のみで構成されたオシロスコープが使われてきたが，デジタル信号処理の発展に伴いデジタルオシロスコープが利用されるようになった．最近では，入力された電圧の時間変化をメモリに保存し，様々な処理を加えた後にそれをディスプレイに表示させるデジタルストレージオシロスコープが主流になりつつある．デジタルストレージオシロスコープにおける信号処理の流れを図1に示す．

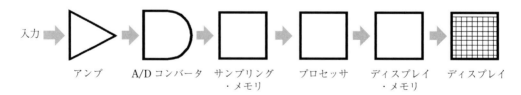

図 1　デジタルストレージオシロスコープの信号処理の流れ

　入力された信号はアンプで増幅され，A/D (アナログ/デジタル) コンバータへ送られる．A/D コンバータは一定の時間間隔でアナログ信号を読み取り (サンプリングという)，その値をコンピューターにわかるデジタルデータ (2 進数) に変換する．デジタルデータは次々とサンプリングメモリへ書き込まれる．サンプリングの速さを表すサンプリングレート (1 秒あたり

のサンプリング数，Sa/s) が大きいほど，高速な現象が観測できる．従来のアナログオシロスコープと異なり，地震波のような遅い現象も観測できるのがデジタルストレージオシロスコープの特徴の1つである．オシロスコープの設定に従って，プロセッサがサンプリングメモリの内容を処理してディスプレイメモリへ書き込み，その内容がディスプレイ (画面) に表示される．デジタルストレージオシロスコープの特徴は，信号データがメモリにあることである．したがって，それが新しいデータで書き換えられない限り，データは永久に消えることがない．またこの流れを逆にしてデジタル信号アナログ信号に変換する素子を用いるとメモリ上のデータを一定の時間間隔でアナログ信号に変換し出力すればオーディオプレーヤーと同様に任意のアナログ波形を出力できるシグナル発生器を構成することができる (図2)．

プロセッサ　　サンプリング　　D/A コンバータ　　アンプ
　　　　　　　　・メモリ

図 2　信号発生器の信号処理の流れ

このA/D，D/Aを含むアナログ信号処理回路とCPUをつかったデジタル信号処理ユニット，表示デバイスを一体化した測定装置がデジタルオシロスコープであるが，近年，A/D，D/Aを含むアナログ信号処理回路を独立させUSBでコンピューターに接続しデジタル信号処理，表示デバイスをコンピューター上のアプリケーションとするデバイスが開発されている．信号処理をプログラムで実現できることからシグナル発生器とデジタルストレージオシロスコープを組み合わせてソフトウェア上で多様な測定器を実現できる．本テーマでは，このような多機能回路測定ツールであるDigilent社のAnalog Discovery2を用いて実験を行う．

4. 実　　　験

4.1　装置の確認実験に必要なものを確認する

(A)　Analog Discovery2 (図3)

　　15×2列のフラットケーブルが装着済み．USBケーブルによりPCとも接続済み (コネクタのピンアサインは章末の参考資料参照)．

図 3　Analog Discovery2

(B)　接続端子 (図 4)

　　Analog Discovery2 の測定ケーブル間を接続するのに使用. 小さいので紛失に注意する.

図 4　接続端子

(C)　心拍センサーと Arduino と拡張基板 (図 5)

　　心拍センサーとその信号処理を行う信号処理基板. これに加え Arduino の電源の電源を供給するための USB ケーブル.

図 5　心拍センサーと Arduino と
拡張基板

(D)　画面の保存について

　　Analog Discovery2 の画面は, ALT+SHIFT+S を押した後 Waveforms の window をクリックするとコピーされるのでファイル名をつけてデクトップに作成した自分のフォルダに保存する. PC 上の "画像の保存方法.mp4" に手順を示した動画がある. 保存したデータは別紙「実験データファイルの保存方法」のとおりに実験終了後 ZIP アーカイブに圧縮しパソコンのデスクトップにある「data フォルダ」に移動しておく. このフォルダに正しい形式で移動していないとデータを失うので注意すること. データの受け取り方法も同じ別紙を参照のこと.

4.2　Analog Discovery2 の起動と正弦波の観測

Wavegen の設定

(1)　タスクバーのアイコン (W マーク) から Waveforms を起動する. 起動後, Workspace メニューから New を選択する. このとき, 現在の設定を保存するかを問われた場合, No を選択する.

　　図 6 のような Welcome タブが表示され① から測定器を立ち上げることができる. ② の Help タブをクリックすることでオンライン Help (図 7) を呼び出すことができる.

(2)　Welcome タブ① から Wavegen と Scope を起動する.

　　WaveForms には, 多くの instruments が提供されている. 本実験では, その中で信号発

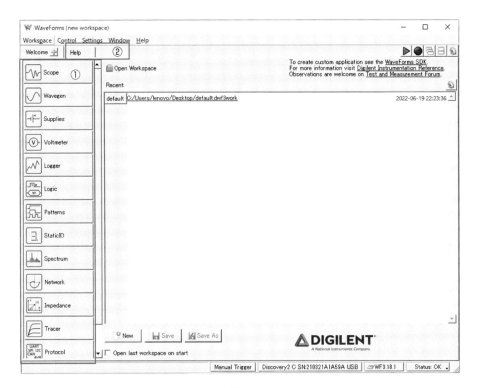

図 6

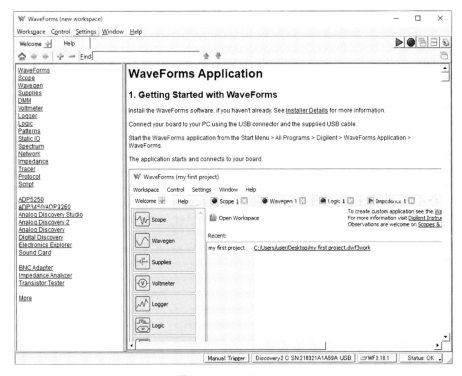

図 7　オンライン Help

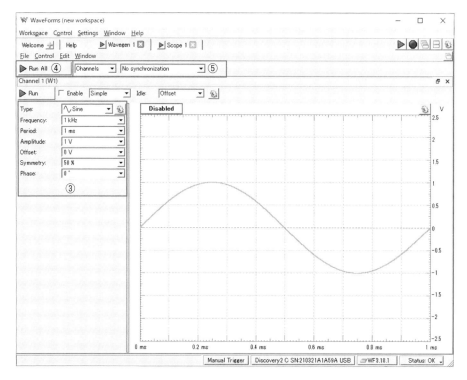

図 8

生器である Wavegen とデジタルオシロスコープの Scope を用いる.

(3) Wavegen タブ (図 8) の左側にある信号設定のパネル ③ を以下のように設定する.

        Type：Sine

        Frequency：1 kHz

        Amplitude：1 V

        Offset：500 mV

        Symmetry：50 %

        Phase：45°

(Period のドロップボックスは, 周波数でなく周期で指定したい場合に使うもので Frequency で指定すれが, 自動的に対応する周期に設定される.)

(4) タブの上部の Run All/Stop All ボタン ④ が緑の Run All 状態であることを確認 (出力待機中) し画面を取り込む.

課題 1 Frequency, Amplitude, Offset, Phase の値が画面のどれに対応するか取り込んだ画像に対応する部分を記入し説明せよ.

Scope による信号の取り込み

(1) 図 9 のように Ch1+ と W1，Ch1−と GND (↓) を結線する．これにより W1，GND 間に出力される Wavegen の出力を Scope の Ch1 に入力させることができる．

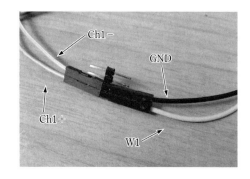

図 9

(2) Scope タブ (図 10) をクリックして Scope を表示する．

(3) 画面上部の設定⑥を以下のように設定する．

Repeated, Auto, Channel 1,
Rising, 0 V

(4) 右パネル⑦で Time, Channel 1, Channnel 2 で Channel 2 のチェックを解除する．

(5) Time position 0 s Base 200 µS/div，Channel offset 0 V，Range500 mV/div に設定する．

(6) Scope タブの⑧の緑の Run ボタンを押す．ボタンが青の Stop となり状態⑨が Stop -> Armed -> Auto となり水平線が表示される．Wavegen が出力待機中なので信号 (正弦波) は出力されていない．

(7) ⑧の Stop ボタンを押して Scope を待機状態 (緑の表示にもどる) にする．

(8) Wavegen タブに切り替え④の RunAll ボタンを押す．StopAll 表示 (動作中) に変化し信

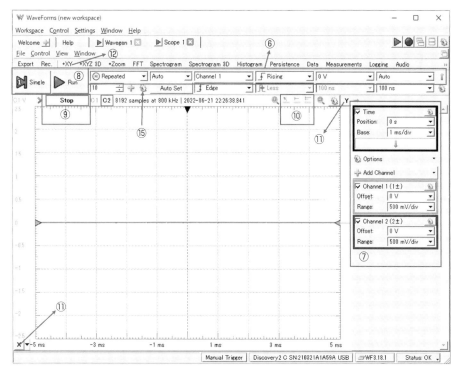

図 10

号が出力される.

(9) Scope タブに切り替え再度 ⑧ の Run ボタンを押す. 正弦波が表示される.

(10) ⑧ Stop ボタンを押して待機モードにする.

信号の計測

画面上で信号の電圧や時間を読み取ることが, Quick measure 機能 ⑩, または, 水平, 垂直ガイド ⑪ を使って読み取ることができる. ここでは ⑪ の方法を用いて信号の値を読み取ってみる. ⑪ で示される左下の X, 右上の Y ボタンを押すと水平, 垂直計測を簡単に行うことができる.

(1) X ボタンを 2 回押して 2 本の計測ガイドを表示させガイドをドラッグさせて周期を測定せよ.

(2) Y ボタンを 2 回押して 2 本の計測ガイドを表示させガイドをドラッグさせて最大値と最小値の差を計測せよ.

(3) 画像を取り込む.

4.3 トリガーの理解

電気信号を取り込む過程で, A/D 変換が開始され一定の時間間隔で変換されたデジタルデータは一時的なメモリ上 (バッファ) に保存される. そしてそのメモリがいっぱいになると最も古いデータは消去され最新のデータが追加される. この過程では, データは画面に表示されない. その表示のタイミングを制御するのがトリガーである. たとえばトリガー設定が Source C1, Condition Rising Level 0 V であった場合, ソース信号である C1 の入力が, Level 0 V を Rising なので電圧が大きくなる方向に通過したときにトリガーが発生する. この位置は Scope 画面の上の軸の ▽ で表示された位置に対応して画面にはこの位置を 0 s として前後の波形が表示される. Scope を Single ボタン ⑧ で起動した場合, 取り込み動作がこれで終了する. Run/Stop ボタン ③ で起動した時, Normal モードの場合, 次のトリガーを待ち, トリガーが発生した場合, 再描画をすることを繰り返す. この場合, 同じ波形を繰り返し表示するので Single と同様に波形が静止して見える. Auto モードの場合, 一定時間トリガーが発生しない場合, 強制的に描画をするモードで, 波形は画面上で動いているように見える. トリガーが発生していれば, Auto モードは Normal モードと同じように静止した波形が観測される.

(1) Wvegen タブの ④ の Run All ボタンを押し信号を発生する.

(2) Scope タブの上部の設定 ⑥ で Mode Repeated, Normal Source Channel 1, Condition Rising Level 500 mV とする. (この部分がトリガーの設定となる)

(3) ⑮ の設定ボタンから Clear Buffers をクリックして画面のデータを消去する. Scope タブの ⑧ の位置の Single ボタンを押す. 状態が Armed -> Done と変化するのを確認する. 画像を取り込む.

(4) Mode Repeated, Normal Source Channel 1, Condition Falling Level 500 mV に設定

する．

(5)　⑮の設定ボタンから Clear Buffers をクリックして画面のデータを消去する．Scope タブ
の⑧の Single ボタンを押し状態変化 Armed -> Done を確認し画像を取り込む．

(6)　Mode Repeated, Normal Source Channel 1, Condition Rising Level 0 mV に設定する．

(7)　⑮の設定ボタンから Clear Buffers をクリックして画面のデータを消去する．Scope タブ
の⑧の Single ボタンを押し状態変化 Armed -> Done を確認し画像を取り込む．

(8)　⑮の設定ボタンから Clear Buffers をクリックして画面のデータを消去する．Mode
Repeated, Normal Source Channel 1, Condition Rising Level 2 V に設定する．

(9)　Scope タブの⑧の Single ボタンを押す．状態は Armed から Done に変化せず信号が取
り込まれないことを確認する．画像を取り込む．

(10)　⑧の Stop をクリックし Scope を強制的に停止させる．

課題 2　以上の測定結果の違いをトリガーの動作を使って説明せよ．

4.4　いろいろな電気信号の観察

いろいろな信号を Wavegen から発生させて Scope を使い信号を観測してみる．

(1)　Wavegen タブ②で以下の信号を設定する．

Type：Sine

Frequency：30 kHz

Amplitude：1 V

Offset：0 V

Symmetry：50%

Phase：45°

(2)　信号を出力する．

(3)　Scope で 2 周期程度の信号を画面全体に信号が入るようにスケール，トリガー設定を調整
して表示させる．(Single ボタンを押して Armed から変化しない場合 [**4.3** の最後の設定だ
と Armed から変化しない]，Stop してトリガーの設定を調整する．)

(4)　水平，垂直計測ガイド機能を使って周期と振幅を計測する (計測結果は消去しないこと)．

(5)　画像を取り込む．

(6)　以下の信号も同様の手順で周期と振幅を計測し画像を取り込む．

Type：Triangle　　　　　　　　Type：Square

Frequency：100 kHz　　　　　Frequency：1 kHz

Amplitude：3 V　　　　　　　Amplitude：100 mV

Offset：1 V　　　　　　　　　Offset：0 V

Symmetry：50%　　　　　　　Symmetry：50%

Phase：0°　　　　　　　　　　Phase：0°

4.5 リサージュ図形

Analog Discovery2 を含む多くのオシロスコープは，2つの入力端子を持ち同時に2つの信号を観測することができる．ここではこの機能を使って2つの入力信号を観測し，その位相関係 (2つの信号の位相差) を視覚的に判断できるリサージュ図形を表示させてみる．

(1) Wavegen の出力が停止していなかったら停止させる．

(2) Wavegen タブの⑤ channels → プルダウンメニューで Channel 2 もチェックし，また2つの出力の位相関係を同期させるため Synchronized に設定する．

図 11

そうすると図 11 に示す新たな設定パネルが表れる．ここで⑯の Run を 1ms に変更する．

(3) Channel 1 と Channel 2 の設定を
以下のようにする．

Channel 1

    Type：Sine

    Frequency：10 kHz

    Anplitude：1 V

    Offset：0 V

    Symmetry：50%

    Phase：0°

Channel 2

    Type：Sine

    Frequency：10 kHz

    Anplitude：1 V

    Offset：0 V

    Symmetry：50%

    Phase：180°

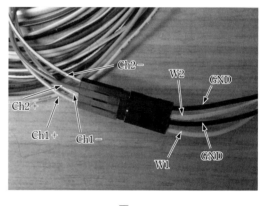

図 12

(4) Channel 2 のパネルの enable をチェックする．

(5) Ch2+ と W2，Ch2− と GND (↓) を追加結線する (図 12)．

    これにより Wavegen の W1,W2 の2つの出力が，Scope の2つの Channel に入力される．

(6) Scope の右パネル⑦の Channel 2 をチェックする．

(7) Single ボタンを押して信号を取り込み，⑦の Time → Base を調整して4周期程度表示させる．

(8) Scope タブの⑫ +XY をクリックする．

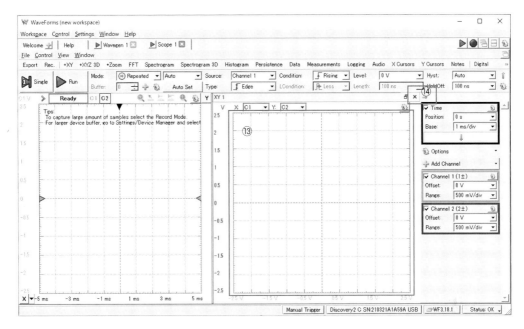

図 13

(9) 新たなパネルが表示される (図 13). ⑬の XY 画面が正方形になるようにパネルの大きさ
を調整する.

(10) Wavegen で Channel 2 の Phase を 0 にする.

(11) Scope で Single Scan 後, 画像を取り込む.

(12) Wavegen で Channel 2 の Phase を 45, 90, 135, 180, 225, 270, 315 に設定し Scope
でそれぞれ Single Scan 後, 画像を取り込む.

　XY モードとは, C1 を水平軸方向, C2 を垂直軸方向に表示させたものである. 数学では
軌跡とよばれるもので

$$x = \sin\left(2\pi ft + \alpha\right)$$

$$y = \sin\left(2\pi ft + \beta\right)$$

ここでは α, β は信号の位相であるが, $\alpha = \beta$ の場合, t を消去すると $x = y$ となり XY 表示
で傾き 1 の直線が表示される.

課題 3 $\alpha = 0$, $\beta = 90°$ のときの x, y の満たす式を導け.

(13) Ch1 の周波数を 20 kHz, Ch2 の周波数を 30 kHz にして周波数比 2 : 3 の場合で, Ch2
の Phase を 0~270° まで 90° 間隔で変化させて同様の観測をし, 画像を取り込む.

(14) ⑭の X ボタンをクリックして XY パネルを消去する.

課題 4 周波数比が 1 : 1 の場合と 2 : 3 の場合で位相を変えたときの図形の変化の違いを記述
しその理由を考察せよ.

4.6 脈拍センサーの信号の観察

脈拍センサーはセンサー上 LED から照射された緑色の光が血液に吸収される性質を利用している．脈拍により血液の量が変化するとそれに応じて LED から照射された光の反射量が変化する．この反射量を光電変換素子 (フォトダイオード) で検出することにより脈拍を測定する (図 14)．今回使用するセンサーの外観を図 15 に示す．電源を VCC (5 V) と GND につなぐと Signal ピンから電圧として信号が出力される．この信号をワンボードマイコンの Arduino に入力することにより，Arduino 上で A/D 変換しプログラムにより脈拍を検出しデジタル信号として出力して拡張基板上の LED1，LED2 を点滅させる．

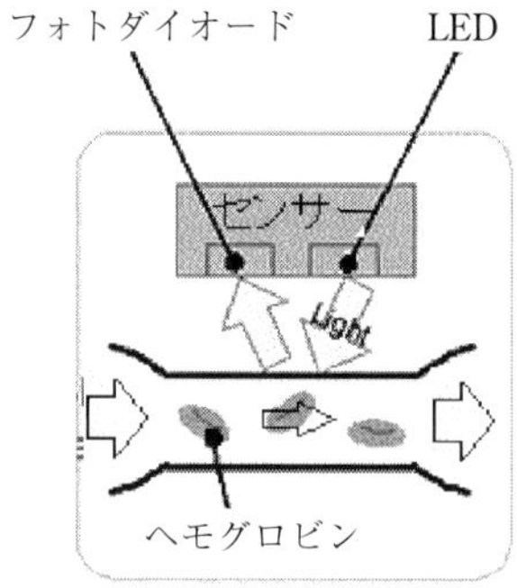

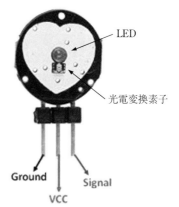

フォトダイオード　　LED

ヘモグロビン

図 14

LED1：緑　→　脈拍のビート自体

LED2：赤　→　緑のビート間隔

この脈拍センサーからのアナログ信号と拡張基板上の LED を点滅させるデジタル信号を Scope で観察する．

今回の実験は Wavegen からの出力を使わないので Wavegen のタブを選び ④ の StopAll を押し出力を停止する．

Scope タブの右パネル ⑦ の Channel 1，2 ともチェックされていることを確認．センサーを拡張基板に Signal ピンの位置を合わせて装着する．

LED

光電変換素子

Ground　　　　Signal
　　　VCC

図 15　脈拍センサー

(1) Scope タブの ⑥ の設定を次のようにする．

  Mode Repeated，Normal Source Channel 1，Condition Rising Level 500 mV

(2) Scope タブの ⑦ で Time を Position 0 s，Base 500 ms/div，Channel 1，Channel 2 を Offset 0 V，Range 2 V/div と設定する．

(3) 拡張基板の LED2_A (JP6)，GND (JP7 のどこでもよい) の端子に Ch1+，Ch1− を接続する．LED2_A は，拡張基板内で Arduino の D4Pin に接続されており Arduino がデジタル信号の H (5 V) を出力すると LED2 が点灯する．

(4) Arduino と USB ハブを USB ケーブルで接続する．

(5) 拡張基板の Signal Man. (JP4)，GND (JP1 のどこでもよい) 端子に Ch2+，Ch2− を接続する．Signal Man. は，基盤内で脈拍センサーの Signal 端子と Arduino のアナログ入力 A0Pin に接続されている．Channel2 の信号がフォトダイオードから出力されるアナログ信号でこれを Arduino が信号処理をして Ch2 の信号がる電圧レベルを超えたときデジタル信号のパルスを Channel1 に出力する．

図 16

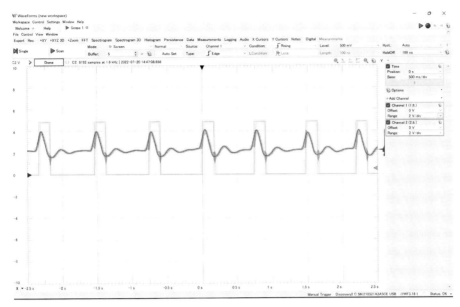

図 17　脈拍の測定例

(6)　脈拍センサーを図 16 のように指先で人差し指でセンサーのハートマークに触れる.

(7)　力を加減して周期的に LED1，LED2 が点滅をすることを確認する.

(8)　Scope タブの ⑧ の Single ボタンをクリックして信号を取り込む. 図 17 のような信号が得られるはずである.

(9)　水平計測ガイドを用いて脈拍の周期を計測せよ.

(10)　画像を取り込む.

課題 5　計測した周期から脈拍を計算せよ.

5.　実験終了

　ノートチェックが完了したら AnalogDiscovery2，Arduino などは，ケースに収納して Waveforms を終了する. その際，Save は選択せず No を選択して終了する.

6.　レポート

　それぞれの実験のセットアップについて簡潔に記述しとりこんだ画面をレポートに添付し，対応する課題を記述せよ. このテーマでは感想を述べることを要求しない.

7.　参考資料

　Analog Discovery2 のコネクタピンアサイン (注意：テキスト内の GND は Ground に対応する.)

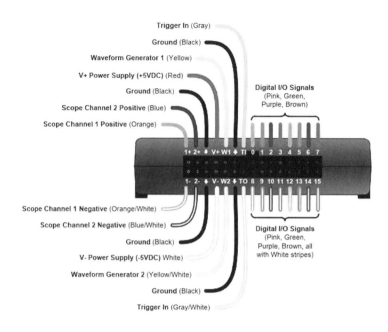

■ 波形発生器 IWATSU SG-4104

□ フロントパネルの説明

〈電源スイッチ〉 ① POWER：0 が OFF，1 が ON．

〈周波数設定〉 ② カーソル移動キーとダイアル：ディスプレイを見ながら周波数を設定する．
カーソルの位置の値しか変更されない (10 mHz〜5 MHz，正弦波の場合).

〈出力設定〉 ③ カーソル移動キーとノブ：ディスプレイを見ながら電圧振幅を設定する．
カーソルの位置の値しか変更されない (50 mV〜10 V).

〈波形選択〉 ④ 波形選択ボタン：出力波形を正弦波，矩形波，パルス波，三角波，ランプ波，
直流から選択する．選択されたボタンが点灯．

〈発振モード選択〉 ⑥ 発振モード選択ボタン：CONT (常時発振) に設定する．CONT ボタン
が点灯．

〈出力端子〉 ⑤ 50 Ω OUTPUT (BNC コネクタ female)

〈出力制御〉 ⑦ ON ボタン：出力中は点灯

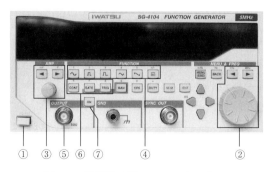

図 18　波形発生器のフロントパネル

P2　マイナス 200 度の世界と超伝導

1．目　的

　液体窒素を用いて，低温における気体のふるまいを観察する．4 端子法により物質の電気抵抗 (以下では「抵抗」と表記する) を測定する．コンピューターを用いて抵抗の温度変化の自動測定を行い，酸化物高温超伝導体の超伝導転移温度を観測する．これらの実験を通して，抵抗の測定法，液体窒素を用いて低温を得る方法を理解する．

2．実験上の注意

1.　試料容器の取り扱い：試料容器はガラスでつくられているので破損しやすい．他の物体に当てたりするなど乱暴に取り扱わないこと．
2.　液体窒素の取り扱い：液体窒素を容器に注ぐ際は，必ず教員・技術員の指示に従うこと．
3.　液体窒素中に手や衣類などを絶対に入れてはならない．凍傷の危険がある．また，液体窒素で冷えている衣類などでも同様の危険がある．
4.　液体窒素中から取り出した直後の試料容器や試料は極めて低温にある．凍傷の危険があるため，素手では触らないこと．
5.　気化したガスの中に顔を入れてはならない．酸欠により転倒する危険がある．
6.　液体窒素を室温常圧下で気化させると，その体積は約 700 倍に膨張する．このため，大量の液体窒素を急激に気化させると酸素分圧を低下させ酸欠の危険が生じる．
7.　液体窒素に酸素 (沸点 90 K ≒ −183 ℃) が溶け込むので，有機物の混入は発火の危険がある．

3．原　理

　導体に電流 $I\,[\mathrm{A}]$ を流すと電流に比例した電圧 (電位差) $V\,[\mathrm{V}]$ が生じる．

$$V = RI \tag{1}$$

このときの比例係数 $R\,[\Omega]$ が抵抗である．通常の金属では，抵抗は広い電圧範囲内において電圧や電流によらず一定である．この関係を**オームの法則**という．(1) 式からわかるように，抵抗を調べるには次の 2 つの方法がある．

　①　一定の電流を流して生じる電圧を測る
　②　一定の電圧を加えて流れる電流を測る

試料の抵抗が比較的小さい場合は①が用いられる．本実験では方法①により抵抗を測定する．

　簡易的には，図 1(a) のように試料に電源 (電流計を含む)，電圧計を接続する．試料に電流を流し発生する電圧を測定することにより抵抗を求める (これを 2 端子法と呼ぶ)．一方，試料の抵抗値を精密に測定する場合，図 1(b) のように試料に直接電圧測定端子を接続して電圧を測定

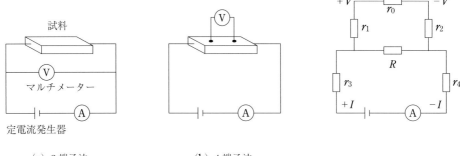

試料

マルチメーター

定電流発生器

(a) 2 端子法

(b) 4 端子法

図 1 2 端子法と 4 端子法

し抵抗を求める (これを 4 端子法と呼ぶ). 4 端子法では, リード線の抵抗や試料とリード線の接触抵抗を除くことができる (6.1 節を参照).

一般に, 金属の抵抗は, 温度を低下させるに伴いゆるやかに減少し, 10 K 以下の極低温において一定の値 (残留抵抗) を示す (図 2). 一方, 鉛やスズなどの特殊な金属では, 低温のある温度から抵抗が急激にゼロとなる. これが超伝導現象である. 抵抗が急激にゼロとなる温度を超伝導転移温度 (T_c) と呼ぶ.

温度を上げると, 液体は気化熱を奪い気化して

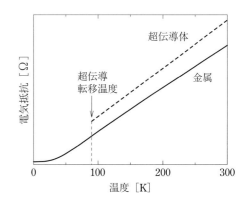

図 2 金属と超伝導体における抵抗の温度変化の例

気体となる. この気化熱を用いて, 沸点以上の温度の試料を効率よく冷却することができる. たとえば, 100 ℃ (373 K) 以上の高温の試料を冷やす場合には水 (沸点 373 K = 100 ℃) を用いる. 本実験では, 試料 (酸化物高温超伝導体 $YBa_2Cu_3O_7$) を超伝導転移温度 ($T_c \sim -183$ ℃ ~ 90 K) 以下まで冷却するために, 液体窒素 (沸点 77.4 K = -195.8 ℃) を用いる.

電源や電圧計などの電子機器はコンピューターにより制御できる. 計測するためのプログラムを Python, LabVIEW, C 言語, BASIC などのプログラム言語を用いて作ることにより, 機器の単純な繰り返し操作をコンピューターによって行うことができる. 本実験では, 一定時間間隔で抵抗と温度を繰り返し測定するプログラムを実行させながら, 試料の温度を下げることで抵抗の温度変化を自動的に測定する.

4. 実　　験
4.1 装　　置

装置関連の図は机上のシートにまとめて載せてあるのでこれを参照すること. 本文中では「図 S–〇」と表記している.

図 S–1 のように超伝導体試料に 4 端子が接続され, 試料容器 (図 S–2) の中に保存されてい

る．試料の温度を測定するための白金抵抗温度計に電圧・電流端子が接続されている．

それぞれの電圧・電流端子は試料容器の上端のコネクターを通して 8 本のリード線で結ばれている．リード線には対応する端子名が書かれている [超伝導体試料の電圧 (+V, −V)，電流 (+I, −I) 端子，および，温度計の電圧 (温度計 +V，温度計 −V)，電流 (温度計 +I，温度計 −I)]．液体窒素によって試料が冷えるように，試料容器内にはヘリウムガス (0.1 気圧程度) が封入されている．

試料に定電流発生器 (HIOKI 7010：図 S–3) から直流電流を流し，電圧端子間の電圧をマルチメーター (HEWLETT PACKARD 34401 A 型：図 S–3) で測定する．温度計として白金抵抗温度計が試料に密着してある．この温度計は白金 (Pt) 金属の電気抵抗が温度変化することを利用して温度を求めている．温度測定計 (KEITHLEY 2700 型：図 S–3) は白金抵抗温度計の抵抗値を測定し，内部の電気回路でこの値を温度に換算して表示する．

4.2　低温での気体のふるまいの観察

抵抗の測定に先立ち，低温における気体のふるまい (体積の減少) を観察する．

(a)　透明ガラスデュワーに窒素貯留容器から液体窒素を 8 分目程度まで注ぐ [図 3(a)]．

(b)　空気の入った風船を液体窒素につけて冷却し風船の変化を観察 (記録) せよ．風船の結び目を上にして，風船の底が液体窒素の液面に軽く接触するようにするとよい [図 3(b)]．

(c)　風船が完全に冷えたらデュワーから取り出し，室温に戻るまで風船の変化を観察 (記録) せよ．

(d)　ヘリウム (沸点 4.2 K) が充塡された風船で上記 (a)〜(c) を行ってみよ (6.2 節を参照)．

図 3(a)　液体窒素が満たされた透明ガラスデュワー

図 3(b)　風船を液体窒素で冷却

4.3　測　定

I.　抵抗 (電流–電圧特性) 測定

定電流発生器，マルチメーターおよび超伝導体試料を用いて，4 端子法により電流–電圧特性を調べ，室温での試料の抵抗を求める．温度は白金抵抗温度計で計測する．

4 端子抵抗測定回路の準備

i.　超伝導体試料の電流用リード線の "+I" を定電流発生器の出力端子 (OUTPUT 端子) に，リード線 "−I" を共通端子 (COM 端子) に接続する．電圧測定用リード線の，"+V" をマルチメーターの INPUT (HI) 端子，"−V" をマルチメーターの INPUT (LO) 端子に接続する．これにより図 1(b) に示した 4 端子法による抵抗測定回路が組める (表 2.S−1 の上段を参照)．

ii.　マルチメーターの電源スイッチを ON にする．電源スイッチを入れたときに各選択キーが初期設定された状態となりそのままで測定できる．もし，キーに触れて設定が変わっている場合には，再度電源スイッチを入れ，初期設定し直す．

iii.　定電流発生器を以下のように設定する．

　a)　専用の AC アダプターつき電源ケーブルを用いてコンセントに接続する．

　b)　ファンクションスイッチを定電流出力 (CC) に設定する．すぐに表示が現れないことがあるが，AC アダプターの電源を接続して数分間放置すると回復する．

　c)　出力設定ボタンで，電流値を 1 mA に設定する．

　d)　リミッター設定スイッチは OFF にする．

　e)　以上を確認してから出力 ON/OFF スイッチを押して ON にする (ON のとき，＊がディスプレイの左端に表示される)．(**注**：なお，実験終了時には，必ずファンクションスイッチを OFF にすること．)

　　以上のように設定したとき，マルチメーターの値が正を示し安定していることを確認する (表示の最小位桁における ±1〜2 程度の変化はかまわない．ノートに記入する際の有効数字に注意)．もし安定していなければ，上の手順で間違って設定した箇所があるかもしれないので，再度確認すること．

温度測定の準備

i.　白金抵抗温度計の電流リード線 (温度計 +I 端子と温度計 −I 端子) を温度測定計の入力端子 (INPUT 端子の HI と LO) に，電圧リード線 (温度計 +V 端子と温度計 −V 端子) を SENSE 端子 (HI と LO) にそれぞれ接続する (表 S−1 の下段を参照)．

ii.　温度測定計の電源スイッチを ON にする．電源スイッチを入れたときに各選択キーが初期設定された状態となり，そのままで温度が表示される．このとき表示値が室温 (約 20 ℃) を示し，安定していることを確認する (表示の最小位桁における ±1〜2 程度の変化はかまわない)．もし安定していなければ，上の手順を間違って設定した箇所があるかもしれないので，再度確認すること．

測定

A) 定電流発生器で試料に流す電流値を変えながらマルチメーターの電圧を読み取り記録せよ．10点程度電流値を変えて測定せよ．図4のように電流を横軸に，電圧を縦軸にとりグラフにプロットしオームの法則 [(1) 式] が成り立つことを確かめよ．このグラフの傾きから抵抗を求めよ．

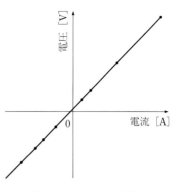

図 4 電流–電圧特性

B) 超伝導体試料の大きさを記録せよ．試料高さ h [m]，幅 d [m]，電圧端子間の長さ l [m] は試料容器の側面に記してある．抵抗率 ρ [Ω m] は次式で与えられる．

$$\rho\,[\Omega\,\mathrm{m}] = \frac{d\,[\mathrm{m}] \cdot h\,[\mathrm{m}]}{l\,[\mathrm{m}]} R\,[\Omega] \tag{2}$$

(p. 25 の 6.3 節参照)

C) 温度測定計に表示されている温度を記録せよ．

II.　コンピューターを用いた電気抵抗の自動計測

　マルチメーターと温度測定計は背面の GPIB インターフェースに接続した GPIB ケーブルでパソコンと接続され，パソコンからの制御やパソコンへのデータ転送が可能となっている．マルチメーターと温度測定計の電源スイッチが入っていることを確認する．コンピューターの電源スイッチを入れ，Microsoft Windows を立ち上げる．デスクトップ上にあらかじめ実験のためのプログラム (アイコン名：Resistivity.py) が用意されているので，そのアイコンをダブルクリックして測定用プログラムを起動する．自動的にマルチメーターと温度測定計が初期設定され，測定可能な状態となる．測定時には試料容器を液体窒素に入れる前に，試料容器に付着している水滴を拭き取っておくこと．

測定用プログラムの操作方法

(a) 測定用プログラムを起動すると図 S–4A (机上のシート) の「電気抵抗測定」① の画面が現れる．

(b) 学生番号欄をマウスで左クリックする．欄内にカーソルが現れたら，キーボードから学生番号を (半角英数字) で入力し，マウスで欄外をクリックして入力を確定させる．測定電流値 (電流値は教員の指示に従うこと)，試料の寸法 (h, d, l) も同様に入力する．

(c) 上記 (b) で設定した測定電流値と同じ電流値を定電流発生器から出力する．

(d) 液体窒素が魔法瓶に入っていることを確認する．

(e) 「測定開始」② をクリックすると自動測定が始まる．縦軸：抵抗率 (Ω m)，横軸：温度 (K) のグラフ ③ が表示され，測定点が約 1 秒間隔でプロットされる．また測定値を記録したテキストファイル (ファイル名：学生番号.txt) とグラフの画像ファイル (ファイル名：学生番

号.png) がそれぞれデスクトップ上に保存される.

(f)　試料を冷やすために容器を静かに下げ, 試料容器の先端を液体窒素液面に近づけて固定し, 温度が減少する速さを見る. 1分間に5～10 K程度の速さで室温からゆっくりと温度を下げる. もし温度が下がらない (あるいは下がる速さがあまりにも遅い) ようであったら, 試料容器を徐々に液体窒素中に浸していく. 試料容器を急激に冷やすと, 容器内の温度が不均一になり, 正確な温度依存性が得られなくなる.

(注1) 温度降下が速すぎるなどの理由で, 測定を室温からやり直す場合は,「停止」④ →「閉じる」⑤ の順にクリックし, 測定プログラムを一旦終了させる. 試料容器を室温まで暖め, 再度, (a) の操作から始める.

(注2) 試料容器を引き上げた直後は凍傷の危険があるので素手で容器を触らないこと. 実験を繰り返す場合, 容器に付着している水滴はよく拭き取ってから, 試料容器を液体窒素に入れること.

(注3) 再測定の際に, 測定終了前の測定データファイルを上書きせず残しておく場合は学生番号欄を (学生番号-2) と入力すると, 別名のテキストファイル (学生番号-2.txt) とグラフの画像ファイル (学生番号-2.png) がデスクトップ上に保存される.

(g)　超伝導転移温度付近では抵抗が急激に変化するので, 95 K以下では温度を非常にゆっくり下げ, できるだけ多くのデータ点をとること.

(h)　試料容器を十分液体窒素中に浸し, 温度を液体窒素温度付近まで下げ, 超伝導状態では抵抗がほとんどゼロとなることを確認する.

(i)　超伝導転移温度以下まで十分なデータが得られたら,「停止」④ をクリックする. (停止後, もう少し測定を続ける場合は, グラフ右上の「×」(③-1) をクリックし, 一度グラフを消すと, 測定が再スタートし, グラフも再表示される.)

(j)　室温から窒素温度付近までの抵抗の温度依存性を表示したグラフ (学生番号.png) は既にデスクトップ上に保存されている. グラフ左上のツールバーを使い (図 S–4A 参照), 超伝導転移温度付近を拡大したグラフを表示させ, ファイル名を "学生番号_Tc.png" としてデスクトップ上に保存する (図 S–4B 参照).

(k)　デスクトップ上には2つのグラフ画像が保存されているのでこれらをプリンターで印刷する. まず, デスクトップにある1枚目のグラフ画像ファイル (学生番号.png) をダブルクリックする. 次に右上のプリンターのアイコンをクリックする (図 S–4C). プリンター印刷画面上で自動調整「印刷範囲に合わせて縮小」を選択して,「印刷」をクリックする. 問題なく印刷されていることを確認してから, 2枚目のグラフ (学生番号_Tc.png) も同様に印刷する.

(l)　測定プログラムをすべて終了するときは, 図 S–4A の「閉じる」⑤ をクリックする.「終了確認」が表示されるので「はい」をクリックする. 測定データのテキストファイルと画像ファイルはデクストップ上のごみ箱に移動し, 削除する.

(m)　実験を終了するときは, デスクトップ左下の「スタート」メニューから「⏻」→「シャットダウン」の順にクリックする (パソコンが自動的に OFF になる). 測定機器の電源を OFF

にする.

III. 浮き磁石の観察

浮き磁石実験セット (発泡スチロール製容器，$YBa_2Cu_3O_7$ 試料，永久磁石，プラスチック製ピンセット) を使って，マイスナー効果 (完全反磁性) (6.4 節を参照) による浮き磁石を観察してみよう.

注意

・試料や永久磁石をつまむ際には専用の**プラスチック製ピンセット**を使うこと．金属製の器具の場合，熱伝導がよいため全体が冷えてしまい凍傷の危険がある上，鉄などの磁性金属だと永久磁石が付着してしまう.

・液体窒素から取り出した直後の試料や永久磁石は極めて低温にあることを念頭におき凍傷には十分に気をつけること.

(a)　発泡スチロール製容器の半分くらいまで液体窒素を入れる.

(b)　黒色の円板状の $YBa_2Cu_3O_7$ 試料を，ピンセットを用いて容器に入れ液体窒素にひたす．試料が十分に冷えたら容器中央部分のスポンジの上にのせ円板の上面が液体窒素の液面から露出するようにする.

(c)　ピンセットで薄い円盤状の永久磁石をつまみ試料の上にゆっくりのせてみよ．くれぐれも素手では行わないこと.

(d)　永久磁石が浮いている様子を観察せよ (図5).

図 5　超伝導状態の $YBa_2Cu_3O_7$ 試料の上に浮いたネオジウム磁石

使用している永久磁石について

ここで使用している永久磁石は**ネオジウム磁石**と呼ばれ，$Nd_2Fe_{14}B$ の組成を持つ．市販されている永久磁石の中では最も強力な磁場を出す．小さな形状でも強い磁場を出せるうえ，比較的容易に入手できるので，小型モーターに使われるなど様々な分野で応用されている.

ここで使用した薄い円板状のもので表面での磁束密度は 0.3 T 程度であり，他の物質を磁化する可能性がある．このため，時計などの精密機器や磁気カードなどには近づけないよう気をつけること．また，比較的もろい材質のため不用意に磁石どうしを近づけると衝突して割れることがあるので注意すること.

IV. 2 端子法による抵抗の測定 (時間が余っていたら)

電圧測定用リード線のみを用いて 2 端子法による抵抗測定を行ってみよう.

超伝導体試料の電圧測定用リード線の "+V" を接続リード線を用いてマルチメーターの INPUT (HI) 端子と定電流発生器の出力端子 (OUTPUT 端子) に, "−V" をマルチメーターの INPUT (LO) 端子と定電流発生器の共通端子 (COM 端子) に接続する. これにより図 1(a) に示す 2 端子法による抵抗測定回路が組める. 4.3 節 I で行った 4 端子法と同様の実験を行い抵抗を求めよ. ここで得られた抵抗値は, 試料の抵抗のほかに, リード線の抵抗や試料電極の接触抵抗が加わったものである. 4 端子法で得られた抵抗値と比べてみよう (6.1 節を参照).

5. 確認事項とレポート課題

実験時間中の確認事項

4.3 節 I. 抵抗 (電流–電圧特性) 測定
- 電流–電圧特性のグラフとこの傾きから得られる抵抗値
- 試料の大きさ (h, d, l)
- 温度測定計の表示温度 (室温)

4.3 節 II. コンピューターを用いた電気抵抗の自動計測
- 自動計測による抵抗の温度変化のグラフ

レポート課題

1) 試料の大きさ (高さ $h\,[\mathrm{m}]$, 幅 $d\,[\mathrm{m}]$, 電圧端子間の長さ $l\,[\mathrm{m}]$) と 4.3 節 I で得られた抵抗 $R\,[\Omega]$ を用いて, 次式により YBa$_2$Cu$_3$O$_7$ の室温における抵抗率を計算せよ (6.3 節を参照). 付録の物理定数表には数種の金属の室温での抵抗率が載せてある. これらの値と比較せよ.

$$\rho\,[\Omega\,\mathrm{m}] = \frac{d\,[\mathrm{m}] \cdot h\,[\mathrm{m}]}{l\,[\mathrm{m}]} R\,[\Omega] \tag{2}$$

2) YBa$_2$Cu$_3$O$_7$ の抵抗の温度変化のグラフから超伝導転移温度を求めよ. ここでは, 抵抗が急に落ち始める値の半分の値になるときの温度を超伝導転移温度とする.

3) 超伝導試料 (YBa$_2$Cu$_3$O$_7$) の抵抗の温度依存性について気がついたことを報告せよ.

6. 参 考

6.1 4 端子法について

微小抵抗を測定する一般的な方法として 4 端子法がある. この方法は, 試料と測定器を結ぶリード線の抵抗の影響を避けるために, 電流端子と電圧端子を図 1(b) のように結線して測定する. 電流端子から電流を流し, 試料の電圧端子間に発生した電圧を測定する. マルチメーターの入力抵抗 ($r_0 \sim 10^7\,\Omega$) は回路中の抵抗 (R, r_1, r_2) に比べて十分大きい. したがって, 電圧測定回路に流れる電流が微小であり, 測定端子の接触抵抗 (r_1, r_2) による電圧測定の誤差は無視できる.

6.2 理 想 気 体

ヘリウム (沸点 4.2 K) は広い温度域で理想気体に近い性質を示すことが知られている. 理想気体の状態方程式は次式で与えられる.

$$PV = nRT \tag{3}$$

$$P : \text{圧力}, \quad V : \text{体積}, \quad n : \text{モル数}, \quad R : \text{気体定数}, \quad T : \text{温度}$$

圧力が一定に保たれていれば, ヘリウム (ガス) を室温 (290 K) から液体窒素で 77 K まで冷却するとその体積は約 0.27 倍になる.

一方, 大気の場合, 78 % を占める窒素は常圧下における沸点にまで冷却されるため液化, もしくは (3) 式で期待されるより著しく体積を減少した気体としてふるまう. また, 21 % を占める酸素 (沸点 90 K) は液化する.

6.3 電 気 抵 抗 率

抵抗は試料の形状に依存する. 一様な断面積 $S\,[\text{m}^2]$ を持つ長さ $L\,[\text{m}]$ の導体の抵抗 $R\,[\Omega]$ は次式で与えられる.

$$R\,[\Omega] = \frac{L\,[\text{m}]}{S\,[\text{m}^2]} \rho\,[\Omega\,\text{m}] \tag{4}$$

$\rho\,[\Omega\,\text{m}]$ は (電気) 抵抗率と呼ばれ, 密度などと同様な物質固有の量である.

本実験で用いた超伝導試料は直方体の形状をしていることから抵抗率は (2) 式により求められる. 試料の質や導電性を評価するには抵抗率を用いる.

6.4 マイスナー効果 (完全反磁性)

マイスナー効果は, ゼロ抵抗とともに超伝導を特徴づける現象である. これは完全反磁性と呼ばれる状態であり, このとき超伝導体内部での磁束密度は完全にゼロである. 常伝導状態で試料を貫いていた磁場は, 超伝導状態の試料の内部から押し出される.

超伝導体の上に磁石をのせると, 図 6 に示すように, 磁石の磁力線が超伝導体の中に入れず押し出され, 超伝導体と磁石との間の磁力線の反発力を受け磁石が空中に浮く.

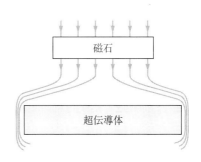

図 6 超伝導体の完全反磁性と浮き磁石

参考図書

●電気抵抗測定については,
大塚洋一・小林俊一 編『実験物理学講座 第 11 巻 輸送現象測定』丸善.
日本化学会 編『第 5 版 実験化学講座 第 7 巻 電気物性, 磁気物性』丸善など.
●超伝導入門書として,

A. C. ローズ–インネス，E. H. ロディリッタ (鳥本進，安河内昂訳)『超電導入門』産業図書.

大塚泰一郎『超伝導の世界』講談社 (ブルーバックス).

村上雅人『はじめてナットク！超伝導：原理からピン止め効果の応用まで』講談社 (ブルーバックス) など.

●高温超伝導を解説したものとして，

福山秀敏他『セミナー・高温超伝導』丸善.

長岡洋介『低温・超伝導・高温超伝導』丸善など.

●固体物理学入門書としては，

キッテル (宇野良清等訳)『キッテル固体物理学入門』丸善などがある.

P3　レーザー光で学ぶ光の世界

1. 目　　的

　よく知られているように，光は波としての性質と粒子としての性質を合わせもっているが，日常生活で光が波動であることを体験することはあまり多くない．これは，光の波長が短いことに加えて通常の光では波長分布に大きな広がりがあるためである．このテーマでは，単色性と可干渉性にすぐれたレーザー光を用いて，波動としての特徴的な現象である，光の回折について実験を行う．

2. 安全に関する注意

　本実験で使用するレーザー光の強度は数ミリワット (10^{-3} W) であり，さほど強くはないが，目に直接入射させると水晶体により網膜上で非常に小さい点に集光されるので，極めて危険である．実験中は，レーザー光を自分および他人の目に直接入れないように注意する．

3. 原　　理

　光の通路の一部に障害物が置かれたとき，光が直進方向からずれて陰の部分にも回り込む現象を回折と呼ぶ．回折格子と単スリットは回折現象を生じさせる典型的な例である．

3.1 回　折　格　子

　この実験で使用する回折格子では，ガラスの表面に多数の溝が等間隔に平行に刻まれている．溝と溝との間は透明であるが，溝の部分では，光は乱反射して不透明になる．光の平面波が回折格子に垂直に入射すると，それぞれの透明な部分 (スリット) で光は回折する．多数のスリットからの回折光が重ね合わされた結果が，回折格子による回折パターンとなる．光は平面波として回折格子に垂直に入射し，回折像が回折格子に平行な面に形成される場合を考える．隣り合う2本のスリットを透過した光の光路差が波長 λ の整数倍となる方向では，どのスリットからの光も互いに強め合うように干渉する．隣り合うスリットの中心間の距離を d，強め合う方

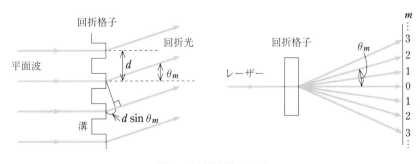

図 1　回折格子の原理

向の角度を θ_m とすれば，この条件は，

$$d \sin \theta_m = m\lambda \quad (m = 0, 1, 2, \cdots) \tag{1}$$

と表される．ここで，m は回折の次数と呼ばれる．

3.2 単スリット

　幅 a の単スリットに垂直に波長 λ の光を入射すると，図に示すような強度分布を持つ回折像を生じる．波動光学に基づいてスリット後方の任意の点での光の強度を計算することができる．その結果によると，幅 a に比べて十分に長い距離 L 離れた平面上には，強度の最大となる中心位置から測って $\pm nL\lambda/a \ (n = 1, 2, 3, \cdots)$ の位置に強度がゼロとなる点が出現する．単スリットの幅 a は，強度が最初にゼロとなる点の間隔 b を用いて，

$$a = \frac{2L\lambda}{b} \tag{2}$$

と書ける．

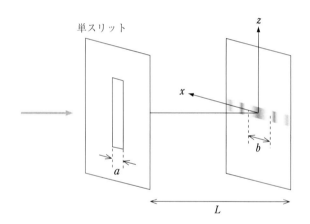

図 2　単スリットによる回折像

4. 実　験

4.1 実 験 準 備
装置

　この実験では光源として DPSS グリーンレーザー (波長 532 nm，出力 5 mW，ビーム径 1 mm)，光検出器としてフォトダイオード，直流電圧計としてテスターを使用する．光検出器の取り付けられている板の水平移動方向を x 軸，上下方向を z 軸とする．回折素子としては，回折格子と単スリットを用いる．回折格子と単スリットの表面には手を触れないように注意する．

準備

　最初，光検出器部分は光学ベンチから取り外しておく．レーザーコントローラーの前面にある，キースイッチがオフ (キーが水平) であることと，出力調整つまみが出力最低の位置 (反時

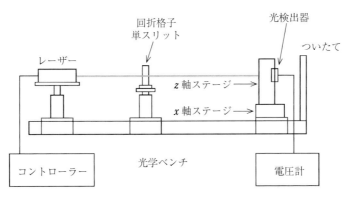

図 3 レーザー回折実験装置

計回りいっぱい) にあることを確認する．コンセントに電源ケーブルを接続しコントローラー背面のメインスイッチをオンにすると，POWER ON ライトが点燈する．レーザー光の出射方向に注意しながら，キースイッチをオンにしてレーザーを発振させる．レーザービームがついたての中心線にあたるようにレーザーホルダーのネジを緩めて向きを調整する．

4.2 測　定
測定 1　回折格子による回折

ついたてに記録用の方眼紙を取り付ける．ついたてから，50～60 cm ぐらい離れた位置に回折格子を配置する．回折格子 (1000 本/cm) はガラス面の片側に刻まれている．その面を確認して，ついたて側に向け，レーザー光線に対して垂直になるようにセットする．

1) もっとも明るい 0 次回折スポットとその左右の 1 次および 2 次回折スポットの位置を正確に方眼紙上にマークする．方眼紙の位置をずらして同じ作業をもう 2 回繰り返す．0 次スポットから左右の 1 次および 2 次スポットまでの距離 (0.1 mm の桁まで) を測定し記録する (表 1).

表 1　回折像の間隔の測定 ［mm］

次数	左 2 次	左 1 次	右 1 次	右 2 次
1 回目	64.0	32.2	31.8	63.9
2 回目	63.8	32.1	32.0	64.0
3 回目	63.7	32.0	32.0	64.2
平均	63.8	32.1	31.9	64.0
左右の平均			32.0	63.9

2) 回折格子と記録紙の間隔 L を巻尺で 0.1 mm の桁まで読み取り，3 回測り記録する (表 2).

表 2　回折格子の実験に対する L の測定 ［mm］

1 回目	2 回目	3 回目	平均
598.2	598.0	598.3	598.2

測定 2　単スリットによる回折

　次に，回折格子を単スリットに置き換える．単スリットの x 軸方向の位置を調整し，レーザー光線が単スリットを通過してついたて上に明瞭な回折像が生じることを確かめる．必要に応じて，出力調整つまみでレーザー光強度を調整する．ついたてに近接させて光検出器部分を光学ベンチに取り付ける．フォトダイオードの端子にテスターを接続し，直流電圧を選択する．検出器の z 軸ステージを調整して，検出器の高さが回折像の高さと一致するようにした後，以下の測定を行う．

1)　x 軸に対する強度分布を測定する．x 軸ステージを $0.2\sim0.5\,\mathrm{mm}$ ずつ移動させながら，光の強度 (電圧) を記録し (表3)，図4のような強度分布をプロットする．x 軸ステージのマイクロメーターは1回転が $0.5\,\mathrm{mm}$ であることに注意する．測定は各点1回ずつでよい．これから，中心に一番近い左右の暗い点の間隔 b を決定する．

表 3　単スリットによる回折強度 (参考例)

No	x [mm]	強度 [V]	No	x [mm]	強度 [V]	No	x [mm]	強度 [V]
1	0.5	0.004	14	3.1	0.393	27	5.7	0.185
2	0.7	0.002	15	3.3	0.413	28	5.9	0.040
3	0.9	0.007	16	3.5	0.426	29	6.1	0.009
4	1.1	0.015	17	3.7	0.432	30	6.3	0.016
5	1.3	0.029	18	3.9	0.439	31	6.5	0.038
6	1.5	0.041	19	4.1	0.445	32	6.7	0.048
7	1.7	0.047	20	4.3	0.444	33	6.9	0.045
8	1.9	0.039	21	4.5	0.441	34	7.1	0.030
9	2.1	0.018	22	4.7	0.436	35	7.3	0.015
10	2.3	0.009	23	4.9	0.428	36	7.5	0.006
11	2.5	0.032	24	5.1	0.409	37	7.7	0.002
12	2.7	0.123	25	5.3	0.385	38	7.9	0.005
13	2.9	0.312	26	5.5	0.334			

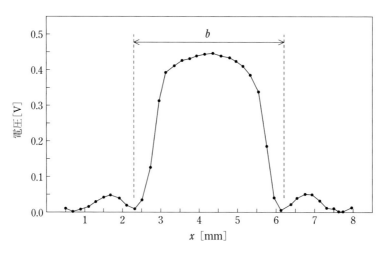

図 4　単スリット回折像の輪郭

2) 単スリットと検出器の間隔 L を巻尺で測り平均を求める (表 4). 単スリットは十分に薄い金属板で作製されており, ホルダーの表面から 4.5 mm 奥に固定されているので, 補正を忘れないこと.

表 4 単スリット実験に対する L の測定〔mm〕

1 回目	2 回目	3 回目	平均
396.0	396.3	396.1	396.1

4.3 データ整理

1) 回折格子のスリットの本数を $N = 1000$ 本/cm として, 1 次と 2 次の回折像から波長 λ を求めよ.

2) 波長 $\lambda = 5.32 \times 10^{-7}$ m が与えられているものとして, 単スリットの間隔を求めよ.

5. 課 題

測定結果および以下の設問について考察し, レポートで解答せよ.

設問 1 測定 1 の測定精度を決めている要因は何か. より高い精度で波長を決定するためには, どのような工夫が必要か.

設問 2 測定 2 の単スリットの幅を半分にしたら, 回折パターンの大きさはどうなるか.

6. 参 考

6.1 計 算 例

1) 表 1 と表 2 の例では, 波長は

$$\lambda_1 = d \sin\theta_1 = \frac{1}{10^5} \frac{32.0}{\sqrt{(32.0)^2 + (598.2)^2}} = 5.342 \times 10^{-7}\,\mathrm{m}$$

$$\lambda_2 = \frac{d \sin\theta_2}{2} = \frac{1}{2 \times 10^5} \frac{63.9}{\sqrt{(63.9)^2 + (598.2)^2}} = 5.311 \times 10^{-7}\,\mathrm{m}$$

これらの平均をとって

$$\lambda = \frac{\lambda_1 + \lambda_2}{2} = \frac{5.342 + 5.311}{2} \times 10^{-7}\,\mathrm{m} = 5.327 \times 10^{-7}\,\mathrm{m} = 533\,\mathrm{nm}$$

2) 単スリットの測定を, x 軸ステージを 0.20 mm ずつ移動させて行った結果, 間隔 b が $b = 3.80$ mm であったとする. 一方, L は $L = 396.1$ mm であることから, 間隔は

$$a = \frac{2\lambda L}{b} = \frac{2 \times 5.32 \times 396.1}{3.80} \times 10^{-7} = 1.11 \times 10^{-4}\,\mathrm{m} = 0.111\,\mathrm{mm}$$

を得る.

6.2 レ ー ザ ー

　物質に強い光を当てたり大きな電流を流したりすると，物質はエネルギーを吸収してより高いエネルギー状態に励起される．このような励起状態にある物質は，特定の波長の光を受けると，その光と同じ波長，同じ位相をもつ光を放射する性質がある (誘導放射)．光を閉じ込めることのできる光共振器の中に物質をおき外部から強く励起し続けると，誘導放射が繰り返され同じ波長と位相をもつ強い光が得られる．このような機構で放射される光をレーザー光と呼ぶ (LASER：Light Amplification by Stimulated Emission of Radiation)．物質の種類を変えることで，さまざまな波長のレーザーを得ることができる．DPSS (Diode Pumped Solid State) グリーンレーザーでは，最初に電流励起で半導体ダイオードレーザー (波長約 808 nm) を発振させ，このレーザー光で特別なレーザー結晶を励起することにより最終的に波長 532 nm のレーザー光を取り出している．レーザー光は波長，振幅，方向が一定で位相がそろった光である．このような光をコヒーレントな光と呼ぶ．レーザーは CD，MD，DVD など画像や音楽の記録再生装置や光通信，医療など非常に幅広くわれわれの生活で使われている．

6.3 フォトダイオード

　半導体にはn型とp型とがある．n型では電子が，p型では正孔が伝導帯内を原子に拘束されずに自由に動くことができる．これに対して，伝導帯の下にある価電子帯では，電子は自由に動くことはできない．

　ダイオードとはn型とp型の半導体を接合したものである．p型に正，n型に負の電圧をかけた順バイアスの場合，n型内の電子はp型へ，p型内の正孔はn型へ移動するので，電流が流れる．しかし，p型に負，n型に正の電圧をかけた逆バイアスでは，電子と正孔の流れが順バイアスの場合と逆になるため，接合面には電子も正孔も存在しない空乏層が形成されて電流は流れない．

　ダイオードに光を当てた場合，空乏層では 1 つの光量子の吸収により電子と正孔の対が 1 組形成される．このため，逆バイアス状態では，光量に比例した電流が流れることになる (実験では無バイアスで使用するが，原理は同じである)．

6.4 回折と不確定性関係

　振動数 ν，波長 λ の光に対応する光子は，運動量 p とエネルギー E をもつ：

$$E = h\nu, \qquad p = \frac{E}{c} = \frac{h}{\lambda} \tag{3}$$

ここで，c は光の速度，h はプランク定数である．ハイゼンベルグの不確定性関係によれば粒子の運動量と位置は同時に確定した値をもつことはできず，それらの不確定さの間には

$$\Delta p_x \cdot \Delta x \geqq \frac{h}{4\pi} \tag{4}$$

の不等式が成り立つ．(2) 式を変形すると，

$$h = \frac{abh}{2L\lambda} \tag{5}$$

と書ける．$b/L \approx \theta$ はおおよそのビームの広がり角，$h/\lambda = p$ であるから，$bh/L\lambda$ は運動量の方向の広がり Δp_x とみなせる．単スリット通過前は $\Delta p_x \approx 0$ であるから，これは，単スリットを通過することによって運動量に生じた x 成分の不確定さである．こうして，上の関係は

$$h \approx \Delta p_x \cdot a \tag{6}$$

と書け，単スリットが位置の不確定さ $\Delta x \approx a$ を与えていることがわかる．つまり，光を粒子と見る立場では，回折現象は不確定性関係の反映と解釈される．単スリットを狭くすればするほど，回折は顕著になる．

P4　弦 の 振 動

1.　目　的

波動は自然界でよく見られる運動であり，水面にできる波紋，弦の振動，光，音波など様々なものがある．波動の一例として，両端固定の弦の振動 (定常波，定在波) を観察し，波動の基本的性質を理解する．

2.　安全に関する注意

弦の振動の実験では，電子機器を使用するので，感電には注意すること．特に濡れた手で機器を操作しないようにする．

3.　弦の振動の実験

3.1　波 動 の 原 理

振り子はわずかな力で振動をはじめ，特定の振動数 (固有振動数) $\nu\,[\mathrm{Hz}]$ (Hz：ヘルツ，振動数の単位) で周期運動する．このような運動は振動数の他に，ふれの大きさ (振幅)，時間変化を表す位相により記述できる．

ギターの弦をはじくと，弦の振動は本体で増幅され，まわりの空気を振動し，音が伝わる．

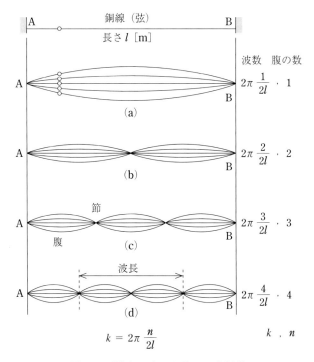

図 1　両端を固定した弦の固有振動

これを波動という．波動を表す量として，振動を特徴づける量 (振動数，振幅，位相) の他に，空間的な繰り返し運動を表す波数 k (単位長さ (1 m) 中の波の数 [1/m] に 2π を掛けたもの) が新たに必要になる．

　弦の両端を固定して振動させると，振り子と同様に特定の音 (固有振動) が生じ，図 1 のような波動となる．弦が最大振幅で振動している位置を腹，静止している位置を節と呼ぶ．この場合，波数 k [1/m] は腹の数を n，弦の長さを l [m] とすると，

$$k = 2\pi \frac{n}{2l}$$

となり，波数と腹の数は比例する．固有振動数と波数の間にはある関係 (分散関係) があり，いろいろな波動はそれぞれ固有の分散関係をもつ．

3.2　固有振動数の測定方法

　弦をはじくと固有振動数で振動する．しかし，その振動数を正確に測定することが難しいため，「共鳴」を利用する．サイン波のように周期的な力を弦に加えて強制的に振動を起こすと，振動数が弦の固有振動数に一致したときに振幅が最大になる．この共鳴現象を利用して固有振動数を求める．

　この実験では弦に振動を起こさせるのに，磁場中を流れる電流に作用する力を利用する．弦として銅線を用い，それに振動数 ν の交流電流を流す．銅線に磁石を近づけると電流に磁場が作用し，フレミングの左手の法則によって銅線に振動数 ν の周期的な力が働く．その振動数と弦の固有振動数とが一致したときに共鳴が起こる．交流電源の振動数は簡単に変えることができるので，固有振動数を容易に測定することができる．

3.3　装　　置

弦の振動装置：図 2 にその構成を示す．滑車 A，B の間に弦を張り，弦の A 側は端子 F に固定する．弦の B 側は皿 D を吊るし，端子 E に接続する．

波形発生器 IWATSU SG–4104：交流信号を発生する装置．詳しい使い方は p.16 を参照のこと．

低周波増幅器：波形発生器の出力電力が小さいので，出力を増幅して十分な電流を取り出すのが低周波増幅器 (アンプ) である．電流が 1 A (A：アンペア，電流の単位) を超えるとブレーカーが働き，電流が流れなくなる．ブレーカーが働いた場合，装置の裏側にあるリセットボタンを押し回復させる．

交流電流計：弦に流れる電流を表示する電流計．端子 0.1 A，1 A の値はフルスケールでの値．

実験準備

(1)　弦 (直径 0.2 mm の銅線) を約 1.5 m に切り，その長さを巻尺で巻尺の最小目盛の $\frac{1}{10}$ (0.1 mm) の単位まで目分量で読み取る．またその質量を電子天秤で測定する．それらの値

から弦の線密度 ρ [kg/m]（ρ：銅線の質量/銅線の長さ）を求める．また，皿の質量も電子天秤で測定する．以上の測定値，線密度をノートに記入する．

(2) 図2のように，FABCE 間を銅線で配線し，端子 E, F に接続する．このとき，以下のことに注意する．滑車 B を移動して滑車間の弦の長さ l を 800 mm にする．分銅をのせたとき，FAB が直角になるようにピンと張る．図のように，CE 間は十分余裕があるように接続し，ABC 間が直角になるようにする．銅線は絶縁体で被膜されているので，端子 E, F に接続する部分は紙やすりでみがき，接触不良にならないようにする．その他図2のように，波形発生器，低周波増幅器，交流電流計 (1 A 端子を使用のこと)，端子 E, F 間をリード線で配線する．

(3) 波形発生器の POWER スイッチを入れる．波形を正弦波，発振モードを CONT (常時発振) に設定する．周波数を 10 Hz，出力電圧を 1.5 V に設定する．次に低周波増幅器の VOLUME を最小に，BALANCE を 12 時方向にし，POWER スイッチを入れる．波形発生器の出力制御 ON ボタンを押し，波形を出力する．VOLUME を少し上げ，弦に流れる電流が 0.5 A 程度であることを確認する．もし電流が 0.5 A 程度でない場合は，低周波増幅器の VOLUME を調整して 0.5 A 程度にする．電流が流れない場合，交流電流計の両端子からリード線をはずし，そのリード線間の導通をテスターで確かめる．また，低周波増幅器の

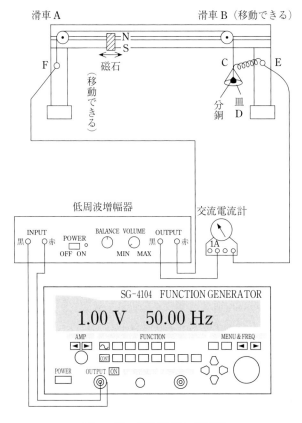

図 2 弦の振動装置と接続図

VOLUME を最小にしたとき，電流が流れない場合がある．その場合，VOLUME を若干ま
わす．

(4) 皿に 10 g 程度の分銅をのせ，銅線に張力 T を与える．分銅と皿の質量の和を M [kg] と
すると，$T = Mg$ [N] (g：重力加速度，札幌では $9.80\,\mathrm{m/s^2}$，N：ニュートン，力の単位，
$[\mathrm{N}] = [\mathrm{kg\,m/s^2}]$) である．$T$ を計算せよ．

測定 1　腹の数が奇数の場合の分散関係

腹の数 n が奇数 ($n = 1, 3, 5, \cdots$) の場合の固有振動を起こさせる．そのため，磁石を固有
振動数の腹の位置 (すなわち滑車 A, B の中央) に正確に置く．発振器のダイアル (波形発生器
IWATSU SG–4104：交流信号を発生する装置．詳しい使い方は p. 16 を参照のこと) を使っ
て，振動数を 10 Hz からゆっくり (1 秒間に 1 Hz 程度の速さで) 増加させていき，振幅が最大
になる振動数 (固有振動数) を求める．

1 つ固有振動数を見つけたら，同じ操作で振動数を増加させ，次々に奇数の腹の数をもつ固
有振動を探す．$n = 9$ まで測定する．振幅が小さく見ずらい場合は弦に流れる電流を大きくす
る．表 1 をノートに書き写し，測定振動数を記入していく．同時に図 3 のように，縦軸 ν_n，横
軸 n のグラフを描き，そのグラフに測定値をプロットする．

グラフの記入が終わったら，グラフ上の測定点をなるべく通るように原点を通る直線 $\nu_n = \alpha n$
をグラフ上に引き，その傾き α を求める．

表 1　腹の数と固有振動数

$M = \underline{\hspace{2cm}}$ kg, $l = \underline{\hspace{2cm}}$ m

n	1	3	5	7	9
ν_n[Hz]					

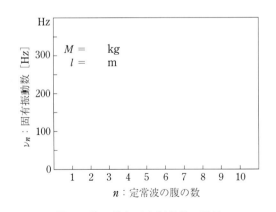

図 3　腹の数と固有振動数の関係

測定 2　固有振動数と張力の関係

　測定1の適当な次数の固有振動を選ぶ．ここでは，$n = 3$を選ぼう．分銅の質量を変え，それに対応する振動数 ν_3 を求める．分銅の質量を変えながら，そのたびごとに，対応する ν_3 を求める．表2をノートに書き写し，測定振動数を記入していく．同時に図4のように，縦軸に振動数 ν_3，横軸に分銅と皿の質量の和のグラフを描き，そのグラフに測定値をプロットする．

　固有振動数と張力のデータを図5のように，両対数グラフの縦軸に振動数 ν_3，横軸に分銅と皿の質量の和のグラフを描き，そのグラフに測定値をプロットする．

　グラフの記入が終わったら，グラフ上の測定点をなるべく通るように直線 $\log_{10} \nu_3 = \beta \log_{10} M + \gamma$ をグラフ上に引き，その傾き β を求める．

表 2　質量と固有振動数

$l = \underline{\quad\quad}$ m

分銅の質量 [kg]	0.	0.005	$\cdots$	0.050
皿と分銅の質量 M [kg]			$\cdots$	
ν_3 [Hz]			$\cdots$	

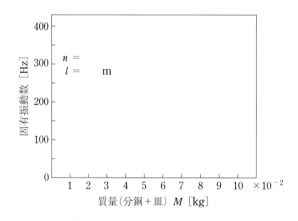

図 4　質量と固有振動数の関係

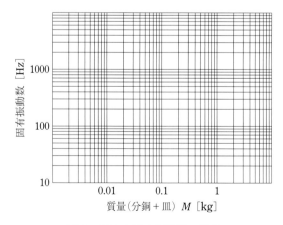

図 5　張力と固有振動数の関係

4. レポート課題

(1) 図1の弦の運動に力学を適用し，固有振動数 ν_n を求めると，

$$\nu_n = \frac{n}{2l}\sqrt{\frac{T}{\rho}} \tag{1}$$

となる．ここで，

n：定常波の腹の数［無次元］

ν_n：腹の数 n のときの固有振動数［s^{-1}］

l：弦の長さ［m］

ρ：弦の線密度［$\mathrm{kg\,m}^{-1}$］

T：弦の張力［N］

(1) 式から ν_n と n の比例定数 $(1/2l)\sqrt{T/\rho}$ を計算せよ．またその値と測定1で得られた ν_n と n の比例定数 (実験値) α と比較せよ．

(2) (1) 式の両対数をとり，$\log_{10}\nu_3$ と $\log_{10}M$ の関係式より $\log_{10}\nu_3 = \beta\log_{10}M + \gamma$ の β，γ を計算せよ．後者は l, ρ, g から計算することができる．また β (計算値) と測定2で得られた β (実験値) と比較せよ．

ノートチェックが終わるまで，実験器具，装置などは片付けないこと．全てが終了したらそれらを整理し，実験開始時の状態に戻すこと．

参考　対数グラフ

急激に変化する値をグラフで表すとき，普通のグラフ (線形グラフ) ではデータが収まるように軸をとると値の小さなデータは原点近傍に集中し，変化の様子がわからなくなってしまう．このようなとき，軸の目盛に対数を使うと全体の変化の様子がわかるようにすることができる．たとえば，図6に示すようにグラフの周期構造ごとに1桁増える．

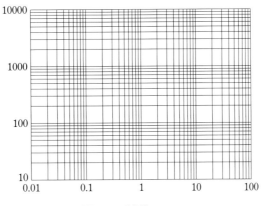

図 6　両対数グラフ

対数グラフの目盛は図 7 に示すように等間隔でないことに注意する．細かい副目盛も引き方が同じではない.

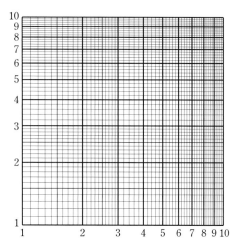

図 7　両対数グラフの目盛

　$y = ax^b$ の両辺の対数をとると，$\log_{10} y = \log_{10} a + b \log_{10} x$ となり，対数グラフではべき関数がべき指数を傾きとした直線になる．また，両対数グラフの傾きを求めることにより，べき指数を求めることができる.

P5　重力加速度と地球

1. 目　的

重力加速度は一定の値ではなく，地球上の場所によって異なる．これは地球が自転している
ために遠心力がはたらくことと地球自身が完全な球形をしていないためである．本実験では，
振り子の振動周期の測定から実験室における重力加速度を求める．また，測定における誤差の
取り扱いについても習得する．

2. 重 力 加 速 度

2.1　重力加速度と地球の形状

手に持った物体から手を放すと物体は地面に落下する．これは，物体に重力がはたらくため
である．重力は地球上に静止している物体が地球方向に引かれる力であり，地球の万有引力が
主要な要因であるが，地球の自転による遠心力も加わっている．このため，重力は赤道と極で
は異なっている．仮に地球が半径 R の完全な球体であるならば，地球上のどの場所においても
重力加速度の大きさは，地球の質量を M，万有引力定数を G とすると，

$$\frac{GM}{R^2}$$

となる．しかし，地球の自転の回転角速度を ω とすると，図１のように緯度 ϕ の場所では遠心
力の大きさが

$$\omega^2 R \cos\phi$$

となり，両者の合力である重力について，その加速度 g は

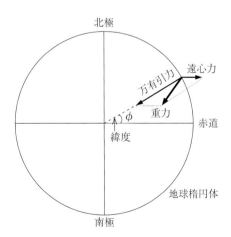

図 1　地球と重力．重力はジオイドに垂
直になるが，地球楕円体に対しては
必ずしも垂直にはならない．

$$g = \sqrt{\left(\frac{GM}{R^2}\right)^2 + (\omega^2 R \cos\phi)^2 - \frac{2GM\omega^2\cos^2\phi}{R}} \tag{1}$$

のように，緯度に依存した量になっていることがわかる．

　実際には，地球は完全な球形ではなく，赤道半径が極半径よりも 21 km 程度長い楕円体に近い．その扁平率はおよそ 1/298 である．このため，(1) 式には緯度だけでなく，半径が異なる効果も加わってくる．

　なお，重力ということばは，このように地球上でわれわれが身近に感じる力だけでなく，万有引力一般をさす場合もある．現在宇宙で観測されている星，銀河，銀河団といった構造は，重力によって物質が集まって形成されたものである．また，アインシュタインの一般相対性理論によると，ブラックホールなどのように強い重力をもつものは空間や時間までも大きく歪ませる．実際に，遠方の銀河からの光が強い重力をもつ天体のそばを通過する際に曲げられる重力レンズ効果も観測されている．

2.2 単振り子とボルダの振り子

　質量の無視できる長さ $l\,[\mathrm{m}]$ の針金の下端に，大きさの無視できる質量 $m\,[\mathrm{kg}]$ のおもりを取り付け，微小振動させた場合の単振り子の周期 $T_0\,[\mathrm{s}]$ は，質量 $m\,[\mathrm{kg}]$ に無関係に

$$T_0 = 2\pi\sqrt{\frac{l}{g}} \quad [\mathrm{s}] \tag{2}$$

と与えられる．

　ボルダの振り子は単振り子ではなく実体振り子の一種であり，支点での抵抗を小さくするために，ナイフ・エッジを支軸とする装置 (以下，単にナイフ・エッジ) におもりを針金でつるす．ナイフ・エッジ単体の周期を実体振り子としての周期と等しくなるように選べば，その微小振動の周期 $T\,[\mathrm{s}]$ は単振り子に類似した公式

$$T = 2\pi\sqrt{\frac{l}{g}\left\{1 + \frac{2}{5}\left(\frac{a}{l}\right)^2\right\}} \quad [\mathrm{s}] \tag{3}$$

で与えられる．ここで，$a\,[\mathrm{m}]$ はおもりの半径，$l\,[\mathrm{m}]$ はナイフ・エッジの支軸 (エッジの部分) からおもりの中心までの長さである．この公式の導出については，力学の教科書などを参照せよ．

3. 重力加速度の測定

3.1 実 験 準 備

装置

　取り付け台 N，ナイフ・エッジの台座 U，および，振り子本体 (w+W) の 3 つより構成される実験装置を図 2 に示す．振り子本体は締め具 C をもつ金属球 B，CD 間の針金，締め具 D と周期を調整するためのねじ S を備えたナイフ・エッジ K より構成されている．取付台 N，鏡

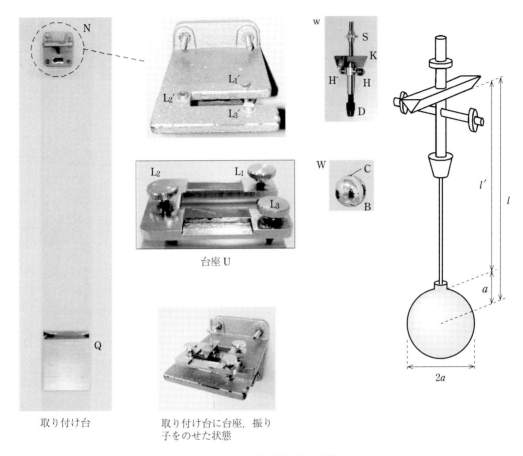

台座 U

取り付け台

取り付け台に台座, 振り
子をのせた状態

図 2 ボルダの振り子の構造

Q は柱に固定されている.

準備

(a) 台座の 3 本のねじ L_1, L_2, L_3 はそれぞれ取り付け台上の L_1', L_2', L_3' の上にのせる. 台座
    U の上面が水平になるように, 水準器の向きを変えながらねじ L_1, L_2, L_3 を調整する.

(b) 針金を約 1 m に切り, おもりとナイフ・エッジに取り付け, ナイフ・エッジを台座にのせ
    る. おもりへの取り付け方は, ねじ C を外し, その穴に針金を通し, 先割れドライバーで先
    を少し折り曲げた後, 再びねじ C をとめる. ナイフ・エッジでは D をゆるめて針金を通し,
    D を締める. 振幅を約 10 cm にして, 20 往復に要する時間をストップウォッチで測定する.
    この予備測定から周期 T' を求め, ノートに記入する.

(c) いったんナイフ・エッジから針金を取り外す. 針金をつけたときと同じ位置に D をセッ
    トした後, ナイフ・エッジ単体の周期 T'' を 20 往復に要する時間から求める. T' と T'' と
    の差が 0.1 秒以下になるようにねじ S を調節し, T'' の最終値をノートに記入する. この調
    整は, ナイフエッジそのものが振り子の振動に影響を及ぼさないようにするため行うもので
    ある. 水平バランス HH′ は調整済みなので, これには触れないこと.

(d) この調整作業が終了したら，再びナイフ・エッジに針金を取り付け，測定が開始できるように ボルダの振り子をセットする．

(e) 望遠鏡は，ナイフ・エッジを通る鉛直線を振り子が横切る瞬間を観測できるようにピントを調節する．

(f) ストップウォッチの取り扱いについては備え付けの説明書を参照せよ．

3.2 測　　定

　測定は 2 人 1 組で，役割を交代して (1) から (7) まで 1 回ずつ計 2 回行う．なお，重力加速度の値を計算するまで，針金は外さないこと．

(1) 周期の測定：振幅を約 10 cm にして，ナイフ・エッジの支軸に垂直な面内で振り子を静かに振動させる．

(2) 望遠鏡を用いて 220 往復までの時刻を 20 往復ごとに測定する．

(3) おもりを静止させる．針金と平行になるように巻尺の始端のかぎを台座 U にかけ，巻尺を自然にたらす．

(4) 望遠鏡を水準器で水平になるように調整する．

(5) 針金のつけ根 C とその鏡 Q 上での映像とが一致するように望遠鏡の高さを調整する．

(6) ナイフ・エッジの支軸から図 2 の C までの長さ l' を望遠鏡を用いて 1/10 mm まで 5 回読み取る．

(7) おもりの直径 $2a$ をノギスで測定位置を変えながら 5 回測定する．

4.　データの整理と誤差の処理

測定値と誤差

　実験で得られる測定値には，偶然誤差，系統誤差といった誤差が必ず含まれている．今回の実験では，巻尺で測る針金の長さには最小目盛の 1/10 程度の読み取り誤差が含まれている．ストップウォッチを使った時間の計測では，針金が望遠鏡の十字線を横切った瞬間から指でボタンを押すまでの反応に誤差が生じる．また，巻尺はもちろんのこと，デジタル表示されるノギスやストップウォッチの表示値にも法律や規則で決められた許容誤差 (公差) が含まれている．そこで，測定値は

測定値 ± 誤差

というように表現する．

　誤差のうち，偶然誤差については測定を複数回繰り返すことによって見積もることが可能であると同時に，測定回数を増やすことによって最終的な測定精度を高くすることが可能である．確率論によると，偶然誤差のみを伴う測定値の分布は，真の値を中心にしたガウス分布になる．実際に測定を N 回行い，測定値 $E_1, E_2, \cdots, E_N$ が得られたとする．このとき，真の値の最も確からしい推定値 (最確値) を $\overline{E}$ と表すと，

$$\overline{E} = \frac{\displaystyle\sum_{i=1}^{N} E_i}{N} \tag{4}$$

であり，その信頼度 (標準誤差) σ_a は

$$\sigma_a = \sqrt{\frac{1}{N(N-1)}\sum_{i=1}^{N}(E_i - \overline{E})^2} \tag{5}$$

で与えられる．この式から明らかなように，測定回数 N が大きくなると標準誤差は小さくなることがわかる．

データの整理

(8) 周期の測定結果を表 1 のように 120 周期ごとに整理し，周期の平均値 $\overline{T}$ と標準誤差 ΔT とを求めよ．なお，表 1 中の $120\,T$ は 120 周期，$120\,\delta T$ は $120\,T$ と $120\,\overline{T}$ との差を表す．このため，表 1 の例では，

$$\overline{T} = \frac{247.653}{120} = 2.06378\,[\mathrm{s}],$$

$$\Delta T = \frac{1}{120}\sqrt{\frac{45.34 \times 10^{-4}}{6 \times (6-1)}} = 1.024 \times 10^{-4}\,[\mathrm{s}],$$

$$T = 2.0638 \pm 0.0001\,[\mathrm{s}]$$

のように計算される．

表 1 周期の測定

回数	時刻 t_1			回数	時刻 t_2			$120\,T$		
	分	秒	秒		分	秒	秒	$(t_2 - t_1)$	$120\,\delta T$	$(120\,\delta T)^2$
0	0	00.00	0.00	120	4	07.69	247.69	247.69	0.037	13.69×10^{-4}
20	0	41.35	41.35	140	4	49.00	289.00	247.65	-0.003	0.09×10^{-4}
40	1	22.55	82.55	160	5	30.19	330.19	247.64	-0.013	1.69×10^{-4}
60	2	03.84	123.84	180	6	11.47	371.47	247.63	-0.023	5.29×10^{-4}
80	2	45.05	165.05	200	6	52.74	412.74	247.69	0.037	13.69×10^{-4}
100	3	26.39	206.39	220	7	34.01	454.01	247.62	-0.033	10.89×10^{-4}
						平均		247.653	和	45.34×10^{-4}

(9) ナイフ・エッジの支軸から図 2 の C までの長さ l' とおもりの半径 a の測定結果を表 2 のように整理し，それぞれの平均値 $\overline{l}'$，$\overline{a}$ および標準誤差 $\Delta l'$，Δa を求めよ．標準誤差は表 2 の例では，

$$\Delta l' = \sqrt{\frac{0.13}{5 \times (5-1)}} = 0.081\,[\mathrm{mm}],$$

$$\Delta a = \frac{1}{2}\sqrt{\frac{0.087}{5 \times (5-1)}} = 0.033\,[\mathrm{mm}]$$

表 2　振り子の長さとおもりの直径の測定

No	l' [mm]	$\delta l'$	$(\delta l')^2$	$2a$ [mm]	$2\,\delta a$	$(2\,\delta a)^2$
1	1037.4	0.2	0.04	40.10	0.01	0.0001
2	1037.2	0.0	0.00	40.30	0.21	0.0441
3	1037.2	0.0	0.00	40.15	0.06	0.0036
4	1036.9	−0.3	0.09	39.95	−0.14	0.0196
5	1037.2	0.0	0.00	39.95	−0.14	0.0196
平均	1037.2	和	0.13	平均 40.09	和	0.087

のように計算される．ただし，巻尺の読みに際して，0.1 mm 以上の誤差があるため，$\Delta l'$ が 0.1 mm 以下の場合は 0.1 mm とする．つまり，この例では $\Delta l' = 0.1$ mm となる．

(10)　振り子の長さ

$$\bar{l} = \bar{l}' + \bar{a} \tag{6}$$

を求めよ．

(11)　重力加速度の大きさ $g\,[\mathrm{m\,s^{-2}}]$ を，(3) 式を書き換えた次式を使って求めよ．

$$\bar{g} = \frac{4\pi^2 \bar{l}}{\bar{T}^2} \left\{ 1 + \frac{2}{5}\left(\frac{\bar{a}}{\bar{l}}\right)^2 \right\} \, [\mathrm{m\,s^{-2}}] \tag{7}$$

誤差の伝播

この実験では，おもりの半径 $a\,[\mathrm{m}]$，ナイフ・エッジの支軸から図 2 の C までの長さ $l'\,[\mathrm{m}]$ の測定から，ナイフ・エッジの支軸からおもりの中心までの長さ $l\,[\mathrm{m}]$ を求め，さらに，振り子の周期 $T\,[\mathrm{s}]$ の測定から重力加速度の大きさ $g\,[\mathrm{m\,s^{-2}}]$ を求めている．それぞれの測定値は誤差をもっているが，振り子の長さ $l\,[\mathrm{m}]$ と重力加速度の大きさ $g\,[\mathrm{m\,s^{-2}}]$ の誤差はどのようになるだろうか．

おもりの半径 $a\,[\mathrm{m}]$ の測定で生じる誤差とナイフ・エッジの支軸から図 2 の C までの長さ $l'\,[\mathrm{m}]$ の測定で生じる誤差は独立であるため，それぞれの誤差を Δa および $\Delta l'$ とすると，その和 $l\,[\mathrm{m}]$ の誤差 Δl は

$$\Delta l = \sqrt{(\Delta l')^2 + (\Delta a)^2} \tag{8}$$

のようにそれぞれの誤差の 2 乗の和の平方根となる．

次に，重力加速度の大きさ $g\,[\mathrm{m\,s^{-2}}]$ の誤差を見積もろう．(7) 式から求められる重力加速度の大きさ $g\,[\mathrm{m\,s^{-2}}]$ の取り得る最大値は，

$$g + \Delta g = \frac{4\pi^2 (l + \Delta l)}{(T - \Delta T)^2} \left\{ 1 + \frac{2}{5}\left(\frac{a + \Delta a}{l - \Delta l}\right)^2 \right\}$$

と考えることができる．この式から

$$g + \Delta g = 4\pi^2 \frac{l}{T^2}\left(1 + \frac{\Delta l}{l}\right)\left(1 - \frac{\Delta T}{T}\right)^{-2}\left\{1 + \frac{2}{5}\left(\frac{a}{l}\right)^2\left(1 + \frac{\Delta a}{a}\right)^2\left(1 - \frac{\Delta l}{l}\right)^{-2}\right\}$$

のように書き換えることができる．ここで，$\Delta a/a$, $\Delta l/l$, $\Delta T/T$ および $(a/l)^2$ が微小量であることを考慮し，それらの高次の項を無視すると

$$g + \Delta g \approx 4\pi^2 \frac{l}{T^2} \left(1 + \frac{\Delta l}{l} + 2\frac{\Delta T}{T}\right) \left\{1 + \frac{2}{5}\left(\frac{a}{l}\right)^2\right\}$$

となるため，

$$\frac{\Delta g}{g} \approx \frac{\Delta l}{l} + 2\frac{\Delta T}{T}$$

という関係式が得られる．g が取り得る最小値を考えても同様の関係式が得られ，結局

$$\left|\frac{\Delta g}{g}\right| \approx \left|\frac{\Delta l}{l}\right| + 2\left|\frac{\Delta T}{T}\right| \tag{9}$$

となる．$\frac{\Delta g}{g}$ のように誤差を測定値で割ったものの絶対値は相対誤差と呼ばれ，測定の精度を表している．

　この実験では，(8) で測定データを表1のようにまとめて，120周期のデータを6個得た．この実験での振り子の周期の測定に伴う誤差は，主にストップウォッチによる計時によるものであるため，1周期を測定した場合でも，表1のように120周期を測定した場合もほぼ同じ値になると思われるが，(9) 式から明らかなように，120周期から求めた場合の方が精度が高くなる．

誤差の評価

(12)　振り子の長さ l の誤差 Δl を (8) 式から求めよ．

(13)　重力加速度の誤差 Δg を，(9) 式から求めよ．

5.　課　　題

(1)　系統誤差と偶然誤差の違いについて調べてまとめよ．

(2)　札幌の重力加速度 $g = 9.8047754\,\mathrm{m\,s^{-2}}$ と比較し，測定結果が誤差の範囲に入っているか検討せよ．誤差の主要な原因は何か．

(3)　さらに測定精度を高めるためには，どのような工夫をすればよいか．相対誤差を考慮して，考察せよ

6.　レ　ポ　ー　ト

　測定結果を表1および表2のようにまとめ，本文中の (8) から (13) についてレポートにまとめる．さらに，課題についても報告すること．

7. 参考図書

① 藤井陽一郎，藤原嘉樹，水野浩雄『地球をはかる』東海大学出版会.

② 中川徹，小柳義夫『最小二乗法による実験データ解析』東京大学出版会.

③ N. C. バーフォード (酒井英行訳)『実験精度と誤差』丸善.

④ J. R. Taylor (林茂雄，馬場涼訳)『計測における誤差解析』東京化学同人.

P6　放射線と統計

1.　目　　的

放射線は，原子炉などから発生するだけでなく自然界に存在する自然放射性核種や宇宙から降り注いでいる宇宙線という自然放射線という形でも存在している．現代において放射線はいろいろな場所で利用されており，必要欠くべからざるものとなっている．ただ放射線を怖がるのではなく，放射線の種類や性質についてきちんと理解する必要がある．放射線には α (アルファ) 線，β (ベータ) 線，γ (ガンマ) 線などがあり，それぞれ物質を突き抜ける能力 (透過力) が違う．一般的には，γ 線の透過力が最も強く，続いて β 線，α 線となっている．実験は，β 線を用いて放射線の性質をしらべる．

2.　安全に関する注意

本実験で用いる放射線源は微弱線源ではあるが，放射線を出している物質なので，教員の指示に従い慎重に実験を行うよう注意する．

また，Geiger-Mueller 検出器には高電圧がかかるので，その操作には十分注意を払うこと．

3.　放射線の特性と強さ

3.1　放射線の種類と性質

α 線

原子番号 83 以上の原子が α 崩壊をしたときに放出されるヘリウムの原子核である．$+2e$ の電荷を帯びており，電場や磁場で曲げることができる．電離作用が強いので透過力は小さく，$0.02\,\mathrm{mm}$ のアルミ箔や数 mm の空気で止められる．しかし，その電離作用の強さゆえ，α 線を出す物質による内部被曝には十分注意しなければならない．

β 線

原子が β 崩壊をした際に放出される放射線の 1 つで，実体は電子または陽電子である．普通「β 線」という場合は，負電荷を持った電子による β 線を指す．電荷を持つので α 線と同様に電場や磁場で曲げることができる．透過力は弱く，通常は数 mm のアルミ板や 1 cm 程度のプラスチック板で十分遮蔽できる．

γ 線

原子が崩壊したときに α 線，β 線を放出してもなお核が不安定である場合，余分なエネルギーを出し安定化する．これが γ 線である．粒子ではなく極めて波長の短い電磁波であり，透過力は強く，数十センチメートルの金属板をも透過する．生物に影響を与える電離作用は α 線，β 線に比べて小さい．

中性子線

　中性子線は，核分裂などによって原子核の中から中性子が飛び出したものである．中性子は陽子とともに，原子核を構成している粒子である．中性子は，原子核を構成する素粒子の 1 つで，電荷を持たず，質量が水素の原子核 (陽子) の質量とほぼ等しい．中性子線は，水やパラフィン，厚いコンクリートで止めることができる．中性子線は，γ 線のように透過力が強いので，人体の外部から中性子線を受けると γ 線の場合と同様に組織や臓器に影響を与える．吸収された線量が同じであれば，γ 線よりも中性子線の方が人体に与える影響は大きい．

3.2　放射能，放射線の単位

A.　放射能の単位

　放射能の単位はベクレル (Bq) を用いて表す．放射線を出す能力を表す単位 (1 Bq は，1 秒間に 1 個の原子核が崩壊すること) であり，たとえば 10 kBq とは 1 秒間に 10000 個の原子核が崩壊し放射線を出すということである．

B.　放射線の単位

　実際に 1 回，原子核の崩壊が起こり放射線を放出したとしてもそれが α 線，β 線，γ 線それとも中性子線なのかによってエネルギーや生物に与える影響は異なる．そのため以下のような放射線の単位が存在する．

a.　照射線量

　3 MeV 以下の X 線・γ 線にのみ定義され，標準状態の空気 1 kg に対し照射により放出される電子または陽電子により生じる電荷の総和が 1 C (クーロン) になる量を $1\,\mathrm{C\,kg^{-1}}$ とする．また R (レントゲン) という単位も用いる．

$$1\,\mathrm{R} = 2.58 \times 10^{-4}\,\mathrm{C\,kg^{-1}}$$

b.　吸収線量

　放射線照射を受けた物質が単位質量あたりで吸収したエネルギー．物質 1 kg が 1 J のエネルギーを吸収した線量を 1 Gy (グレイ) という．

$$1\,\mathrm{Gy} = 1\,\mathrm{J\,kg^{-1}}$$
$$1\,\mathrm{rad} = 10^{-2}\,\mathrm{Gy}$$

c.　線量当量

　同じ線量であっても放射線の種類や臓器によって生体に与える影響が異なる．吸収線量に，放射線の種類による違いである線質係数と臓器による感受性の違いを考慮した組織加重係数を掛けた値を線量当量という．Gy に RBE を掛けたものを Sv (シーベルト) という．

4. 実 験 装 置

4.1 放 射 線 源

実験では以下の崩壊で放出される β 線を放射線源として用いる.

$$^{90}\text{Sr} \xrightarrow[28.8\,\text{Year}]{\beta^- \, 0.546\,\text{MeV}} \,^{90}\text{Y} \xrightarrow[64.0\,\text{hour}]{\beta^- \, 2.27\,\text{MeV}} \,^{90}\text{Zr}$$

線源の取り扱いの注意

放射線源は実験の開始前に, 図1の蓋を外した状態で前もって測定装置に設置してある. そのため, 線源を装置の外に露出することなく実験を行うことができる. 実験を始める前にノートに番号を控えること.

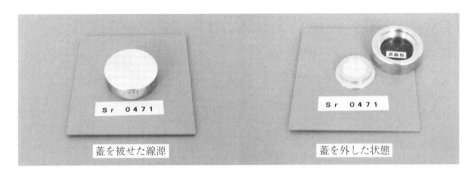

図 1 線源と線源プレート

4.2 検 出 器

実験では放射線を検出する検出器が必要である. 今回の実験では放射線を検出する検出器として Geiger-Mueller (GM) 管を用いる.

Geiger-Mueller (GM) 管の原理

円筒電極の中に細い中心電極を封じ込めた構造 (図2) となっており, 管の中を Ar や He などの不活性気体とアルコールガスなどを封入している. 2つの電極の間に印加電圧をかけて使用する. 放射線が管内に入射すると, Ar や He が電離し, 放出された電子は中心電極に流れ込む. 陽イオンはその電荷をアルコールなどの分子に移し最終的に外周電極に移り中和される.

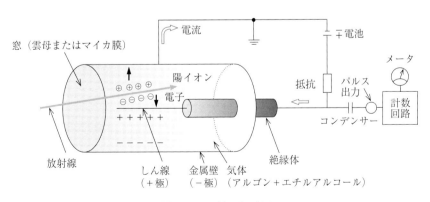

図 2 GM 管の概略図

それにより電極間に放電が起き電流が流れる．この放電パルスをパルスカウンターを用いてカウントする．このカウント数が放射線の強さに対応する．GM 管は感度がよいので γ 線および β 線の測定によく用いられる．

4.3 GM 管の特性

　GM 管は放射線による電離が引き金になって電圧パルスを発生させるため，放射線の種類を区別することはできず電離を引き起こすものは無差別にすべて計数する．GM 管に印加する電圧を変えて一定条件の放射線を計測すると図 3 に示すような関係が得られる．カウント数が 0 から急激に立ち上がる電圧を始動電圧，平らな部分間を GM 管のプラトーと呼ぶ．この部分ではカウント数がほぼ一定なので電圧の変動によるカウントへの影響がすくなく都合がよい．放射線を測定する場合はプラトーの長さの低電圧

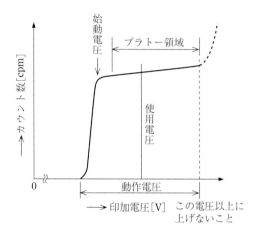

図 3 GM 管のカウント数の電圧変化

側より 1/3 のところを使用電圧とする．プラトーにはわずかの傾斜があり，100 V あたりの計数の増加する割合をプラトーの傾斜といい，$\Delta C/C$ (C：始動電圧でのカウント数，ΔC：プラトー領域での 100 V あたりのカウントの増加分) で表す．GM 管の特性の 1 つである．

4.4 試料台と吸収板

　吸収の実験をするとき図 4 のアルミ，アクリル，鉛の円板を試料台の上に載せ，GM 管スタンドに挿入して実験を行う．鉛の板を載せるときはピンセットを用いてもよい．素手で触れた場合，実験終了後，忘れずに手を洗うこと．

吸収板

試料台（矢印）

図 4 吸収板 (左) と吸収板を載せる試料台 (右)

実験 1　GM カウンターのプラトーの観測

実験にあたり印加電圧を決定するためにプラトーの観測を行う．本来ならば高電圧側のプラトーからの立ち上がりも測定すべきではあるが，本実験では，始動電圧からプラトーまでを観測する．以下，実験にあたり，装置脇に置いてある機器概略図を参照．

(1)　線源プレートが線源台⑳に載っていることを確認後，線源プレートの番号をノートに記入する．GM 管スタンド後部のパッチン錠⑱が締まっていることを確認する．

(2)　GM 管印加電圧調整つまみ①が反時計まわりに回りきっていることと電源スイッチ⑥が ON になっていることを確認する．

(3)　遮蔽台㉑を手前に引き出し，固定ネジ⑰を緩め，取っ手⑯を上下することで線源台⑳を 80 mm 位置に移動し，固定ネジ⑰を締め，位置を固定する．遮蔽台㉑をもとに戻し，試料台⑲を手前へ引き出す．

(4)　ゲート時間切り替えスイッチ⑦を 10 min に設定する．

(5)　スクートボタン⑧を押し GM 管印加電圧調整つまみ①をゆっくり時計まわりに回す．

(6)　ある電圧を超えると急にカウントを始めるはずである．カウントを始めたら少し印加電圧を下げ，その後，再び慎重に印加電圧を上げ，カウントを始める始動電圧を測定し，その電圧を最小目盛の 1/2 単位で記録する．

(7)　ゲート時間切り替えスイッチ⑦を 1 min に設定する．

(8)　始動電圧から 20 V 間隔で 520 V まで各電圧の 1 min 間のカウント数 (cpm) を 1 回測定する．カウント終了後，再測定の前にリセットボタン⑨を押す．

(9)　横軸に印加電圧，縦軸にカウント数のグラフを描け．

5.　計 数 の 統 計

この原子核の崩壊の特徴について考えてみる．1 個の原子核が単位時間内に崩壊する確率を α とし，ある時間における崩壊していない原子核の数を $N(t)$ とすると

$$-\frac{\mathrm{d}N(t)}{\mathrm{d}t} = \alpha N(t)$$

$t = 0$ における崩壊していない原子核の数を N_0 とすれば，

$$N(t) = N_0 \exp(-\alpha t)$$

すなわち，崩壊していない原子核の数は，時間とともに指数関数で減少していく．

放射性元素では，崩壊していない原子核の個数が半分になる時間を半減期として定義している．半減期を $T_{1/2}$ とすると，α との関係は

$$\frac{N_0}{2} = N_0 \exp(-\alpha T_{1/2}) \quad \text{より} \quad T_{1/2} = \frac{1}{\alpha} \ln 2 = \frac{0.693}{\alpha}$$

$$(\exp(x) = \mathrm{e}^x,\ \ln x = \log_{\mathrm{e}} x)$$

という関係にある．放射能の単位として Bq を定義したが，100 kBq の線源は半減期を経過するとその半分の 50 kBq となるのである．この半減期の長さは線源の種類に固有な量である．

さて原子核の崩壊はベクレルで表される確率的な現象であるから，一定時間の間にカウントされる計測数は一定値ではなく測定ごとに異なる．

単位時間内 $t = 1$ で M 回カウントされる確率について考えてみる．最初に N 個の原子核があったとするとその中の M 個が崩壊し残りの $N - M$ 個が崩壊しないのでその確率は

$$p(M) = {}_N\mathrm{C}_M \times \{1 - \exp(-\alpha)\}^M \{\exp(-\alpha)\}^{N-M}$$

ところで単位時間内に崩壊する個数の期待値 $\overline{M}$ は α を用いて $\overline{M} = \alpha N$ であるので

$$p(M) = \frac{N \cdot (N-1) \cdots (N-M+1)}{M!} \times \left\{1 - \exp\left(-\frac{\overline{M}}{N}\right)\right\}^M \left\{\exp\left(-\frac{\overline{M}}{N}\right)\right\}^{N-M}$$

これを N が非常に大きいとして近似すると

$$p(M) \approx \frac{\overline{M}^M}{M!} \exp(-\overline{M})$$

この分布はポアソン分布といわれる．

すなわち，α から期待されるカウント数 $\overline{M}$ 以外のカウント数 M が実現される確率があり，その確率はポアソン分布に従うということである．すなわち多数回測定するとその分布はポアソン分布となる．このような分布からその標準偏差を計算すると $\sigma(\overline{M}) = \sqrt{\overline{M}}$ という特徴をもっている．実際の N 回の測定の分散の平均から計算した標準偏差を

$$\sigma'(\overline{M}) = \sqrt{\frac{1}{N} \sum_i (M_i - \overline{M})^2}$$

とすると理想的には $\sigma'(\overline{M}) = \sigma(\overline{M})$ となるはずで，測定の信頼度のチェックとして役に立つ．$\sigma'(\overline{M})$ が $\sigma(\overline{M}) = \sqrt{\overline{M}}$ よりかなり大きいときは，この測定器には各回の値をばらつかせる原因として統計的揺動以外の原因があることを意味する．

実験 2　計数率の統計的取り扱い

(1) 実験 1 で測定したプラトー領域 (始動電圧に 100 V 程度加えた値) に GM カウンターの印加電圧を設定し，設定電圧を記録する (これ以降の実験で印加電圧は変化させない)．

(2) 固定ネジ ⑰ を緩め，線源台 ⑳ を 60 mm 位置に移動し，固定ネジ ⑰ を締める．試料台 ⑲ が手前へ引き出されていることを確認する．

(3) ゲート切り替えスイッチ ⑦ を 1 sec に設定する．

(4) スタートボタン ⑧ を押して 1 秒間計測し，カウントランプ ③ が消灯後リセットボタンを押さずに再度スタートボタン ⑧ を押して 1 秒間計測するという手順を 3 回繰り返し，合計 3 秒間計測し，3 秒間のカウント数を記録する．

(5) リセットボタン ⑨ を押しカウント数をクリアする．

(6) (4)，(5) の操作を 150 回繰り返す．

(7) 測定結果から平均のカウント数を計算せよ．

6. 放射線源からの距離と強さ

放射線源から離れるにしたがって放射線の強さが減少することが期待されるが実際にはどんな関係にあるのか考察する. 放射線源からどの方向にも均等に放射線が発生しているとし, カウンターの窓の半径を r [m] とし, 線源からカウンターまでの距離を h [m] とした場合 (図 5), 全方向に対する検出器の窓の立体角の関係から検出効率 G は以下で与えられる.

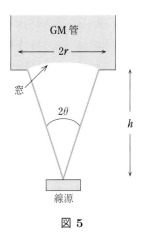

図 5

$$G = \frac{1}{2}\left(1 - \frac{h}{\sqrt{h^2 + r^2}}\right) = \frac{1}{2}\left\{1 - \left(1 + \frac{r^2}{h^2}\right)^{-\frac{1}{2}}\right\}$$

$$\approx \frac{1}{2}\frac{r^2}{2h^2}$$

この式より検出率 G は距離 h の 2 乗に反比例すると予想される. 線源からの距離が遠くなるにしたがい放射線の強度は急激に減少する.

実験 3

(1) ゲート時間切り替えスイッチ ⑦ を 1 min に設定する.

(2) 試料台 ⑲ が手前へ引き出されていることを確認する. 遮蔽台 ㉑ を手前へ引き出す.

(3) この設定で, 線源台 ⑳ を 30 mm, 40 mm, ⋯, 120 mm と変えて各位置での 1 min 間のカウント数を 1 回測定する.

(4) 横軸に線源からの距離, 縦軸にカウント数のグラフを描け.

7. 放射線の遮蔽と吸収

放射線から防護するためには遮蔽が有効であるが, 材質によりどのような違いがあるだろうか. また遮蔽材の厚さと放射線の強さの関係はどのようになっているのだろうか. β 線は物質中に侵入すると物質中の電子との間に非弾性散乱が起こり, エネルギーを失う. しかし, 一度の散乱で失われるエネルギーは小さく, 物質の厚さが十分でない場合, β 線は物質を通り抜けることができる. この通り抜けた β 線を透過 β 線と呼び, 透過 β 線の数は物質の厚さを増やすことで減少し, ある厚さ以上になるとゼロになる. そのときの厚さを β 線のその物質における最大飛程と呼び, 物質の厚さに対して透過 β 線の数をプロットしたものを吸収曲線と呼ぶ. β 線のエネルギーが大きければ最大飛程は長くなる. この最大飛程 R は厚さを単位断面積あたりの質量の単位 [mg cm^{-2}] で表せば, どの物質についてもほぼ同じぐらいの値になる.

実験 4　吸収曲線の測定

(1) 試料台 ⑲ と遮蔽台 ㉑ が手前へ引き出されていることを確認する.

(2) 固定ネジ ⑰ を緩め, 線源台 ⑳ を 150 mm 位置に移動し, 固定ネジ ⑰ を締める. この状

態で試料台⑲と遮蔽台㉑を奥へ押し込む.

(3) ゲート時間切り替えスイッチ⑦を 1 min に設定する.

(4) スタートボタン⑧を押して 1 min 間計測を 4 回行いそのカウント数を記録し平均値 C_B を求める (バックグランドの測定).

(5) 遮蔽台㉑を手前に引き出す. 固定ネジ⑰を緩め線源台⑳を 50 mm 位置に移動し, 固定ネジ⑰を締める. 遮蔽台㉑を奥へ押し込む.

(6) スタートボタン⑧を押して 1 min 間計測を 1 回行いそのカウント数 C を記録する.

(7) 試料台⑲を引き出し, 試料台⑲に吸収用アルミ板 0.1 mm を入れて同様に測定する.

(8) (6), (7) の測定に続けて, アルミ板の厚さをアルミ板を組み合わせることにより, 0.2, 0.5, 0.8, 1.2, 1.6, 2.4, 3.6, 6.0 mm で 1 回ずつ測定する (カウント数が 500 cpm 以下の場合は 2 回測定する).

(9) 縦軸に $\log_{10}$[(カウント数) − (バックグラウンドの平均)], 横軸に吸収板の厚さとしてデータをプロットせよ. 2 回測定したときはカウント数の平均を用いる.

実験 5 遮蔽材の材質と遮蔽効果

実験 4 の配置で試料台⑲に 0.5 mm の鉛板, アクリル板, アルミ板をそれぞれ入れ替えて各材質ごとに 1 min 間計測を 2 回行いそのカウント数を記録し平均値を求める.

実験の終了

(1) その他実験器具を整理し実験開始時の状態に戻す.

8. 課　題

課題 1 プラトー領域の傾きからプラトーの傾斜を計算せよ.

課題 2 実験 2 のデータより

(1) 実測データの標準偏差を計算せよ. 平均のカウント数の平方根と比較してみよ.

(2) 平均のカウント数のまわりに 5 カウントごとの幅を横軸にとり, その幅の中にあるデータの数を縦軸に分布図 (ヒストグラム) を描け.

(3) 現在使用している線源を用いて 5 年後同様の測定をしたときの平均のカウント数を推定せよ.

課題 3 実験 3 のデータより

(1) 横軸に線源からの距離の 2 乗分の 1, 縦軸にカウント数のグラフを描け.

(2) 横軸に線源からの距離の平方根, 縦軸にカウント数のグラフを描け.

(3) 以上のグラフより, 線源からの距離とカウント数の関係式を推察せよ.

課題 4 β 線の吸収曲線のカウント数がほぼ平坦になる厚さのアルミ板の質量を使って, 円板の断面積で割ることより最大飛程 R [mg cm^{-2}] を推定せよ. ただし, アルミ板の質量は実験 5 のデータ整理を参考にしなさい.

課題5　アルミニウム，鉛，アクリル板を遮蔽材として有効な順番に並べよ．また，実験4の
さまざまな厚さのアルミ板および鉛，アクリル板の単位断面積あたりの質量を以下より求め，
単位断面積あたりの質量を横軸，カウント数を縦軸としてグラフを描き，比較せよ．

　　　　　※ 0.5 mm の吸収板の重さ (直径は全て 25 mm)

　　　　　アルミ　0.64 g　　　　鉛　3.00 g　　　　アクリル　0.30 g

9. レ ポ ー ト

各自が行った実験の生データおよびデータの整理，課題を報告する．

10. 謝　　辞

線源を外部露出させない GM 管スタンドの考案・設計は北海道大学大学院理学院物性物理学専攻の大沼晃浩氏によるものです．

P7　燃料電池と地球にやさしいクリーンエネルギー

1. 目　的

　燃料として水素と酸素のみを用い，環境に無害な水しか発生させないクリーンエネルギーとして注目される固体高分子型燃料電池を取り扱う．燃料電池の発電機構を理解し，そのエネルギー効率を調べる．実験課題を通じて燃料電池の基礎を学習する．

2. 実験上の注意

(1)　実験中は水素と酸素が発生するため火気類は絶対に使用しないこと．

(2)　電気分解に用いる水は必ず専用の蒸留水を用いること．決して水道水を使用してはいけない．

(3)　実験器具が破損するため燃料電池素子には絶対電圧をかけないこと．

3. 原　理

　電池は物質に蓄えた化学エネルギーを電気エネルギーに変換するものである．一般の電池では物体内に蓄えられた化学エネルギーを取り出してしまうと寿命が尽きる．一方，燃料電池は供給する燃料の化学エネルギーを電気エネルギーへ変換するので燃料の供給が続く限り発電できる．燃料電池のプロトタイプは 1839 年イギリスのグローブ (M. Grove) が考案したもので，図 1 にその原理の概念図を示す．電解質には希硫酸を，電極には白金を用いて水素と酸素を燃料として供給し起電力を発生させる．

　この燃料電池の陰極側では白金の触媒作用によりイオン化反応 ($H_2 + Pt \longrightarrow 2H^+ + 2e^- + Pt$) がおこり，水素イオン ($H^+$) と電子 ($e^-$) が生成される．このうち電子は陰極から負荷 (抵

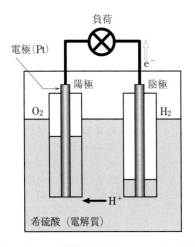

図 1　グローブ燃料電池 (Grove cell) の原理

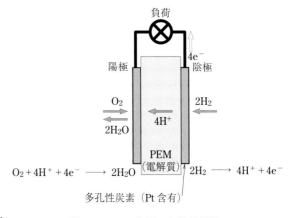

図 2　PEM を用いた燃料電池

抗体など) を通って陽極へ向かい，水素イオンは電解質中を流れて陽極へと向かう．陽極で酸素，水素イオン，電子が反応 ($O_2 + 4\,H^+ + 4\,e^- \longrightarrow 2\,H_2O$) して水を生成する．反応全体としては $2\,H_2 + O_2 \longrightarrow 2\,H_2O$ という化学反応がおこり，ちょうど水の電気分解の逆反応をおこすことで起電力を発生する．このように水素のような物質を燃料とする電池を「燃料電池」と呼ぶ．近年，電解質の技術開発が進み陽子交換膜である固体高分子電解質膜 (polymer electrolyte membrane, PEM) を採用し，電極には白金触媒を含む電極を用いた燃料電池 (図2) が使われるようになった．図に示されたグローブの燃料電池と PEM を用いた燃料電池では電解質や電極が異なるが起電力発生のメカニズムは同じである．本実験ではこの陽子交換膜を用いた燃料電池を取り扱う．

4. 実　　験

4.1 装　置

燃料電池：燃料電池実験装置 (負荷抵抗，ファンを含む)

直流安定化電源

電流計：テスター

電圧計：デジタルマルチメータ (DMM)

4.2 測　定

★印は実験時間内に行うこと．

測定 1　水の電気分解と電圧–電流特性

(1)　直流電源の POWER を押して電源を入れ，電圧を $0\,V^{*注意}$ にする．(VOLTAGE, FINE のつまみを反時計回りに止まるまでまわす．CURRENT のつまみを時計回りにまわしていき max にする).

　　＊注意　電気分解の実験では電気分解を一度止め再度始める場合，電源が $0\,V$ からはじまらない．その場合には電源を一度 OFF にして電気分解素子の電極間をショートさせる (抵抗器を $0\,\Omega$ に設定し，しばらくしてから $\infty\,\Omega$ へ戻す).

(2)　負荷抵抗を ∞ にセットする．電気分解素子，直流電源，電流計，電圧計，負荷抵抗を実験台にある図 (水の電気分解) を参考にして図 3 の回路図になるよう接続する．ここで電流計は COM ($-$) と 10 A ($+$) 端子にケーブルを接続し，ダイヤルを A (mA や μA ではない) にセットする．また電圧計の電源を ON にする．

(3)　負荷抵抗が ∞ になっていることを確認する．直流電源の OUTPUT を押す．VOLTAGE を時計回りにゆっくりとまわして設定電圧を $1.20\,V$ にしてそのときの電流値の絶対値を記録せよ．次に FINE を時計回りにゆっくりとまわして $1.80\,V$ (注意：最大 $2.0\,V$) まで $0.10\,V$ 間隔で上げていき，表 1 を参考にして設定電圧 V_S，電気分解素子にかかる電圧値 V_M，電流値 I の絶対値をそれぞれ記録せよ (ただし，電圧値，電流値は直流電源が示す値ではない). 電気分解が始

まった電圧 (ガスが発生した電圧) をノートへ記録
する.

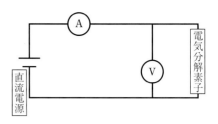

図 3　電気分解に用いる回路図

(4)　直流電源の出力電圧を 2.4 V に設定して，水素
ガスが 90 cm^3 程度溜まるまでガスを発生させる.
(ガスが溜まるまで下記のレポート課題を行う.)

(5)　直流電源の OUTPUT を押して出力を止める.

(6)　ピンチコック (バルブ) をゆっくり開けて，発
生したそれぞれのタンクの中のガスを慎重に目盛 10 cm^3 まで除く.

測定 1 のレポート課題

(1)★　測定した電圧値 V [V] と電流値 I [A] を表にまとめよ. 横軸を電圧，縦軸を電流とし
て電圧–電流特性をグラフにせよ.

表 1　電気分解素子の電圧–電流特性

設定電圧 V_S [V]	測定値 V_M [V]	I [A]
1.20		
1.30		
1.70		
1.80		

(2)★　水の電気分解が始まる電圧をグラフに示し，電圧–電流特性と電気分解について考察
せよ.

測定 2　電気分解素子のエネルギー効率

(1)　直流電源の出力電圧を 2.2 V の電圧に設定する.

(2)　電気分解素子に電圧を印加して (直流電源の OUTPUT を押して) 電気分解を行い，発生
した水素ガスの体積 V_{H_2} が 10 cm^3 もしくは現在の状態からプラス 50 cm^3 まで 10 cm^3 間隔
でそれぞれの体積 V_{H_2} へ達したときの時間 t [s]，電圧 V [V]，電流 I [A] を測定し記録せ
よ. ここで時間の測定はストップウォッチを用いよ.

(3)　直流電源の OUTPUT を押して出力を止める.

(4)　燃料電池素子のバルブを開いて発生したガスを開放し，それぞれのタンク中のガスを慎重
に目盛 10 cm^3 まで除く. またここでチューブに水が入っていないことを確認する.

(5)　次に直流電源の出力電圧を 2.4 V に設定し，(2), (3) の操作をもう一度行う. ただし，今
回発生した水素ガスは開放せず次の測定で用いる.

(6)　直流電源の POWER(電源) を OFF にする.

測定2のレポート課題

(1)★　各体積 V_{H_2} [cm^3] へ達したときの時間 t [s], 電圧 V_M [V], 電流 I [A], 電力 P [W] を下記の表を参考にして表にまとめよ. ただし電力 P は $P = V_M \cdot I$ より計算せよ.

(2)★　横軸を時間 t [s], 縦軸を水素の体積の増加分 ΔV_{H_2} [cm^3] としてグラフにせよ.

(3)　電気分解素子が消費する電力 P は時間とともにどのように変化するか示せ.

(4)　電気分解素子のエネルギー効率を求めよ.

(5)　測定した2つの電圧の場合について水素の発生速度 (cm^3/s) をそれぞれ求めよ. また生成速度やその時間変化について論じよ.

表 2　電気分解素子のエネルギー効率

体積 V_{H_2} [cm^3]	ΔV_{H_2} [cm^3]	t [s]	V_M [V]	I [A]	$P = V_M \cdot I$ [W]
10	0				
20	10				
50	40				
60	50				

測定3　PEM 燃料電池の出力特性

(1)　直流電源の POWER (電源) が OFF であることを確認する.

(2)　燃料電池素子, 電流計, 電圧計, 負荷抵抗, ファンを実験台にある図 (燃料電池) を参考にして, 図4の回路図になるよう接続する. 燃料電池素子には細い端子のものを接続するので注意する.

(3)　ファンがまわり燃料電池により発電されていることを確認する.

(4)　ファンの配線を抜きファンを取り外す.

(5)　抵抗を ∞ からゼロ (Ω) まで大きい抵抗から順に変化させ, それぞれの抵抗値における電圧値と電流値を測定し記録せよ.

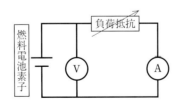

図 4　燃料電池の特性を調べる回路図

測定3のレポート課題

(1)★　それぞれの負荷抵抗 R [Ω] で測定した電圧値 V [V], 電流値 I [A] と計算した電力 P [W] を表にまとめよ.

(2)★　横軸を電流 I [A], 縦軸を電圧 V [V] として電圧–電流特性曲線をグラフに示し, 電池の内部抵抗を求めよ.

表 3 燃料電池素子の電圧–電流特性

R [Ω]	V_M [V]	I [A]	$P = V_M \cdot I$ [W]
∞			
330			
100			
0.1			
0			

(3)★ 横軸を電流 I [A]，縦軸を電力 P [W] としてグラフに示せ．

(4) この燃料電池が最大の出力を出すための最適負荷抵抗 R はどのくらい必要か，また，最適負荷抵抗と内部抵抗の間にはどのような関係があるかなどを議論せよ．

測定 4 PEM 燃料電池のエネルギー効率

(1) 水の電気分解を再度行い，水素ガスを $70\,\mathrm{cm}^3$ 以上にする．

(2) 測定 3 の (5) と同じ配線を使って負荷抵抗 R を測定 3 の表 3 で電力 P が最大となった値に設定して，電圧値 V [V] と電流値 I [A] を記録する．また設定した抵抗値 R [Ω] を記録する．

表 4 燃料電池素子のエネルギー効率

t [s]	体積 V_{H_2} [cm³]	V_M [V]	I [A]	$P = V_M \cdot I$ [W]
0				
120				
480				
600				
平均値				

(3) 次に水素ガス消費量の時間経過を調べる．任意の体積からスタートし，2 分毎に体積 V_{H_2} [cm³]，電圧値 V_M [V] と電流値 I [A] を 10 分までそれぞれ記録せよ．ただし，体積は 10 分の 1 目盛まで目測すること．

測定 4 のレポート課題

(1)★ 開始からの体積 V_{H_2} [cm³]，電圧値 V_M [V] と電流値 I [A]，そして計算から求めた電力 P [W] を表に示し，平均値を求めよ．

(2) 得られた平均値を用いて燃料電池素子のエネルギー効率を求めよ．

測定の最後に

(1) 実験が終了したら使用した実験器具の後片付けをし，こぼした水を拭いて机を掃除する．

(2) 水とガスは捨てずにそのままでよい．

5. レポートと考察

(1) 各測定のレポート課題を参考にレポートをまとめよ.

(2) 現在注目される燃料電池は本当に地球にやさしいクリーンで有効なエネルギーなのだろうか？ 自由な視点で考察せよ.

参考

電気分解素子のエネルギー効率

　入力したエネルギー (E_{input}) に対する得られた利用可能なエネルギー (E_{usable}) の比を効率という. エネルギーを変換する際の効率が高ければ高いほどエネルギーを有効に利用したことになる. 電気分解素子の場合は電気エネルギー (E_{electric}) を入力して電気分解を行い, 燃料である水素の化学エネルギー (E_{hydrogen}) を得るので, エネルギー効率 η_{energy} は

$$\eta_{\text{energy}} = \frac{E_{\text{usable}}}{E_{\text{input}}} = \frac{E_{\text{hydrogen}}}{E_{\text{electric}}} = \frac{V_{\text{H}_2} \cdot H_{\text{h}}}{\overline{V} \cdot \overline{I} \cdot t}$$

V_{H_2} = 発生した水素ガスの体積 $[\text{m}^3]$

H_{h} = 水素の完全燃焼による総発熱量 = $12.7 \times 10^6 \dfrac{\text{J}}{\text{m}^3}$

$\overline{V}$ = 電圧 $[\text{V}]$

$\overline{I}$ = 電流 $[\text{A}]$

t = 時間 $[\text{s}]$

と表される.

燃料電池素子のエネルギー効率

　燃料電池は水素の酸化によって電気エネルギーを取り出す. そのエネルギー効率は入力したエネルギー (E_{input}) に対する得られた利用可能なエネルギー (E_{usable}) の比で示される. 燃料電池素子の場合には電気分解素子とは逆に水素ガスに蓄積された化学エネルギー (E_{hydrogen}) を入力して利用可能な電気エネルギー (E_{electric}) を得るので, エネルギー効率 η_{energy} は

$$\eta_{\text{energy}} = \frac{E_{\text{usable}}}{E_{\text{input}}} = \frac{E_{\text{electric}}}{E_{\text{hydrogen}}} = \frac{\overline{V} \cdot \overline{I} \cdot t}{V_{\text{H}_2} \cdot H_l}$$

V_{H_2} = 消費した水素ガスの体積 $[\text{m}^3]$

H_l = 水素の完全燃焼による真発熱量 = $10.8 \times 10^6 \dfrac{\text{J}}{\text{m}^3}$

$\overline{V}$ = 電圧 $[\text{V}]$

$\overline{I}$ = 電流 $[\text{A}]$

t = 時間 $[\text{s}]$

と表される.

化学系実験

C1　酸化還元滴定による COD の測定
C2　吸収スペクトルと酸塩基平衡
C3　タンパク質分解酵素の反応速度解析
C4　ものさしで測る分子の大きさと表面圧
C5　鈴木–宮浦カップリング反応
C6　天然のかおり物質の合成

「化学」は，この地球上や宇宙空間に存在するありとあらゆる物質から，人間を含めた生物の生命現象までを分子レベルで探究する学問である．また，化学は，われわれの生活を支える様々な新規物質や材料，さらに病気の診断法や治療薬の開発などの面でも重要な使命を帯びており，幅広い分野でわれわれの社会に貢献している．一方で，環境問題を解決していくのも化学の極めて大きな役割である．

　皆さんは，いままでに化学の多様な事実や原理・法則を講義で学んできたが，それらはすべて実験から得られた結果とその解析に基づいている．つまり，先人たちが化学実験を行いそれをよく観察し，さらにその背景にある量的関係を考察して，物質の持つ化学反応性や性質に関する理解を通して積み上げてきたものである．

　本化学系実験では，化学から物理や生物との境界領域の分野をカバーする 6 種の課題，すなわち「酸化還元滴定による COD の測定」，「吸収スペクトルと酸塩基平衡」，「タンパク質分解酵素の反応速度解析」，「ものさしで測る分子の大きさと表面圧」，「鈴木–宮浦カップリング反応」，「天然のかおり物質の合成」が用意されている．これら化学実験の基礎となる 6 種の課題をとおして，いろいろな化学種間の反応に関する正確な知識・定量的な関係・化学の系統的な組み立てや法則性を学ぶ．加えて，実際の実験における器具や機器の取り扱い・実験の進め方・結果の解析や考察の仕方を習得する．

　実験を有効に行い有用なものにするためには，ただ単に実験書に記載してある操作に従って機械的に実験を行うのではなく，原理やそれぞれの操作の意味をよく理解しておく必要がある．また，実験者の安全や環境保護のためにも，実験書をあらかじめよく読んで予習をしておくことが重要であり，実験に際しては注意事項を含めた説明を聞いて正確な実験を行わなければならない．

　ところで，化学をはじめとする自然科学の実験で大切なことのひとつに，「再現性」がある．ある人が行った実験の結果は，別の人が再現し確認できるものでなければならない．このため，実験の材料・試料や操作，1 次データ (計算を施す前のデータ) などを正確に記述する必要がある．歴史的な研究も，ひとつの実験における小さな発見がもとになっていることが多い．このためにも，実験の経過や変化，結果などをよく観察し，詳細な実験ノートを記すことが重要である．

　今回，6 種の化学実験を行うことによって，講義や参考書による学習では得られない化学における分析・解析・合成の素晴らしさや楽しさを体験してもらいたい．

C1　酸化還元滴定による COD の測定

　環境分析の 1 つとして，有機物質による水の汚濁を知る 1 つの指標として用いられている COD (化学的酸素要求量) を酸化還元滴定によって測定する方法を学ぶ．本実験をとおして，化学実験の基本的な操作，定量器具の使い方や定量データの取り扱いを学ぶ．

C2　吸収スペクトルと酸塩基平衡

　「吸収スペクトルと酸塩基平衡」では pH 指示薬として広く用いられている色素分子ブロモチモールブルー (BTB) を用いて pH に依存した BTB 呈色溶液の可視吸収スペクトルを測定し，(1) BTB の酸解離構造変化による吸収スペクトル変化，(2) 弱酸 (弱塩基) の解離平衡の理解，(3) ランベルト–ベールの法則，(4) BTB の酸解離定数 K_a の算出を理解し，酸解離平衡と可視吸収分光法の基本を習得する．

C3　タンパク質分解酵素の反応速度解析

　化学反応の進行は，温度や圧力，触媒などの要因によって影響を受ける．酵素は，触媒として作用するタンパク質であり，生体内の化学反応において重要な働きをしている．本実験では，酵素を用いた化学反応の解析を行い，その反応を化学の反応速度論から理解することを目的とする．このため，タンパク質分解酵素キモトリプシンとその合成基質を用いて，加水分解反応を行う．基質濃度を変化させて，反応生成物の時間変化を分光学的手法により定量し，反応速度および酵素の反応機構について学ぶ．

C4　ものさしで測る分子の大きさと表面圧

　ものさしで測れる巨視的な値の測定から，分子のサイズを見積もれることを体感する．また水面上で分子が 1 層に並んだ膜 (単分子膜) を作るときの，分子の集合状態と表面圧の関係を知る．水面に既知濃度のステアリン酸のシクロヘキサン溶液をたらして，ステアリン酸の単分子膜を作り，一分子あたりの断面積を見積もる．さらに，水面に単分子膜の固体状態ができる過程を表面圧測定により追跡する．

C5　鈴木–宮浦カップリング反応

　「有機合成」とは入手容易で安価な有機化合物を，様々な化学反応を用いて有用な有機化合物に変換することをいう．有機合成に関する研究に対し 2010 年，鈴木章北海道大学名誉教授にノーベル化学賞が授与された．この実験では，ノーベル賞の対象となった「鈴木–宮浦カップリング反応」により 4–ビフェニルカルボン酸を合成し，有機合成実験を体験する．また，合成した 4–ビフェニルカルボン酸について薄層クロマトグラフィーによる同定を行い，クロマトグラフィーの原理を学ぶ．

C6　天然のかおり物質の合成

　代表的な香り物質であるエステル系化合物を合成し，非常に小さな分子が身近な香りを示す物質であることを体験する．合成実験の基本操作を学ぶとともに，ガスクロマトグラフィーによる有機化合物の同定法と純度の調べ方を学ぶ．生体が香り物質を感じる方法についても学ぶことを期待する．

C1　酸化還元滴定による COD の測定

1. 目　的

　化学的酸素要求量 (chemical oxygen demand：COD) とは，試料水を強力な酸化剤で処理したときに試料水中に含まれる有機物などの被酸化性物質によって消費される酸化剤の量を，それに対応する酸素の量に換算したものであり，有機物質による水の汚濁を知る 1 つの指標として用いられている．ここでは環境分析の 1 つとして身のまわりの水の COD を酸化還元滴定によって測定する方法を学ぶとともに，化学実験における定量器具の使い方や定量データの取扱いを学ぶ．

2. 解　説
2.1　背　景

　わが国の環境は，公害対策基本法やそれに続く環境基本法によって定められた環境基準に基づいて対策が講じられて保全されている．水質汚濁に関わる環境基準は，公共用水域の水質について達成し維持することが望ましい基準を定めたものであり，人の健康の保護に関する環境基準 (健康項目) と生活環境の保全に関する環境基準 (生活環境項目) からなる．事業所などから排出される重金属イオンやシアン，有機塩素化合物等の健康項目に関わる汚染については，多くの対策が講じられた結果，環境基準の達成率が 99.1% (2021 年度) であるのに対し，生活環境項目である COD や BOD (生物化学的酸素要求量) などの有機物質による汚濁に関わる環境基準の達成率は，河川で 93.1%，湖沼で 53.6% 程度であり，全体でも 88.3% 程度に過ぎない (2021 年度，図 1)．有機汚濁の発生源の中には台所やし尿，風呂，洗濯など生活排水か

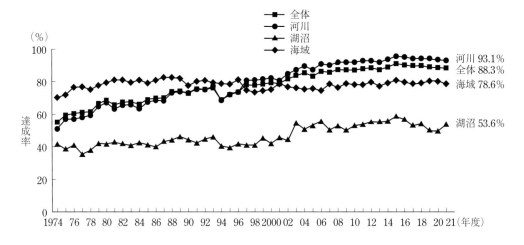

図 1　環境基準 (BOD または COD) 達成率の推移 (湖沼・海域は COD，河川は BOD) (2021 年版環境白書，環境省)

らによるものも含まれており，下水道の整備とともに家庭からの排出源削減のため住民の意識啓発や実践活動などが重要になっており，今後とも COD や BOD などの継続的な測定，調査監視が必要である．

2.2 原理・方法

A. 滴定 (容量) 分析法

　化学反応の簡単な化学量論に基づいて，濃度既知の標準溶液 (滴定剤) を試料溶液に滴加し，反応の終点までに要した体積を測定することによって被検物質の濃度を知る方法を滴定あるいは容量分析法という．滴定分析法に用いられる反応としては次の条件を満たす必要がある．

(1)　一定の反応式によって反応が進行し，副反応が起こらないこと．

(2)　反応の平衡定数が大きく，当量点で反応が完結すること．

(3)　当量点を知る方法があること．

(4)　反応が十分速く進行すること．

上の条件を満たす反応として，中和反応，沈殿反応，酸化還元反応，錯生成 (キレート) 反応などがあり，また反応の当量点を知るための指示薬として，酸塩基指示薬，酸化還元指示薬，金属指示薬などが用いられている．

　被検物質 (A) と滴定剤 (B) が 1 対 1 で反応するとき，

$$A + B \longrightarrow C$$

A の濃度を X，その体積を V とし，B の濃度を Y，滴定の終点までに要した B の体積を V' とすると，

$$XV = YV'$$

が成立するので，この関係から A の濃度 X を求めることができる．

　標準溶液や滴定によって求めた精密な濃度，たとえば $0.01034\,\mathrm{mol\,L^{-1}}$ (SI 単位では $\mathrm{mol\,dm^{-3}}$，慣用では M で示すこともある) の塩酸の濃度を $0.01\,\mathrm{mol\,L^{-1}}$ HCl ($f = 1.034$) と示すことがあり，f は濃度ファクターと呼ばれる．

B. 酸化還元滴定

　酸化還元反応を用いる滴定法であり，滴定剤として種々の酸化剤，還元剤を用いて行われている．特に，過マンガン酸カリウムを用いる方法は，滴定剤が強い酸化力を持つとともに，指示薬を必要とせず操作が簡単なことから COD の測定など広く用いられている．過マンガン酸イオンは酸性溶液中で以下のように反応し，2 価のマンガンイオンを生成する．

$$MnO_4{}^- + 8\,H^+ + 5\,e^- \longrightarrow Mn^{2+} + 4\,H_2O$$

一方，シュウ酸イオンは酸性溶液中で以下のように還元剤として働き，二酸化炭素を生成する．

$$C_2O_4{}^{2-} \longrightarrow 2\,CO_2 + 2\,e^-$$

シュウ酸ナトリウムは高純度の試薬が得られ，安定で吸湿性もないことから過マンガン酸カリ

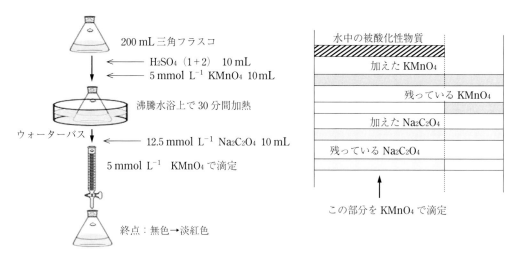

図 2 COD 測定の流れ図 [引用文献 (1)]

ウムを標定するときの 1 次標準試薬となる. シュウ酸イオンと過マンガン酸イオンとの反応は次のとおりである.

$$5\,C_2O_4{}^{2-} + 2\,MnO_4{}^- + 16\,H^+ \longrightarrow 2\,Mn^{2+} + 10\,CO_2 + 8\,H_2O$$

COD の測定は, 図 2 のように有機物質を含む水溶液に一定過剰量の酸化剤 (過マンガン酸カリウム) を加えて反応させ, 残留した過マンガン酸イオンを一定量のシュウ酸によって還元し, 残ったシュウ酸を再び過マンガン酸イオンを用いる酸化還元滴定により定量するものである. 過マンガン酸イオンのような強い酸化剤が水中の有機物などの被酸化性物質によって消費される量を酸素量に換算したものが COD であるが, 有機物の種類や反応条件によって値が異なり, あくまで有機物質量を示す相対的な指標とみなす必要がある.

2.3 容量器具の使用法

　容量測定のためのガラス器具には, メスシリンダー, メートルグラス, ピペット, ビュレット, メスフラスコなど様々のものがある. 特に, 滴定分析などにおいて高精度で溶液を採取したり, その体積を測定するには, ピペットやビュレットを用い, 一定濃度の溶液を調製する場合にはメスフラスコを用いる. ガラス器具につけられた標線とメニスカス (溶液面の湾曲部) を一致させたり, 目盛を読むときには図 3 のように目の位置を水平に保ちながら行う.

ピペット：ホールピペット, メスピペット, 先端ピペットなどがある. ホールピペットに標記された容量は, 標線まで吸い上げた溶液を流出したときの液量である. ピペット

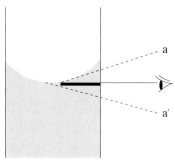

目を水平に保ち, メニスカスの最下端を目盛線の上縁と一致させる. a, a′ の位置から見たときには誤差が大きくなる.

図 3 水際の視定方法 [引用文献 (2)]

の上端に図4に示すように安全ピペッターを取り付けた後，ピペットの先端を溶液内に挿入して，安全ピペッターの吸い上げ弁を押して溶液を少し吸い上げる．安全ピペッターをはずし，ピペットを傾けながらまわし，吸い上げた溶液でピペット全体をぬらすようにして下端から流出する．この**共洗い**の操作を数回繰り返した後，最後に安全ピペッターで溶液を標線の上まで吸い上げる．安全ピペッターの排出弁を押しながらゆっくりと溶液を流下させ，メニスカスの最下端を標線の上縁と一致させる．ピペットを鉛直に保ちながら受器にピペットの先端を挿入し，安全ピペッターの排出弁を押しな

図4　安全ピペッター
[引用文献 (2)]

がら溶液を受器に流出させる．流出が止んでから約10秒待ち，排出弁を押しながら排出弁の先端を指で押して空気を吹き込み，ピペット先端に残った溶液を受器内壁に触れさせながら流し出す．

ビュレット：ビュレットのコックを閉じ，満たすべき試薬溶液をまず少量入れる．コックを開閉して溶液の一部を下端から出し，残りの液は図5のようにビュレットを傾けてまわしながら上端から出す．このような共洗いの操作を数回行ってから，ビュレットの零標線の少し上まで溶液を入れる．

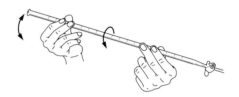

図5　ビュレットの共洗い

ビュレットをスタンドに立て，コックを瞬間的に全開にしてコック中の気泡を抜く．続いてコックを少し開けメニスカスの最下端が零標線の上縁に接するように調整し，コックを閉じて滴定に備える．ビュレットの下に試料溶液を置いたら，滴定前のビュレットの目盛を $0.01\,\mathrm{mL}$ の桁まで正確に読み取る．初心者の場合，図6のように左手でビュレットのコックの外側をつかみ，右手でコックのツマミを握って操作するのが確実で扱いやすい．滴定剤をビュレットから試料溶液に入れる場合には，最初は少し多めに入れてもいいが，色が元にもどる速度が遅くなってきたら，少しずつゆっくり加えるようにする．用いる反応にもよるが当量点近くでは1滴 (熟

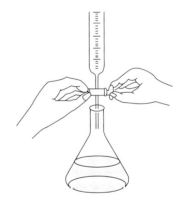

図6　コックの操作法
[引用文献 (2)]

練者では半滴) での色の違いを識別できるものもある．ビュレットからの1滴の体積は通常 $0.02 \sim 0.03\,\mathrm{mL}$ である．

メスフラスコ：メスフラスコは，標線の上縁まで溶液を入れたとき，フラスコ内の溶液の量が標示された体積となるように作られている．標線まで水を加えて一定量にするには細心の注意が必要であり，最後の数mLの添加には駒込ピペットを用いるのもよい．少し加え過ぎたから

といって，過剰分を取り出して一定量とするようなことはしてはならない．このような場合には再度調製操作をやり直さなければならない．標線に合わせたら栓をし，上下逆さまにして振り混ぜ，フラスコ内の濃度が一様になるようにする．

3. 実験 1　過マンガン酸カリウム溶液の標定

3.1 実 験 器 具

25 mL ビュレット，10 mL ホールピペット，10 mL 駒込ピペット，100 mL メスシリンダー，200 mL 三角フラスコ 3 個，ウォーターバス，安全ピペッター，温度計

3.2 試　　薬

(1)　12.5 mmol L^{-1} シュウ酸ナトリウム標準溶液 (備考 1)

(2)　5 mmol L^{-1} 過マンガン酸カリウム溶液

(3)　硫酸溶液 (1 + 2)：濃硫酸 1 に対して水 2 によって希釈したもの

3.3 操　　作

(1)　純水 50 mL をメスシリンダーで 200 mL の三角フラスコにとり，硫酸溶液 (1 + 2) 10 mL を駒込ピペットを用いて加える (備考 2)．ついで 12.5 mmol L^{-1} シュウ酸ナトリウム標準溶液 10 mL をホールピペットで加える．

(2)　この溶液をウォーターバスで 60～80 ℃ に加温した後，5 mmol L^{-1} 過マンガン酸カリウム溶液をビュレットから滴加し (備考 3)，三角フラスコを振ってかき混ぜる．溶液が無色からわずかに淡紅色になった点を終点とし，終点までに要した過マンガン酸カリウム溶液の滴加体積を小数点以下 2 桁まで読み取る．

(3)　滴定は 3 回行う．

3.4 結 果 の 整 理

(1)　3 回の滴定の平均値を求める．

(2)　酸化剤として用いた 5 mmol L^{-1} 過マンガン酸カリウムの濃度ファクター f を求める．

実験上の注意事項

1.　硫酸溶液の使用の際は周囲にこぼしたり，手につけたりしないように十分注意して行うこと．

2.　60 ℃ や沸騰した湯浴での加熱操作の際は，やけどをしないように十分気をつけて操作を行うこと．

3.　金属イオンが含まれる溶液は流しに捨てずに廃液タンクに入れること．

3.5 備　考

(1)　シュウ酸ナトリウム標準溶液のファクターを実験ノートに記録しておくこと.

(2)　硫酸溶液の添加の際は実験用の手袋を着用し,周囲にこぼしたり,手につけたりしないように注意して行う.

(3)　滴加する前のビュレットの読みを小数点以下 2 桁まで読み取り記録しておく. ビュレットの目盛は小数点以下 1 桁の目盛しかないが,目で 10 等分して読み取る. 最初は 1 mL 程度ずつ加えてもいいが,加えた過マンガン酸イオンの色が消える速度が遅くなったら終点が近いので,少しずつ加えて色の変化を観察する. この酸化還元反応は最初はかなり遅い. しかし,滴定が進み Mn^{2+} が生成すると,その触媒反応によって反応速度が速くなる.

4.　実験 2　COD の測定

4.1 実 験 器 具

　25 mL ビュレット,10 mL ホールピペット 2 本,20 mL ホールピペット,10 mL 駒込ピペット,100 mL メスシリンダー,200 mL 三角フラスコ 3 個,ウォーターバス,安全ピペッター,温度計

4.2 試　　薬

(1)　12.5 mmol L^{-1} シュウ酸ナトリウム標準溶液

(2)　5 mmol L^{-1} 過マンガン酸カリウム溶液

(3)　硫酸溶液 (1 + 2):濃硫酸 1 に対して水 2 によって希釈したもの

4.3 操　　作

(1)　試料水 20 mL をホールピペットで 200 mL 三角フラスコにとり,純水を加えて約 50 mL とする (備考 1). 振り混ぜながら駒込ピペットを用いて硫酸溶液 (1 + 2) を 10 mL 加える.

(2)　この溶液に 5 mmol L^{-1} 過マンガン酸カリウム溶液 10 mL をホールピペットで加え,ただちに沸騰湯浴中に入れ,30 分間加熱する.

(3)　三角フラスコを湯浴から出して (備考 2),12.5 mmol L^{-1} シュウ酸ナトリウム標準溶液 10 mL をホールピペットで加え,よく振り混ぜる.

(4)　この溶液を 5 mmol L^{-1} 過マンガン酸カリウム溶液で滴定し,溶液が無色からわずかに淡紅色になった点を終点とし,終点までに要した過マンガン酸カリウム溶液の体積を求める. 滴定は 3 回行う.

(5)　試料水の代わりに純水 20 mL を用い,上記と同様に操作して,空試験における滴定値を求める (備考 3).

4.4 結 果 の 整 理

(1)　測定した試料水の COD 値を算出する.

用いた試料水の体積を $V\,\mathrm{mL}$, 試料水の滴定値を $a\,\mathrm{mL}$, 空試験のそれを $b\,\mathrm{mL}$ とするとき, 次式から COD を算出することができる (備考 3).

$$\mathrm{COD}\ (\mathrm{mg\,O_2\,L^{-1}}) = f \times 0.2 \times (a - b) \times \frac{1000}{V}$$

$f : 5\,\mathrm{mmol\,L^{-1}}$ 過マンガン酸カリウム溶液の濃度ファクター

4.5 備　考

(1)　湖沼水などを試料水とする場合には, 試料水 $500\,\mathrm{mL}$ を $0.45\,\mathrm{\mu m}$ のメンブランフィルターで吸引ろ過し, 懸濁液を取り除く.

(2)　三角フラスコは熱いので, 軍手などを用いて扱い, やけどをしないように十分注意して行う.

(3)　空試験の実験は時間の都合上省略する. 与えられる b の値を用いて COD を算出すること.

5.　課　題

(1)　反応によりシュウ酸中の炭素の酸化数はどのように変化するか.

(2)　この酸化還元滴定が酸性溶液中で行われるのはなぜか.

引用文献

(1)　日本分析化学会北海道支部編『水の分析・第 5 版』化学同人 (2005)

(2)　北海道大学自然科学基礎実験 (化学) 実験書編集委員会 編『自然科学基礎実験 (化学編)』三共出版 (1996)

C2 吸収スペクトルと酸塩基平衡

1. 目　的

本実験では pH 指示薬として広く用いられているブロモチモールブルー (BTB) の水溶液の可視吸収スペクトルを様々な pH で測定し, BTB の酸解離定数 K_a を算出する. また, ① 溶液の色と吸収スペクトルの関係, ② 吸光度 A と濃度 C の関係 (ランベルト–ベールの法則), ③ 緩衝液の作用などについても理解を深める.

2. 解　説

2.1　光と物質の相互作用：分子のエネルギー準位と光の吸収・放出

身のまわりの物質には色を持つものが多い. これは光が物質と相互作用し, 光が吸収されるからである. 光はエネルギーの一形態であり, 波動性と粒子性の二重性を持つ. 屈折, 回折, 干渉などの性質は光の波動性から説明され, 光電効果やコンプトン効果などは光の粒子性から説明される. また光は電場と磁場が一体となって振動する波 (電磁波) で, 図 1 に示すように波長 (λ) により様々に分類される. 太陽光は遠紫外, 近紫外, 可視, 赤外, 遠赤外の光を含み, 550 nm で強度が極大となる. 人は波長が 380 ～ 750 nm 付近のごくわずかな範囲の光 (可視光) を見ることができる. 紫外光の波長は可視光より短く, 100 ～ 380 nm の範囲にある.

紫外・可視光が分子と相互作用すると分子中の電子はあるエネルギー状態の軌道から別のエネルギー状態の軌道へ遷移し (電子遷移と呼び π–π^* や n–π^* 遷移などがある), 光の吸収または放出が起こる. 光が吸収される場合, 電子はエネルギーの低い結合性軌道 (σ, π) から高い反結合性軌道 (σ^*, π^*) へ励起され, 放出の場合はエネルギーの高い反結合性軌道から低い結合性軌道へ緩和する. これに伴う軌道準位間のエネルギー差 ΔE は, 吸収または放出された光のエネルギー $h\nu$ に等しい.

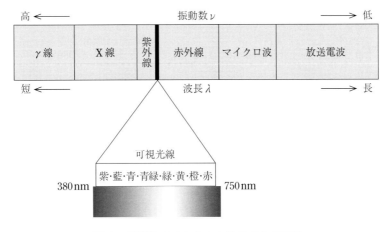

図 1　電磁波スペクトルと波長 (λ) の関係

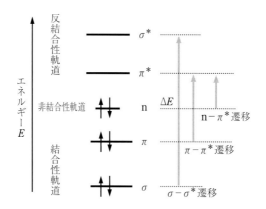

図 2 分子軌道のエネルギー準位と電子遷移のタイプ

$$\Delta E = h\nu = \frac{hc}{\lambda} \tag{1}$$

ここで，h は Planck 定数 $(6.626 \times 10^{-34}\,\mathrm{J\,s})$，$c$ $(3.00 \times 10^8\,\mathrm{m\,s^{-1}})$，$\nu$，$\lambda$ はそれぞれ光の速度，振動数，波長であり，$c = \lambda\nu$ の関係がある．吸収 (放出) された光を波長または振動数によって分けたものを吸収 (発光) スペクトルという．分子の吸収スペクトルはその電子構造に由来した固有の吸収帯からなる．スペクトルを測定する方法を分光法 (spectroscopy) という．

2.2　ランベルト–ベールの法則 (Lambert–Beer's law)

溶液による光の吸収にはランベルト–ベールの法則が成立する．この法則は，光の吸収と物質の濃度 (C) および液層の長さ (l) との関係を示すもので，次のように表される．強さ I_0 の入射光が濃度 $C\,[\mathrm{mol\,L^{-1}}]$，セル長 $l\,[\mathrm{cm}]$ の液層を通過し透過光の強度が I になったとき，透過度 T (I/I_0)，吸光度 A $(-\log_{10} T)$ と C, l との間に次の関係式が成立する．

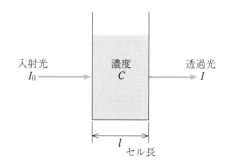

図 3　液層の厚さが l，濃度が C の溶液による光の吸収

$$A = -\log_{10} T = \log_{10} \frac{I_0}{I} = \varepsilon \cdot C \cdot l \tag{2}$$

$\varepsilon\,[\mathrm{L\,mol^{-1}\,cm^{-1}}]$ は定数であり，モル吸光係数 (molar extinction coefficient) と呼ばれる．上の式は，液層の厚さ l が一定ならば (通常は $l = 1\,\mathrm{cm}$ である)，吸光度 A は濃度 C に比例することを示す $(A = \varepsilon C)$．したがって，ある特定の波長 λ において，A を C に対してプロットすると直線関係が得られ，その傾きからモル吸光係数 ε が求まる．濃度既知の一連の標準溶液について吸光度 A を測定し検量線を作っておけば，未知試料の濃度を求めることが容易にできる．

2.3 pH 指示薬の吸収スペクトル変化と pK_a の決定

BTB (bromothymol blue, 3′,3″–dibromothymolsulfophthalein) の酸型 (HIn) は黄色，塩基型 (In⁻) は青色であり，pH6.0 ～ 7.6 の範囲で変色する (参考 5.2)．その吸収スペクトルは，基底状態の結合性 π 軌道から励起状態の反結合性 π* 軌道への電子遷移に対応している．BTB のフェノール性ヒドロキシ基が解離すると，生成した In⁻ 内の π 電子の非局在化が起こり，π–π* 準位間のエネルギー差が小さくなる．このエネルギー差に等しいエネルギーをもった光が吸収されるので，吸収される光の波長は長波長側へシフトする．実際に見える溶液の色は補色 (表 1 を参照) となるので，BTB 溶液の色は酸解離に伴い黄色 (酸型 HIn) から青 (塩基型 In⁻) へと変色する．ここでは緩衝液により pH を設定し，各 pH における BTB 溶液の可視吸収スペクトルを測定し，酸解離定数 K_a を算出する．

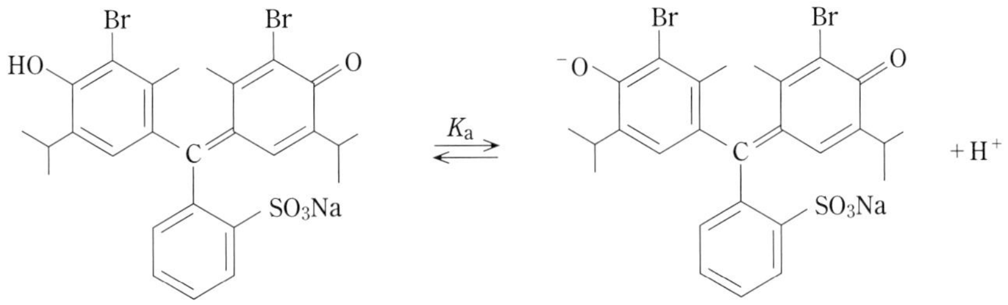

図 4 BTB の酸解離平衡と構造変化

表 1 可視光線の波長と色，補色の関係

波長/nm	色	補色
380 ～ 440	紫	黄緑
440 ～ 480	青	黄色
480 ～ 490	緑青	橙色
490 ～ 500	青緑	赤
500 ～ 560	緑	赤紫
560 ～ 580	黄緑	紫
580 ～ 600	黄色	青
600 ～ 620	橙色	緑青
620 ～ 750	赤	青緑

3. 実験　様々な pH における BTB の吸収スペクトルの測定

3.1 器　　具

30 mL ビーカー 2 個，25 mL メスフラスコ 6 個，オートピペット (1 mL 用)，オートピペット用チップ，5,10 mL 駒込ピペット，60 mL 試薬瓶，試薬ラベル，パスツールピペット，ガラスセル (セル長 1 cm) 6 個，10 mL サンプル管 6 個

3.2 試　薬

中性リン酸塩 pH 標準液 (pH 6.86, 25 ℃), フタル酸塩 pH 標準液 (pH 4.01, 25 ℃), 0.1 mol L^{-1} NaH$_2$PO$_4$ 水溶液 (リン酸塩溶液 A), 0.1 mol L^{-1} Na$_2$HPO$_4$ 水溶液 (リン酸塩溶液 B), 1.55×10^{-3} mol L^{-1} BTB 溶液 (参考 5.4)

3.3 装　置

デジタル pH メータ (図 5 を参照), 分光光度計 (参考 5.3)

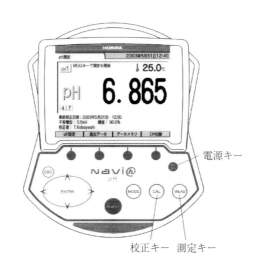

図 5　デジタル pH メータ
(株式会社堀場製作所より許可を得て転載)

3.4 操作 1　pH メータの校正

(1)　電極プラグをコンセントに差込み, 本体の電源キーを押す.

(2)　電極 (参考 5.1) の保護カバーを丁寧にはずし電極部に純水を吹き付け洗う. 軽くケミカルペーパーで拭く. 電極の内部液補充口のキャップを上へスライドさせ開ける.
　注意：実験が終わったら閉める.

(3)　CAL を押して校正モードにする. 30 mL ビーカーに中性リン酸塩 pH 標準液 (pH 6.86) を入れ, これに電極部をビーカーの底にぶつからないように注意しながら浸し, 軽く揺すり標準液となじませてから, CAL を押し校正を開始する.
　注意：液絡部が完全に浸るようにする.

(4)　HOLD が点滅から点灯に変わったら pH 6.86 の校正は終了.

(5)　電極部を静かに引き上げて, 電極に純水を吹き付けて洗う. 軽くケミカルペーパーで拭く.

(6)　フタル酸塩 pH 標準液 (pH 4.01) を 30 mL ビーカーにとり, 電極部を浸し軽く揺すり CAL を押し校正を開始する. HOLD が点滅から点灯に変わり, 電極状態が良好の画面が出るのを確認して pH 4.01 の校正を終了する.

(7) 電極を洗い，ケミカルペーパーで軽く拭く．

(8) 必要があれば操作 (3)〜(7) を再度行い，pH 値に変動のないことを確かめ，次の測定操作に備える．

3.5 操作2 サンプル溶液の調製

(1) 表2に示す6つのサンプルを25 mL メスフラスコに作る．リン酸塩溶液は5 mL または10 mL 駒込ピペット，BTB 溶液 (調製済みの溶液を60 mL 試薬瓶にとりラベルを貼る) はオートピペット (必ずチップをつけること) を用いて測りとる．最後に純水をメスフラスコの標線まで加え，よく振りまぜて均一にする．

表 2　サンプル溶液の調製

	1	2	3	4	5	6
リン酸塩溶液 A	5 mL	5 mL	6 mL	3 mL	1 mL	0 mL
リン酸塩溶液 B	0 mL	1 mL	3 mL	6 mL	5 mL	5 mL
BTB 溶液	1 mL	1 mL	1 mL	1 mL	1 mL	1 mL
予想 pH*	4.75_2	6.14_8	6.59_7	7.14_5	7.64_0	8.70_5

*pH 値は温度などの条件で異なる．

3.6 操作3 スペクトルと pH の測定

(1) 調製したサンプル1〜6をガラスセルに，共洗いののち8分目までパスツールピペットを用いて入れる．セルの透明面に手を触れないようにする．スリの部分を持ってセルを分光器のサンプル側のセルホルダーへ入れる．

注意：分光器の基本的な設定が済んでいない場合は本操作に先立って行うこと．

(2) パソコン画面で スペクトル測定 を選び，波長 350 〜 700 nm に設定しサンプル1〜6のスペクトルをとる．各スペクトルは次の解析で使用するのでパソコンに保存する．

(3) 解析画面の 重ね書き を選択し1〜6のスペクトルをプリンターに出す．必要ならば，すべてのスペクトルが見えるように縦軸 (吸光度 A) を調整する．図6に示す6本のスペクトルが得られる．

(4) BTB の酸型 (HIn) の吸収極大波長 (λ_{HIn}) 431 nm における吸光度 ($A_{\lambda_{HIn}}$) と塩基型 (In^-) の吸収極大波長 (λ_{In^-}) 616 nm における吸光度 ($A_{\lambda_{In^-}}$) を記録する．

(5) 残った各サンプルを 10 mL サンプル管に入れて，電極部を浸し軽く揺すりなじませてから MEAS ボタン (測定キー) を押して pH を測定する． HOLD が点滅から点灯に変わったときの pH を読む．

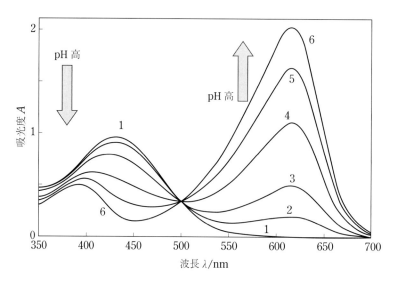

図 6 BTB の吸収スペクトルの pH 変化

3.7 解　析

BTB の酸解離平衡と酸解離定数 K_a は次のように表される.

$$\mathrm{HIn} \underset{}{\overset{K_\mathrm{a}}{\rightleftarrows}} \mathrm{H^+ + In^-} \tag{3}$$

$$K_\mathrm{a} = \frac{[\mathrm{H^+}][\mathrm{In^-}]}{[\mathrm{HIn}]} \tag{4}$$

ここで HIn は酸型, $\mathrm{In^-}$ は塩基型化学種である. BTB の全濃度を C_tot, 解離した塩基型の濃度 $[\mathrm{In^-}]$ を x とすると K_a は次のように表される.

$$K_\mathrm{a} = \frac{[\mathrm{H^+}]x}{C_\mathrm{tot} - x} \tag{5}$$

塩基型の波長 $\lambda_\mathrm{In^-}$ (616 nm) では HIn の吸収が無視できるので, その波長での吸光度はランベルト–ベールの法則から

$$A_{\lambda_\mathrm{In^-}} = \varepsilon_\mathrm{In^-} \cdot x \tag{6}$$

となる. (6) 式を (5) 式に代入し整理すると (7) 式が得られる.

$$\frac{C_\mathrm{tot}}{A_{\lambda_\mathrm{In^-}}} = \frac{1}{\varepsilon_\mathrm{In^-}} + \frac{[\mathrm{H^+}]}{\varepsilon_\mathrm{In^-} \cdot K_\mathrm{a}} \tag{7}$$

解析は (7) 式を用いて進める.

(1)　表 3 に従い測定結果を整理する.

(2)　サンプル 2〜6 のデータを (7) 式に従い解析する. 縦軸に $C_\mathrm{tot}/A_{\lambda_\mathrm{In^-}}$ を, 横軸に $[\mathrm{H^+}]$ をプロットすると, 直線が得られる. 切片から $\varepsilon_\mathrm{In^-}$ を, 傾きから K_a を求めよ. $\mathrm{p}K_\mathrm{a}$ ($= -\log_{10} K_\mathrm{a}$) を計算せよ (この実験条件では $\mathrm{p}K_\mathrm{a} = 7.07$ 位の値となる*).

＊ BTB の $\mathrm{p}K_\mathrm{a}$ の文献値は次の通りである. 7.19 ($I = 0.01$), 7.13 ($I = 0.05$), 7.10 ($I = 0.10$). ただし, I はイオン強度である (*J. Chem. Ed.*, 1999, 76(3), 397).

表 3 各 pH における酸型 (HIn) と塩基型 (In⁻) の吸収極大波長 (λ_{HIn}, λ_{In^-}) における吸光度

	1	2	3	4	5	6
λ_{HIn} (431 nm) における吸光度 ($A_{\lambda_{\text{HIn}}}$)						
λ_{In^-} (616 nm) における吸光度 ($A_{\lambda_{\text{In}^-}}$)						
測定 pH ($= -\log_{10} [\text{H}^+]$)						
$[\text{H}^+]/\text{mol L}^{-1}$						

4. 課　題

(1) BTB の $\text{p}K_\text{a}$ を解析法に従って求めよ.

(2) 実験で用いたリン酸塩溶液の緩衝作用について述べよ.

(3) 372 nm において入射光の 71.6% が透過する溶液がある. この溶液の吸光度 A はいくらか.

(4) λ_{HIn} と λ_{In^-} の吸光度 A を縦軸に, pH を横軸にプロットした図解法 (図 7 を参照) から $\text{p}K_\text{a}$ を概算し, 上述の詳細な解析から求めた $\text{p}K_\text{a}$ と比較検討せよ.

(5) 500 nm 付近に 6 つのスペクトルの吸光度が一致する点 (等吸収点という) が現れる. 理由を考えよ.

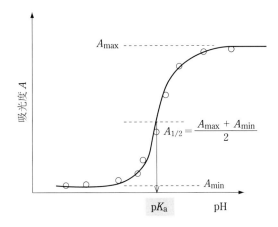

図 7 波長 λ_{In^-} (616 nm) における吸光度 A の pH 依存性

5. 参　考

5.1　pH電極の構造

　溶液のpHは図8に示す複合pH電極を用いて測定する．ガラス電極と比較電極が一体化された電極で2つの電極に生じた電位差からpHを測定する．ガラス電極はpH応答性の電極膜*，高絶縁の支持管，ガラス電極内部液，内部電極，リード線およびガラス電極端子から構成される．ガラス電極の電極膜で生じた起電力の測定には，もう一本の電極(比較電極)が必要である．比較電極は電位が極めて安定した電極でなければならない．そのため液絡部に，ピンホールをあけたり，セラミックスを処理したりして液間電位差を小さくしている．内部液はサンプル液に少量流れ込み，被験液と電気的導通をとっている．

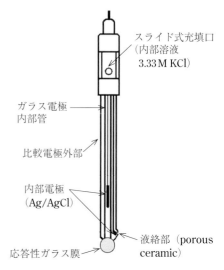

スライド式充填口
(内部溶液
3.33 M KCl)

ガラス電極
内部管

比較電極外部

内部電極
（Ag/AgCl）

液絡部（porous
ceramic）

応答性ガラス膜

図8　複合pH電極の構造

*　ガラス薄膜の内外にpHの異なる溶液があると，薄膜部分にpHの差に比例した起電力が生じる．

5.2　スルフォフタレイン系pH指示薬

　分子は，その構造に応じて固有な吸収帯を示す．表4に示すBTBなどのスルフォフタレイン系色素の特徴ある構造は，様々な金属指示薬の基本骨格となる．2つのフェノール性ベンゼン環に置換基を入れることにより，多様な色と物性を呈する．特にpK_aは電子供与基や電子吸引基を導入することにより5単位以上大きく変化する．

図9　スルフォフタレイン系
pH指示薬の構造

表4　pH指示薬の置換基 (R_1, R_2, R_3) 導入と pK_a の相関

指示薬	R_1	R_2	R_3	色変化	pK_a
ブロモフェノールブルー	Br	H	Br	黄〜青	4.10
ブロモクレゾールグリーン	Br	Me	Br	黄〜青	4.90
クロロフェノールレッド	Cl	H	H	黄〜赤	6.22
ブロモクレゾールパープル	Br	H	Me	黄〜青紫	6.38
ブロモチモールブルー	Br	Me	i–Pr	黄〜青	7.10
フェノールレッド	H	H	H	黄〜赤	7.96
クレゾールレッド	Me	H	H	黄〜赤	8.20
チモールブルー	H	Me	i–Pr	黄〜青	9.20

5.3 紫外可視分光光度計の光学系の構造

実験で使用する分光器の光学系を図 10 に示す. 波長 $190 \sim 1100\,\mathrm{nm}$ の吸収スペクトルを測定することが可能で, 光源に紫外領域用として重水素ランプ $(190 \sim 350\,\mathrm{nm})$, 可視近赤外領域用としてハロゲンランプ $(350 \sim 1100\,\mathrm{nm})$ を使用している. 光源の光は, ミラー M_1 で反射された後, スリット S_1 で集光されてモノクロメータの回折格子で分散され, S_2 の出射スリット, ミラー M_2 を通って単色光となってビームスプリッター BS で 2 つに分けられる. 1 つは測定サンプルに, 他方は対照溶媒に入射する. サンプルまたは対照溶媒を通過した光はそれぞれ I, I_0 としてシリコンフォトダイオード D で検出される.

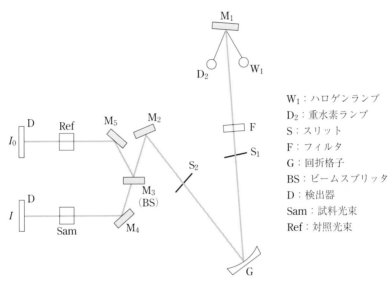

W_1：ハロゲンランプ
D_2：重水素ランプ
S：スリット
F：フィルタ
G：回折格子
BS：ビームスプリッタ
D：検出器
Sam：試料光束
Ref：対照光束

図 10 分光器の光学系 (日本分光株式会社より許可を得て転載)

5.4 BTB 溶液の調製

BTB ナトリウム塩 $(C_{27}H_{27}Br_2NaO_5S = 646.36)$ $0.100\,\mathrm{g}$ を純水に溶かし, 純水で $100\,\mathrm{mL}$ とする.

C3 タンパク質分解酵素の反応速度解析

1. 目　的

　化学反応の進行は，温度や圧力，触媒などの要因によって影響を受ける．酵素は，触媒として作用するタンパク質であり，生体内の化学反応において重要な働きをしている．本実験では，タンパク質分解酵素であるキモトリプシンの加水分解反応を，分光学的手法によりモニターし，キモトリプシンの酵素反応について速度論的に解析する．

2. 解説・原理

　化学反応の速度は温度，反応物の濃度，触媒の存在などによって変化する．化学反応において，単位時間内に変化した反応物または生成物の量を反応速度とよび，反応物や生成物の濃度または，濃度に関連している物理量の時間に対する変化 (経時変化) を追跡することによって求めることができる．これらの物理量には圧力 P (V 一定のとき)，体積 V (P 一定のとき)，吸光度，伝導度，電位差などがある．

　たとえば，反応 A $\longrightarrow$ B + C の場合，単位時間内の反応物 (A) または生成物 (B または C) の濃度の変化量は，$-\mathrm{d}[\mathrm{A}]/\mathrm{d}t$ または $\mathrm{d}[\mathrm{B}]/\mathrm{d}t$, $\mathrm{d}[\mathrm{C}]/\mathrm{d}t$ で表される．図 1 に濃度の時間変化の例を示す．反応速度は，濃度の時間変化曲線の接線の傾きに対応し，通常時間とともに変化する量である．

　一般的な反応 $a\mathrm{A} + b\mathrm{B} + c\mathrm{C} \longrightarrow a'\mathrm{A}' + b'\mathrm{B}' + c'\mathrm{C}'$ においては，温度が一定のときの反応速度 (v) は，A の濃度 ([A]) の関数として一般に，(1) 式で示される．

$$v = -\mathrm{d}[\mathrm{A}]/\mathrm{d}t = k[\mathrm{A}]^{n_\mathrm{A}}[\mathrm{B}]^{n_\mathrm{B}}[\mathrm{C}]^{n_\mathrm{C}} \tag{1}$$

ここで，k は反応速度定数，$n = n_\mathrm{A} + n_\mathrm{B} + n_\mathrm{C}$ は反応次数と呼ばれる．

　ある反応 A $\longrightarrow$ B + C が 1 次反応 ($n = 1$) の場合は，反応速度 (v) は (2) 式で示される．

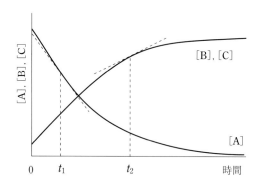

図 1　反応物 ([A])，生成物 ([B] または [C]) 濃度の時間変化の例 (t_1, t_2 時の速度は，それぞれの時間での接線の傾きに対応する)

$$v = -d[A]/dt = k[A] \tag{2}$$

時間 $t = 0$ のときの A の濃度を $[A]_0$，時間 t のときの濃度を $[A]$ とすると，(2) 式を積分して (3) 式が得られる．

$$-\ln \frac{[A]}{[A]_0} = -2.303 \log \frac{[A]}{[A]_0} = kt \tag{3}$$

したがって，$\log([A]/[A]_0)$ を時間 t に対してプロットするとグラフの傾きから反応速度定数 k を求めることができる．

また，反応 $A + B \longrightarrow C$ が 2 次反応の場合，反応速度 (v) は (4) 式で示される．

$$v = -d[A]/dt = k[A][B] \tag{4}$$

これを積分すると (5) 式が得られる．

$$\frac{1}{[A]_0 - [B]_0} \ln \frac{[A]_0[B]}{[A][B]_0} = -kt \tag{5}$$

B が触媒として化学反応に関与する場合，$[B] \approx [B]_0$ (時間とともに変化しない) と考えられるので，(4) 式は $v = -d[A]/dt = k[B]_0[A]$ になり ($k[B]_0$ は定数)，積分すると (6) 式が得られる．

$$-\ln \frac{[A]}{[A]_0} = -2.303 \log \frac{[A]}{[A]_0} = k[B]_0 t \tag{6}$$

このような反応を擬 1 次反応と呼ぶ．また $k' = k[B]_0$ を擬 1 次速度定数と呼ぶ．

$$\mathrm{E} \;+\; \mathrm{S} \; \underset{k_{-1}}{\overset{k_1}{\rightleftharpoons}} \; \mathrm{ES} \; \overset{k_2}{\longrightarrow} \; \mathrm{E} \;+\; \mathrm{P}$$

酵素は化学反応を触媒するタンパク質である．多くの酵素による反応は，上のようなミカエリス–メンテン (Michaelis–Menten) 型の触媒反応モデルに従う．酵素反応において，基質 (S) と酵素 (E) は，速い平衡で決まる一定の濃度の酵素基質複合体 (ES) をつくる．定常状態においては ES の生成速度 ($k_1[E][S]$) と分解速度 ($(k_{-1} + k_2)[ES]$) は同じであるから，$k_1[E][S] = (k_{-1} + k_2)[ES]$ である．したがって，

$$K_\mathrm{m} = \frac{k_{-1} + k_2}{k_1} = \frac{[E][S]}{[ES]} \tag{7}$$

となる．ここで，K_m をミカエリス定数と呼ぶ．

反応に用いた酵素濃度 $[E]_0 = [E] + [ES]$ であるから，$K_\mathrm{m} = ([E]_0 - [ES])[S]/[ES]$ となり，

$$[ES] = \frac{[E]_0[S]}{K_\mathrm{m} + [S]} \tag{8}$$

と変換することができる．そこで，定常状態での ES 濃度は反応に用いた酵素濃度・基質濃度・ミカエリス定数によって決まる．こうしてできる ES は，1 次反応速度定数 k_2 をもって分解してもとの E と生成物 (P) を生ずる．そこで P の生成速度 (v) は，

$$v = k_2[\text{ES}] = k_2 \frac{[E]_0[\text{S}]}{K_\text{m} + [\text{S}]} = \frac{V[\text{S}]}{K_\text{m} + [\text{S}]} \tag{9}$$

となる．ここで $k_2[\text{E}]_0 = V$ は，基質濃度 [S] が K_m に比べて十分大きくて，酵素のすべてが ES 状態にあるときの速度 = 最大速度 (maximum velocity) である．

反応に用いた酵素濃度 $[\text{E}]_0$ が基質濃度 $[\text{S}]_0$ に比べて十分小さく，反応生成物がほとんどない反応初期においては，基質濃度 [S] は加えた基質濃度 $[\text{S}]_0$ と等しいとみなすことができる．そこで，反応開始直後の反応速度 v と基質濃度 $[\text{S}]_0$ との間には

$$v = \frac{V[\text{S}]_0}{K_\text{m} + [\text{S}]_0} \tag{10}$$

の関係が成り立つ．

反応速度の逆数は，

$$\frac{1}{v} = \frac{K_\text{m} + [\text{S}]_0}{V[\text{S}]_0} = \frac{K_\text{m}}{V}\frac{1}{[\text{S}]_0} + \frac{1}{V} \tag{11}$$

で表される．

したがって，$1/v$ を $1/[\text{S}]_0$ に対してプロット (Lineweaver–Burk プロット) すると，傾きが K_m/V の直線関係が得られて，図 2 のように縦軸・横軸との交点から酵素と基質の関係を示すパラメーター K_m と V の値を求めることができる．

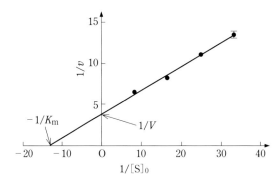

図 2 Lineweaver–Burk プロット

タンパク質加水分解酵素であるキモトリプシンは，膵臓から分泌され腸で働く消化酵素の 1 つであり，活性部位にアミノ酸残基セリンをもつ，セリンプロテアーゼの一種である．キモトリプシンをはじめとするタンパク質分解酵素は，医療においても治療薬や診断の対象として頻繁に使用されており，これらの酵素化学的な理解は非常に重要である．

本実験では，キモトリプシンの加水分解反応基質としてベンゾイル–L–チロシンパラニトロアニリド (Bz–L–Tyr–pNA) を用いて，分光学的手法により反応をモニターし，キモトリプシンによる酵素反応について速度論的に解析する．

基質である Bz–L–Tyr–pNA が，キモトリプシンによって加水分解されて生成する化合物パラニトロアニリン (pNA) は図 3 に示すように 380 nm 付近に吸収極大を示す．そこで，基質で

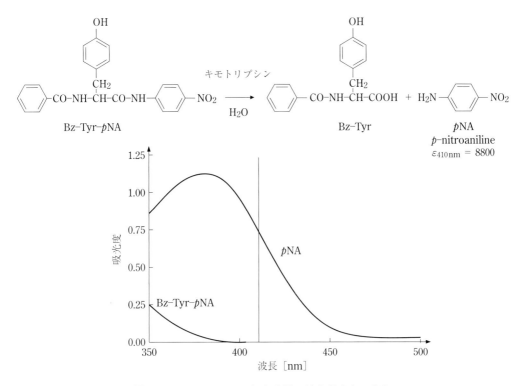

図 3　Bz–Tyr–pNA の加水分解に伴う吸光度の変化

ある Bz–L–Tyr–pNA による吸収の影響がない 410 nm の吸光度の増加量 (反応生成物 pNA の生成量：モル吸光係数 $\varepsilon_{410\,\mathrm{nm}} = 8800\,\mathrm{L\,mol^{-1}\,cm^{-1}}$) を測定することで，キモトリプシンによる加水分解反応の進行をモニターすることができる．反応速度は，図 1 のように，生成物濃度の時間変化曲線の接線の傾きから求められるものであるが，今回の実験では，30 秒間に生成する pNA 量から求めるものとする．

3.　器具・試薬・装置

3.1　器　　具

オートピペット (100 μL 用，1 mL 用)，オートピペット用チップ，プラスチックチューブ，プラスチック製セル

3.2　試　　薬

基質溶液 I，II，III，IV，酵素溶液

試薬はすべて用意されている．基質溶液 I は，$3\,\mathrm{mmol\,L^{-1}}$ Bz–L–Tyr–pNA 溶液 ($1.2\,\mathrm{mg}$ Bz–L–Tyr–pNA を 1 mL のジメチルスルホキシド (DMSO) に溶解したもの．Bz–L–Tyr–pNA：分子量 405.4)，基質溶液 II，III，IV は，基質溶液 I を DMSO で 2 倍希釈，3 倍希釈，4 倍希釈したもの (基質濃度は，それぞれ $1.5\,\mathrm{mmol\,L^{-1}}$，$1\,\mathrm{mmol\,L^{-1}}$，$0.75\,\mathrm{mmol\,L^{-1}}$)，酵素溶液は，$0.1\,\mathrm{mg\,mL^{-1}}$ キモトリプシン溶液 ($0.1\,\mathrm{mg}$ キモトリプシンを 1 mL の $50\,\mathrm{mmol\,L^{-1}}$ Tris·HCl

(2–amino–2–(hydroxymethyl)–1,3–propanediol, hydrochloride), pH 8.0 に溶解したもの) である.

3.3 装　　置
分光光度計

4. 実　　験
4.1 実 験 操 作
(1)　基質溶液 I (濃度 $3\,\mathrm{mmol\,L^{-1}}$) $30\,\mathrm{\mu L}$ をプラスチックチューブに入れる.

(2)　$720\,\mathrm{\mu L}$ の酵素溶液を加えて, ピペットで 3 〜 4 回ゆっくり出し入れして溶液を混合後, すぐに溶液 $720\,\mathrm{\mu L}$ をセルに移し, 吸光度 ($410\,\mathrm{nm}$) を 10 分間測定する. このときの反応液中の基質濃度は, $0.12\,\mathrm{mmol\,L^{-1}}$ になる.

(3)　測定開始直後 0 秒から 30 秒ごとに吸光度をデータシート (p. 90) に記録する.

(4)　30 秒ごとに記録した吸光度から各時間の反応生成物の量を算出して, その時点で残っている基質濃度を計算する. また, 30 秒間に変化する吸光度から反応速度を計算する.

(5)　基質溶液 II ($1.5\,\mathrm{mmol\,L^{-1}}$) $30\,\mathrm{\mu L}$ をプラスチックチューブに入れる. 実験操作 (2) と同様に $720\,\mathrm{\mu L}$ の酵素溶液を加えて, ピペットで 3〜4 回ゆっくり出し入れして溶液を混合後, すぐに溶液 $720\,\mathrm{\mu L}$ をセルに移し, 吸光度 ($410\,\mathrm{nm}$) を 30 秒間測定する. このときの反応液中の基質濃度は, $0.06\,\mathrm{mmol\,L^{-1}}$ になる.

(6)　基質溶液 III ($1.0\,\mathrm{mmol\,L^{-1}}$) と基質溶液 IV ($0.75\,\mathrm{mmol\,L^{-1}}$) を用いて, 実験操作 (5) と同様の操作を行う. このときの反応液中の基質濃度は, それぞれ $0.04\,\mathrm{mmol\,L^{-1}}$, $0.03\,\mathrm{mmol\,L^{-1}}$ になる.

(7)　基質濃度 $0.06\,\mathrm{mmol\,L^{-1}}$, $0.04\,\mathrm{mmol\,L^{-1}}$, $0.03\,\mathrm{mmol\,L^{-1}}$ の測定結果について, 測定開始直後 0 秒と 30 秒後の吸光度をデータシートに記録し, 30 秒間に変化する吸光度から各基質濃度における反応速度を計算する.

(8)　30 分以上室温で放置した後に, 各試料の吸光度を測定し, 生成物の最終濃度を計算する.

計算式

$$反応生成物の濃度\,(\mathrm{mmol\,L^{-1}}) = \frac{(410\,\mathrm{nm} の吸光度)}{(モル吸光係数\,8800)} \times 10^3$$
$$= (410\,\mathrm{nm} の吸光度)/8.8$$

残っている基質濃度 $(\mathrm{mmol\,L^{-1}})$
$$= (用いた基質濃度\,(\mathrm{mmol\,L^{-1}})) - (反応生成物の濃度\,(\mathrm{mmol\,L^{-1}}))$$

$$\begin{array}{l}酵素反応速度\,(v)\\(\mathrm{\mu mol/mg/min})\end{array} = \frac{(30\,秒間の吸光度変化) \times 2 \times 0.75}{(モル吸光係数) \times (使用した酵素量)} \times 10^3$$
$$= (30\,秒間の吸光度変化) \times 2.37$$

4.2 解　析

[データ解析 1]

　基質濃度 $0.12\,\mathrm{mmol\,L^{-1}}$ の実験結果について，30 秒ごとに得られた基質濃度 ([S]) と初期濃度 $[\mathrm{S}]_0$ との比の対数，すなわち $\log([\mathrm{S}]/[\mathrm{S}]_0)$ を時間 t に対してプロットして，キモトリプシンによる基質の加水分解反応が反応初期において擬 1 次反応に従うことを確かめ，反応初期の直線の傾きから擬 1 次反応速度定数 k' を求める．

[データ解析 2]

　基質濃度 $0.12\,\mathrm{mmol\,L^{-1}}$ の実験結果について，30 秒ごとに得られた基質濃度 ([S]) の逆数と反応速度 (v) の逆数をそれぞれ計算し，$1/v \sim 1/[\mathrm{S}]$ プロット (Lineweaver–Burk プロット) を作成する．プロットから K_m (ミカエリス定数) と V (最大反応速度) の値を求める．

[データ解析 3]

　実験操作 (4) で得られた最初の 30 秒間のデータと実験操作 (7) で得られたデータを用いて，使用した基質濃度 ([S]) と反応速度 (v) の逆数をそれぞれ計算し，$1/v \sim 1/[\mathrm{S}]$ プロットを作成する．プロットから K_m (ミカエリス定数) と V (最大反応速度) の値を求める．

5.　課　　題

(1)　実験で求めた K_m の意味するところを述べよ．

(2)　データ解析 2 とデータ解析 3 で得られた K_m および V の値の違いについて考察し，それぞれの解析法の長所・短所について述べよ．

(3)　実験操作 (8) で計算された最終生成物の濃度を，基質の初期濃度とみなしてデータ解析 1〜3 を行ったときに得られる結果と，基質の初期濃度 (0.12，$0.06\,\mathrm{mmol\,L^{-1}}$ などの想定初期濃度) を使って得られた解析結果の違いについて考察せよ．

(4)　得られたデータを用いて，次のプロットを作成せよ．

　(ⅰ)　$[\mathrm{S}]/v \sim [\mathrm{S}]$　　　(Hanes–Woolf プロット)

　(ⅱ)　$v \sim v/[\mathrm{S}]$　　　　(Eadie プロット)

　また，これらのプロットにおいて，K_m および V はそれぞれどのようにして求めることができるか考えよ．

(5)　タンパク質加水分解酵素の種類と生理的役割について述べよ．

酵素反応速度実験データシート

日時：

実験者名：

使用した酵素量：＿＿＿＿＿＿ mg mL^{-1}　　　　　720 μL ＿＿＿＿＿＿ μg

用いた基質の初期濃度 [S]$_0$ (mmol L^{-1})	時間 (秒)	吸光度	反応生成物の濃度 (mmol L^{-1})	残っている基質濃度 [S] (mmol L^{-1})	[S]/[S]$_0$	log [S]/[S]$_0$	30 秒間の吸光度変化	反応速度 (v) (μmol/mg/min)
0.12	0							
	30							
	60							
	90							
	120							
	150							
	180							
	210							
	240							
	270							
	300							
	330							
	360							
	390							
	420							
	450							
	480							
	510							
	540							
	570							
	600							
	最終							
0.06	0							
	30							
	最終							
0.04	0							
	30							
	最終							
0.03	0							
	30							
	最終							

C4　ものさしで測る分子の大きさと表面圧──気液界面の単分子膜──

1. 実験の背景と目的

　ステアリン酸は，疎水性のアルキル基 ($C_{17}H_{35}-$) と親水性のカルボキシ基 ($-COOH$) をもつ分子である．ステアリン酸 (図 1a) を水の表面に置くと，図 1b の模式図のようにカルボキシ基を水に浸した分子一層からできた膜 (単分子膜) ができる．ものさしで測ることができる広さの水面の面積と，それを覆い尽くすのに必要なステアリン酸の量から，ミクロな値である単分子膜の厚さや断面積を求めることができる．つまり巨視的な測定量からミクロな分子の大きさを知ることができる．

　実験 1 では，実際にステアリン酸の単分子膜で水面を覆うことで，ステアリン酸の単分子膜の厚さ (ステアリン酸の分子長) とステアリン酸分子の断面積を求める．

　実験 2 では，ステアリン酸の単分子膜の密度を変えたときの表面圧の変化を測定し，その結果からステアリン酸分子の断面積を求める．

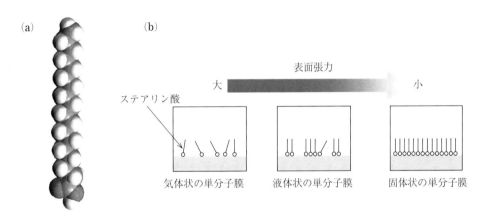

図 1　(a)　ステアリン酸の分子モデル　(b)　水面上のステアリン酸分子の
　　　　2 次元的な配列模式図

2. 予習課題

　分子の大きさや形は，様々な方法で調べることができる．たとえば，X 線結晶構造解析によって，原子の大きさ (ファンデルワールス半径) や結合距離，結合角が求められている．

例.
- ファンデルワールス半径：H：0.120 nm，$-CH_3$：-0.200 nm，$-CH_2-$：0.200 nm，F：0.135 nm，Cl：0.180 nm，Br：0.195 nm，I：0.215 nm
- 典型的な結合距離：C–C：0.154 nm，C–H：0.109 nm
- 典型的な結合角：単結合だけをもつ C 原子，たとえばメタン CH_4 の C は H を頂点とする正四面体の中心に位置する．その結合角 θ は，$\cos\theta = -1/3$ を満たす値となり，109.5°

である．

　なお，化学便覧 (日本化学会編，丸善出版) などの文献には結合距離や結合角，さらにほかの詳しいデータが記載されている．

(1)　自分が想像するステアリン酸の分子構造を図示し，その構造のアルキル基の長さ (単位：nm) を，上記の値 (あるいは別の文献の値) を用いて求めよ．

(2)　自分が想像するステアリン酸の分子構造 (断面図) を図示し，その構造の断面積 (単位：nm^2) を，上記の値 (あるいは別の文献の値) を用いて求めよ．

3.　実験 1　ものさしで分子の長さを測る

3.1　目　　的

　ステアリン酸の単分子膜の厚さ (ステアリン酸の分子長) とステアリン酸分子の断面積を求める．

3.2　原　　理

　ステアリン酸を水の表面に分散すると，水面に図 1b に示したような分子の膜ができる．ステアリン酸の量が水面の面積に対して十分に少ないときには，気体状の単分子膜が形成される．ステアリン酸の量が多くなるにつれ，液体状の単分子膜，さらには固体状の単分子膜へと変化していく．この固体状の単分子膜が形成されているときが，ステアリン酸が水面を覆い尽くした状態である．

　ところで，水面に油滴を 1 滴おくと，その油滴がすぐに拡がる場合と拡がらずにそのまま留まる場合がある．これは，水面の表面張力 (γ_w) に依存している (「**6.2** 表面張力」「**6.4** 水面の油滴の形と拡張係数」を参考．本テキストでは表面張力の大きさを γ で表し，その対象を添字で表す)．すなわち，表面張力の大きい気体状の単分子膜や液体状の単分子膜が形成されている水面上では，油滴はすぐに拡がって (溶媒が) 蒸発していくのに対し，表面張力の小さい固体状の単分子膜が形成されている水面上では，油滴は拡がらず，レンズ状の形が保たれたまま溶媒が蒸発し，油滴が消失する．この性質を利用することで，ステアリン酸が水面を覆い尽くし固体状の単分子膜が形成されているか否かを目で確認することができる．

　実験 1 では，ステアリン酸を含むシクロヘキサンの油滴を水面に置き，その挙動を観察する．シクロヘキサンは蒸発するがステアリン酸は蒸発しないため，油滴を滴下するごとに水面に分散されるステアリン酸の量は増えていく．固体状の単分子膜が生成すると，水面に置かれた油滴はレンズ状の形を保ったまま徐々に小さくなり消失するようになる．

3.3　実験器具と試薬

　大バット，テフロンコートバット (茶色のバット)，テフロンの棒状の板 2 本，30 cm ものさし，500 mL カップ，1 mL シリンジ，ポリエチレン製手袋，ステアリン酸のシクロヘキサン溶液 (濃度 100 mg L^{-1})，少量のイオンを含む水，エタノールとシクロヘキサン (洗浄用)

3.4 注意事項

- 有機溶媒を用いるときは，ポリエチレン製手袋をつけること．
- テフロンコートバットのテフロンコートを傷つけないように注意すること．
- シリンジは，実験終了後，ただちにドラフト内の瓶に入ったシクロヘキサンで洗浄すること．

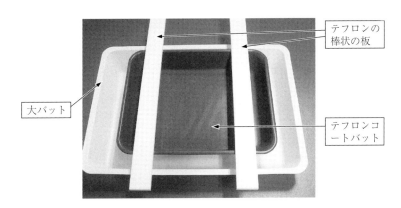

図 2 実験器具のセットアップ

3.5 実験操作と解析

準備

(1) テフロンコートバットを，エタノールをしみこませたケミカルペーパーで拭く．

(2) 大バットの中にテフロンコートバットを置く．

(3) 「少量のイオンを含む水」を 500 mL カップに汲み，テフロンコートバットに縁から少し盛り上がるまで静かに注ぎ入れる．

(4) 2 本のテフロンの板をそろえて水面の一端に置き，そのうち内側の 1 本を水面をはくように，およそ 10 cm 平行移動させる．これにより，2 本の板の間に清浄な水面ができる (図 2)．

(5) 作った水面の辺の長さをものさしで測る．

測定

(6) ステアリン酸のシクロヘキサン溶液を，およそ 0.7 mL，空気を入れないように 1 mL シリンジにとり，このときの目盛りを記録する．

(7) シリンジにとった溶液を 1 滴，水面の中央に静かに落とす．

(8) この液滴 (油滴) が水面でどのように拡がっていくかを観察する．

(9) 油滴が蒸発し消失したら，続いてもう 1 滴，水面の中央に静かに落とし観察する．この操作・観察を，油滴が拡がることなく消失するまで繰り返す．

(10) 油滴が拡がることなく消失するようになったところで，シリンジの目盛りを記録する．

解析

(11) 水面の面積を算出する (単位：cm^2)．

(12)　滴下したステアリン酸のシクロヘキサン溶液の容量を求める (単位：mL).

(13)　滴下したステアリン酸の質量を求める (単位：mg).

(14)　ステアリン酸の固体 (結晶) の密度は $1.04 \times 10^3\,\mathrm{mg\,cm^{-3}}$ である. この値ならびに水面の面積と滴下したステアリン酸の質量から, 水面にできたステアリン酸の分子膜の厚さを求める (単位は cm および nm の 2 通りで).

片付け

(15)　1 mL シリンジを, ドラフト内のガラス瓶に入ったシクロヘキサンで洗浄する.

(16)　テフロンコートバットを大バットの中に入れたまま流しに移動し, 水を捨てる.

(17)　大バット, テフロンコートバット, テフロンの板を水道水で洗浄し, 最後にエタノールをしみこませたケミカルペーパー, シクロヘキサンをしみこませたケミカルペーパーで順次よく拭く.

(18)　器具類を所定の位置に戻す.

4.　実験 2　表面圧と 2 次元的な分子集合状態

4.1　目　　的

表面張力の測定により得られた極限面積から, ステアリン酸分子の断面積を求める.

4.2　原　　理

ステアリン酸が気体状の単分子膜を形成している水面の面積 A を小さくしていくと, 液体状の単分子膜さらには固体状の単分子膜へと変化する. この変化に伴い, 表面張力は減少 (表面圧は増大) する (「**6.3 表面圧**」および次段落を参照). このとき, 図 3 に示すように, ある面積以下で表面圧 $\varPi$ は急激に大きくなる. これは水面上にステアリン酸の固体状の単分子膜が形成されるためである. さらに面積を小さくし, 固体状の単分子膜を圧縮すると単分子膜は崩壊する. 図 3 において, 単分子膜が崩壊する前の傾きを $\varPi = 0$ まで直線的に外挿したときの面積 ($A_{\varPi \to 0}$) を 1 分子あたりに割り付けたものを極限面積という.

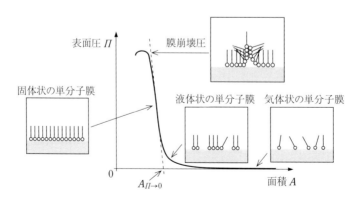

図 3　水面上でのステアリン酸分子の凝集状態の面積依存性

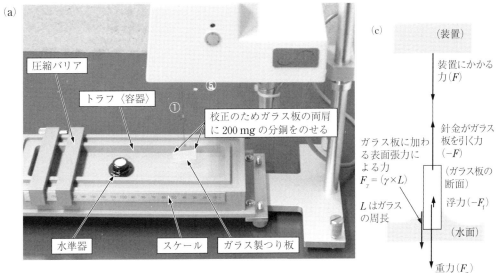

(a)

圧縮バリア

トラフ〈容器〉

校正のためガラス板の両肩に 200 mg の分銅をのせる

水準器　スケール　ガラス製つり板

(b)

L.B. FILM PRESSURE METER

電源スイッチ

(c)

（装置）

装置にかかる力 (F)

ガラス板に加わる表面張力による力
$F_\gamma = (\gamma \times L)$

L はガラスの周長

針金がガラス板を引く力 ($-F$)

（ガラス板の断面）

浮力 ($-F_\mathrm{f}$)

（水面）

重力 (F_g)

この図では，高等学校で物理を学んでいない人に合わせ，下向き矢印の力の大きさについて正，上向き矢印の力の大きさについて負，として表示した.

図 4　つり板型表面圧計 (a)，(b) と装置およびガラス板にかかる力 (c)

　実験 2 では，つり板型表面張力計 (図 4) を用いて，水面の面積 A と表面圧 Π の関係を計測する．なお，表面圧 Π は，水 (清浄水面) の表面張力 (γ_wo) と測定水面の表面張力 (γ_o) の差として定義される ((1) 式，添え字の o は observed を意味する).

$$\Pi = \gamma_\mathrm{wo} - \gamma_\mathrm{o} \tag{1}$$

　この装置に取り付けられた水に浸ったガラス製つり板にかかる力を図 4c に示す．ガラス板の周長を L とすると，力のつり合いから，装置にかかる力 F は (2) 式で表される．

$$F = F_\mathrm{g} - F_\mathrm{f} + F_\gamma = F_\mathrm{g} - F_\mathrm{f} + \gamma \times L \tag{2}$$

　ただし，F_g と F_f は，それぞれ重力と浮力の大きさであり，F_γ はガラス板が表面張力によって引かれる力である．測定中の F_g と F_f が一定であるならば，F_γ の値から表面圧 Π を算出できる．

4.3　実験装置，器具，試薬

　つり板型表面圧計 (ウィルヘルミーの表面圧計)，ガラス製つり板 (横幅約 2.38 cm)，500 mL カップ，100 μL マイクロシリンジ，ピンセット，校正用 200 mg 分銅 2 個，マイナスドライバ，

水流ポンプ式吸引器 (流しに接続されている)，ポリエチレン製手袋，ステアリン酸のシクロヘキサン溶液 (濃度 $100\,\mathrm{mg\,L^{-1}}$)，少量のイオンを含む水，エタノールとシクロヘキサン (洗浄用)

4.4 注意事項

- 有機溶媒を用いるときは，ポリエチレン製手袋をつけること．
- 表面圧計のコントロール部，表示部を水で濡らさないこと．
- ガラス製つり板は割れやすいので，取り扱い注意．割ったときは，速やかに教員に申し出ること．
- マイクロシリンジは，使用後，ただちにドラフト内の瓶に入ったシクロヘキサンで洗浄すること．
- 分銅はピンセットで扱い，決して素手で触らないこと．
- 測定中は，圧縮バリアの L 字型の角を，かならずトラフの縁に添わせること．浮かせたり，斜めに傾けたりしない．また，測定中は圧縮バリアの移動方向を逆転させないこと．

4.5 実験操作と解析

装置の洗浄と設置

〈担当教員によっては，(2) の操作を省略するように指示される場合がある．〉

(1) ポリエチレン製手袋をはめる．

(2) 水準器をトラフ (緑の容器) の中におき，トラフの 4 隅のネジを調整してトラフを水平かつ揺れないようにする．その後，水準器を片付ける．

(3) トラフと圧縮バリア (L 字型の緑の棒) を，エタノールをしみこませたケミカルペーパーでよく拭き，さらにシクロヘキサンをしみこませたケミカルペーパーでよく拭く．トラフを所定の位置 (下図参照) に静かに設置する．

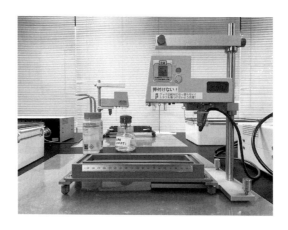

(4) ガラス製つり板のすりガラスの部分を，エタノールをしみこませたケミカルペーパーとシクロヘキサンをしみこませたケミカルペーパーで順次軽く拭き清浄にする (払うようにふくこと．指でこするようにふくと割れることがある)．

(5) ガラス製つり板についている金属製フックをピンセットで持ち，表面圧計の測定用フック ① に静かに掛ける.

装置の校正

〈担当教員によっては，(6)〜(8) の操作を省略するように指示される場合がある.〉

(6) 今回の実験では，測定用フック ① にガラス板の重さのみがかかった状態を，測定の原点 (ゼロ点) とする. そこで，表示部 ② の値が 0.0 (±0.2) mN/m になるように，調整ダイヤル (ZEROADJ.) ③ を回す.

(7) ピンセットを用いて，200 mg の分銅をガラス製つり板の両肩に 1 個ずつ静かにのせる. 表示部 ② の値が安定したら，その値が −82.4 (±0.2) mN/m になるように，SPAN ダイヤル ④ をマイナスドライバで静かに回す.

(8) ピンセットを用いて，分銅を静かに取り外す. このとき, 表示部 ② の値が 0.0 (±0.2) mN/m に戻ることを確かめる. 値が戻らない場合は，(6)〜(8) を繰り返す.

(9) ピンセットを用いて, ガラス製つり板を測定用フック ① から外し, リザーブ用フック ⑤ に掛ける.

清浄水面の表面張力の測定

(10) 500 mL カップを用いて, 「少量のイオンを含む水」をトラフの縁から 0.5 mm 程度盛り上がるまで注ぐ.

(11) 2 本の圧縮バリアを, トラフの左端 (バリアの左端が 190 の目盛り付近) にそろえて置く.

(12) 右側の圧縮バリアをトラフの縁を滑らせながらスケール (図 4a) の 20 の目盛付近まで動かす. これにより, 2 本の圧縮バリアの間に清浄な水面ができる.

(13) ガラス製つり板を, リザーブフック ⑤ から外し, すりガラス部分をトラフの水にしっかり浸して濡らした後, 測定用フック ① に静かに吊す. (すりガラスの部分がしっかり濡れていないと水をはじいてしまい, 図 4c のような状態にならなくなる.)

(14) 表示部 ② の値が安定したら, その値 (値 a) を記録する. このとき, 数値が $0 \sim -55$ mN/m の間にある場合は, ガラス製つり板をいったん外し, (13) の操作をもう一度行う. 表示部 ② の値が 0 mN/m の場合はガラス板が水面に接していないので, 教員に相談すること.

(15) 左の圧縮バリアをトラフの縁を滑らせながら (決して浮かせないこと), 静かに右方向 (つり板の左端から 1 cm ぐらいまで) に移動させる. このとき, 表示部 ② の値に大きな変化 (1 mN/m) がないことを確認する. 液面が清浄ならば, 浮力, 表面張力の値は変わらない. 大きく変化する場合は, 教員に相談すること.

(16) 左の圧縮バリアを, トラフの縁を滑らせながら静かに左に動かし, 元の位置に戻す. 右の圧縮バリアは, つり板の右端から 1 cm ぐらいのところまで滑らせながら移動させる.

表面圧の測定

(17) ステアリン酸のシクロヘキサン溶液をマイクロシリンジに 100 μL とる. このとき, シリンジに空気を入れないように注意する. 全量を水面上に静かにのせる (実際の滴下量を読み取り, ノートに記録すること).

実験値	実験値	計算	横軸	実験値	縦軸
左バリアの位置 (cm)	右バリアの位置 (cm)	左右バリアの間隔 (cm)	液面の面積：A/cm^2	表示された数値	表面圧：$\Pi/(\mathrm{mN/m})$
値 b	値 c	値 b − 値 c	(値 b − 値 c) × 5.00	値 d	値 d − 値 a
18.50	2.50	16.00	80.0	−59.0	1.0
18.00	2.50	15.50	77.5	−59.0	1.0
17.50	2.50	15.00	75.0	−58.9	1.1
			(中略)		
8.40	2.50	5.90	29.5	−9.5	50.5
8.40	2.60	5.80	29.0	−12.14	47.9

図 5 　ノートに記載する表の例：網掛け部分は計算によって算出する項目
(A と Π の列を計算せずに結果を導出することもできる.)

(18) マイクロシリンジをシクロヘキサンで洗浄する.

(19) スケール (図 4a) で, 左側の圧縮バリアの右端と右側の圧縮バリアの左端の位置を読み取り (それぞれ値 b と値 c), 記録する (図 5 にノートに記録する表の例を示す).

(20) 表示部②の値 (値 d) を記録する. なお, 値 d と値 a の差がその水面の表面圧 Π である.

(21) 左側の圧縮バリアを, トラフの縁を滑らせながら (決してバリアを浮かせてはならない) 右に動かし, 圧縮バリアの位置 (値 b と値 c) と表示部②の値 (値 d) を記録する. この操作を次項に示す「測定終了」まで繰り返す. 下記の注意事項を必ず守ること.

※圧縮バリアを動かす量は, (i) 測定開始から表示部②の値の変化量が 3 mN/m 未満までは 5 mm, (ii) 表示部②の値の変化量が 3 mN/m を超えてからは 1 mm とする.

※表示部の値は安定するとは限らない. 圧縮バリアを動かした 3~5 秒後の値を読み取り, 連続的に実験を行うことがコツ. 「圧縮バリアを常に 5 秒ごとに動かし, 動かす直前に値を読む」という操作でもよい. 値が予想外に変化したとしても, 連続的な計測を継続すること (気になったことはノートにメモ書きをしておく). また, 圧縮バリアを動かす距離を間違えた場合でも, 実験を継続すること. やり直そうと逆向きに圧縮バリアを動かすと, 全てのデータが無効になる.

(22) 図 3 に示したように, 水面の面積の減少に伴って, 表面圧 Π は変化する. 測定開始当初は表面圧 Π はほとんど変化しないが, ある面積を境に変化が大きくなる. さらに面積を小さくすると, 単分子膜が崩壊する. 表示部②の値 (値 d) が逆に変化したり, ほとんど変化しなくなったりしたときが崩壊である. 崩壊が確実に観測されたら, 「測定終了」とする. なお, 左側の圧縮バリアをガラス板の左端 1 cm まで動かしても崩壊が観測されない場合は, 右側の圧縮バリアを左に動かして, 面積を減少させる (圧縮バリアをガラス板の左右 1 cm より近くには寄せないこと).

片付け

(23) ポリエチレン製手袋をはめる.

(24) ピンセットを用いて, ガラス製つり板を測定用フック①から外し, すりガラスの部分を

エタノールをしみこませたケミカルペーパーとシクロヘキサンをしみこませたケミカルペーパーで順次軽く拭き，元のガラスケースに戻す．

(25) トラフの水は水流ポンプ式吸引器を使って排液する．その後，トラフを装置の台座が完全に見えるまで左側 (最初の位置) に移動する．

(26) トラフと圧縮バリアを，エタノールをしみこませたケミカルペーパー，シクロヘキサンをしみこませたケミカルペーパーで順次よく拭く．

(27) すべての備品類が，元の場所に戻っていることを確認する．トラフは左側に移動させたままでよい．

解析

(28) 各測定回について，左右の圧縮バリアの間隔 (値 b と値 c の差) とトラフの奥行 ($5.00\,\mathrm{cm}$) から，水面の面積 A を求める．

(29) 各測定回について，表面圧 $\varPi$ (値 d と値 a の差) を求める．

(30) 図 3 にならって，水面の面積 A と表面圧 $\varPi$ の関係をグラフ用紙にプロットする．さらに，作図によって $A_{\varPi\to0}$ を求める．グラフ用紙にできるだけ大きくグラフを描くことで，求められる $A_{\varPi\to0}$ の値の誤差は小さくなる．

5． 課　　題

(1) 実験 1 について，解析 (11)〜(14) に従って，ステアリン酸の分子膜の厚さ (ステアリン酸の分子長) を求めよ．

(2) 実験 1 の結果から，ステアリン酸分子の断面積 (分子膜中のステアリン 1 分子を水面に平行に切り取った断面積) を求めよ．

(3) 実験 2 について解析 (28)〜(30) に従って $A_{\varPi\to0}$ を求めよ．また $A_{\varPi\to0}$ からステアリン酸分子の断面積を算出せよ．

(4) 課題 (1)〜(3) で求めたステアリン酸の分子長および断面積を，予習課題 (1)，(2) で求めた値と比較し，それについての自身の意見を述べよ．なお，予習課題についても，導出過程も含めレポートに記せ．

6． 参　　考

6.1　有効数字について

今回の実験では，最小目盛の 10 分の 1 まで数値を読み取ることで，長さや溶液の容量を有効数字 3 または 4 桁で計測可能である．一方で，ステアリン酸のシクロヘキサン溶液の濃度は有効数字 3 桁なので，今回の実験における有効数字は最大でも 3 桁である．実験値から見積もられる誤差の大きさによっては，有効数字が 2 桁になる可能性もある．

6.2 表 面 張 力

液体は分子間に引力が働いて分子が集まることにより，その
状態を保つ．図6に模式的に示すように，液体の内部では1つ
の分子はまわりのすべての分子と引き合い，エネルギーが低い
安定な状態となっている．一方，液体の表面は引き合う分子の
数が少ないためエネルギーが高い不安定な状態にある．そこで，
できる限り表面積を小さくして安定化しようとするため，小さ
な液滴は球形となる．表面張力の大きさ γ は表面積 A を微小
面積 $\mathrm{d}A$ 増やすのに必要なエネルギー $\mathrm{d}G$ を用いて次式のよう
に表され，

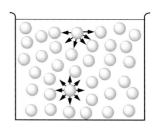

図 6 水表面の分子と内部
の分子の引力の違い

$$\gamma = \frac{\mathrm{d}G}{\mathrm{d}A} \tag{3}$$

その単位は $\mathrm{J\,m^{-2}}$ であり，通常正の値をとる．$\mathrm{J} = \mathrm{N\,m}$ より表面張力 γ の単位は $\mathrm{N\,m^{-1}}$ と
も表せることから，表面張力 γ は単位長さあたりに働く力とも考えることができる．なお J
(ジュール) はエネルギーの単位，N (ニュートン) は力の単位，m (メートル) は長さの単位で
ある．

6.3 表 面 圧

ステアリン酸のような水に不溶の界面活性剤を水面に少量置くと，界面活性剤の分子は水面
に拡がり，単分子膜を形成する．この膜が拡がろうとする力を表面圧 (あるいは拡張圧) という．
気体や液体を形成する分子が3次元方向に拡がろうとする力が圧力であるのに対し，表面圧は
分子が2次元方向に拡がろうとする力である．図7に
示すように水を張ったバットの水面に面積 A を調節す
る棒 E と仕切り S を置き，左側の水面に界面活性剤の
単分子膜を張ったときの表面張力を γ_{o}，右側の清浄な
水面の表面張力を γ_{wo} とすると，界面活性剤の分子は
水面を拡がろうとして S に力 (表面圧) がかかる．こ
のときの表面圧 Π は，清浄水面の表面張力 (γ_{wo}) と，
単分子膜で覆われた水面の表面張力 (γ_{o}) との差とし
て定義され，前述の (1) 式のように表される．

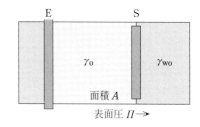

図 7 水面を上から見た図．界面活性
剤を浮かべた水面の表面張力 γ_{o}
と清浄な水の表面張力 γ_{wo} および
表面圧 Π の関係

6.4 水面の油滴の形と拡張係数

水面上に油滴を置くと直ちに薄く拡がる場合と，レンズ状になってそのまま留まる場合があ
る．この違いを考えてみる．油滴が拡がるかどうかは (4) 式で定義される Γ の値が正か負かで
決まる．

$$\Gamma = \gamma_{\mathrm{w}} - \gamma_{\mathrm{a}} - \gamma_{\mathrm{i}} \tag{4}$$

ここで，γ_{w}，γ_{a}，γ_{i} はそれぞれ水面の表面張力，油滴表面の表面張力，および水と油の界面張力であり，図8 はこれらの力の関係を図示したものである．(4) 式と図8 からわかるように，$\Gamma > 0$ ならば $\gamma_{\mathrm{w}} > \gamma_{\mathrm{a}} + \gamma_{\mathrm{i}}$ であり，点 P で油滴は引っ張られて拡げられ，逆に $\Gamma < 0$ ならば $\gamma_{\mathrm{w}} < \gamma_{\mathrm{a}} + \gamma_{\mathrm{i}}$ であり油滴は押されてレンズ形状を保つことになる．このため Γ は水面上での油滴の拡張係数と呼ばれる．たとえばシクロヘキサ

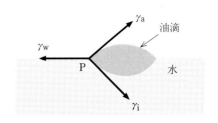

図 8 水面上の油滴の断面の形状と表面張力

ンやベンゼンは清浄な水面では $\Gamma > 0$ であり油滴は拡がるのに対し，四塩化炭素や流動パラフィンは $\Gamma < 0$ であり油滴はレンズ状の形を保つ．一方，ステアリン酸の固体状の単分子膜が形成された水面上では，シクロヘキサンに対しても $\Gamma < 0$ となり，シクロヘキサンの油滴は水面で拡がらずレンズ状の形で留まる．

C5 鈴木−宮浦カップリング反応

1. 目　的

　「合成」とは入手容易で安価な化合物を，様々な化学反応を用いて有用な化合物に変換することをいう．この中で有機化合物の合成を「有機合成」という．有機合成に関する研究に対し2010年，鈴木章北海道大学名誉教授にノーベル化学賞が授与された．この実験では，鈴木章，宮浦憲夫両先生が発見した「鈴木−宮浦カップリング反応」を用いて，フェニルボロン酸と4−ブロモ安息香酸から4−ビフェニルカルボン酸を合成する．反応式を図1に示す．酢酸パラジウムを触媒として用い，塩基として炭酸カリウムを加える．また，合成した4−ビフェニルカルボン酸について薄層クロマトグラフィーによる同定を行い，クロマトグラフィーの原理について学ぶ．

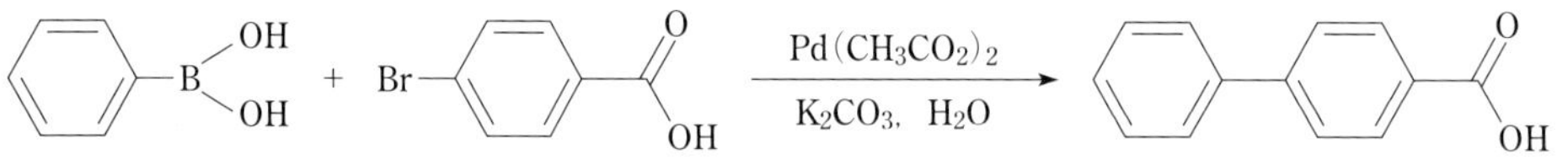

図1　フェニルボロン酸と4−ブロモ安息香酸の鈴木−宮浦カップリング反応

2. 解　説

　二酸化炭素などの一部例外があるが，有機化合物とは炭素を含む化合物の総称である．炭素には「同じ炭素原子同士でいくらでも長くつながることができ，さらに，まっすぐつながる，枝分かれする，環状につながるなど多様なつながり方ができる」という他の元素にはない固有の性質がある．このため，有機化合物は炭素，水素，酸素，窒素，硫黄などの少数の種類の元素で構成されているものの，極めて多種多様な有機化合物が存在する．私たちの身の回りでは機能性材料や医薬品などの様々な有機化合物が使われ，私たちの日常生活を支えている．これらの有機化合物の供給には有機合成が必須である．有機化合物は分子として存在している．有機分子では分子中の炭素原子のつながり方でそのおおよその形が決まるので，炭素原子のつながり方が有機分子の骨組みといえる．有機合成においては炭素原子と炭素原子の間で化学結合を作る，つまり有機分子の骨組みを形成することがたいへん重要である．広く使われている炭素—炭素結合を形成する反応の発見に対してノーベル化学賞が多数授与されている．たとえば，グリニャール反応 (1912年)，ディールス−アルダー反応 (1950年)，ウィッティッヒ反応 (1979年) などが知られている．2010年に鈴木章先生は「鈴木−宮浦カップリング反応」の発見でノーベル化学賞を受賞した．鈴木−宮浦カップリング反応は有機ボロン酸と有機ハロゲン化物をパラジウムを触媒として用いて炭素—炭素結合でつなぐ反応である．

　鈴木−宮浦カップリング反応がその代表例である「カップリング反応」の発見は1970年まで

遡ることができ，1970年代に日本で生まれ育ち，大きく発展した．カップリング反応ではニッケルやパラジウムなどの遷移金属を触媒として用いて，有機金属化合物と有機ハロゲン化物を炭素—炭素結合で直接つなぐことができ，有機合成で広く利用されている．有機金属化合物として，リチウム，マグネシウム，亜鉛，ホウ素，アルミニウム，ケイ素，スズ，銅，あるいはジルコニウムなどの有機金属化合物が使われている．この中で有機ホウ素化合物，特に有機ボロン酸を用いるカップリング反応を「鈴木–宮浦カップリング反応」といい，1979年に発表された．他の有機金属化合物を使うカップリング反応に比べて，安全，確実，簡単であるため世界中に広まった．たとえば，メルク社における血圧降下薬ロサルタン，BASF社における殺菌剤ボスカリド，メルク社やチッソ社における液晶などの工業的な製造に使われている．

　鈴木–宮浦カップリング反応の一般的な反応機構を図2に示した．図2のような反応機構の表し方を「触媒サイクル」といい，触媒が関与する多段階からなる反応機構において，触媒の役割を説明するときによく使われる．反応はPd(0) (0価のパラジウムを表す) から始まり，時計回りに進む．まず，Pd(0) が有機ハロゲン化物，R_1–X (X=Cl, Br, I など) と反応し，R_1–Pd(II)–X が生成する．この過程は酸化的付加と呼ばれている．R_1–Pd(II)–X に塩基 (OH^-) が作用し，R_1–Pd(II)–OH となる．有機ボロン酸，R_2–B(OH)$_2$ と塩基 (OH^-) から発生したR_2–B(OH)$_3^-$ が R_1–Pd(II)–OH と反応して，R_1–Pd(II)–R_2 となり，同時に B(OH)$_4^-$ が生成する．この過程をトランスメタル化と呼ぶ．最後に，R_1–Pd(II)–R_2 の R_1 と R_2 との間で炭素—炭素結合が形成され，目的の R_1–R_2 が生成し，同時に Pd(0) が再生し，再び触媒として作用する．最後の過程は還元的脱離と呼ばれている．鈴木–宮浦カップリング反応では有機ボロン酸を活性化するため，塩基の添加は必須である．様々な塩基が用いられるが，図2では代表例として，OH^- でその作用を示した．

　この実験では，フェニルボロン酸と4–ブロモ安息香酸を酢酸パラジウムを触媒量用いて炭素—炭素結合でつなぎ，4–ビフェニルカルボン酸を合成する．鈴木–宮浦カップリング反応で使われる有機ボロン酸は空気や水に対し安定で，炭素—炭素結合を形成する反応が水溶液中で

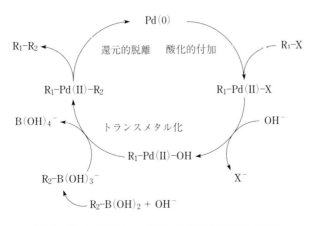

図2　鈴木–宮浦カップリング反応の触媒サイクル

進む．このことは反応性の高い他の有機金属化合物を使うカップリング反応にはない特長である．この実験でも水溶液中で反応を行う．酢酸パラジウム (2 価) はフェニルボロン酸，C_6H_5–$B(OH)_2$ より発生する C_6H_5–$B(OH)_3{}^-$ により還元され，0 価のパラジウム黒 (パラジウム金属の微粒子，図 2 の Pd(0) に対応) が生成し，これが反応の触媒になると考えられている．このとき，ビフェニル，C_6H_5–C_6H_5 が少量生成する．また，鈴木–宮浦カップリング反応に必須の塩基として炭酸カリウムを用いる．

3. 実験 4–ビフェニルカルボン酸の合成と同定

3.1 器 具

50 mL ナス型フラスコ，フラスコ台，5 mL 駒込ピペット，ガラス棒，スパチュラ，30 mL 三角フラスコ，濾紙 (ϕ21 mm，ϕ9 cm)，桐山ロート，プラスチックカップ，吸引びん，ロートアダプター，三方コック，クランプ，プラスチックチューブ，薄層クロマトグラフィーシート，薄層クロマトグラフィー用キャピラリー，薄層クロマトグラフィー展開槽，循環式アスピレーター，クロマトビューキャビネット

3.2 試 薬

4–ブロモ安息香酸，フェニルボロン酸，炭酸カリウム，酢酸パラジウム，アセトン，$2.0 \, \text{mol} \, L^{-1}$ 塩酸，メタノール，クロロホルム，酢酸，リトマス試験紙

実験上の注意事項
(1) 実験中は保護めがね，ラテックス手袋を着用すること．
(2) 炭酸カリウム，塩酸を使用する場合，皮膚や衣服に付けないように注意を払うこと．
(3) キャピラリーで TLC シート上に試料溶液をスポットするとき，キャピラリーが割れやすいので注意すること．
(4) TLC でスポット検出の際に紫外線を直接目にあてないこと．
(5) 4–ビフェニルカルボン酸の結晶を濾別，洗浄した際の廃液は，指定された容器に回収する．

3.3 操作 A 4–ビフェニルカルボン酸の合成

(1) 4–ブロモ安息香酸 0.20 g を薬包紙に測りとり，こぼさないよう 50 mL ナス型フラスコに移す．フェニルボロン酸 0.15 g も同じナス型フラスコに入れる (どちらを先にフラスコに入れてもよい)．$1.25 \, \text{mol} \, L^{-1}$ 炭酸カリウム水溶液 4 mL を 5 mL 駒込ピペットで加え，撹拌し溶解する．
(2) 酢酸パラジウムのアセトン溶液 ($1.0 \, \text{g} \, L^{-1}$) をスポイトで 3 滴加えて，2 分間撹拌する．図 3 のように結晶が一気に析出してくる．結晶が析出しないときは，酢酸パラジウムのアセト

図3 結晶が析出した状態

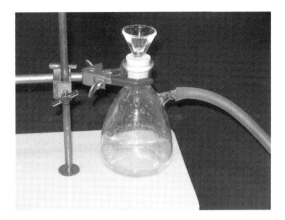

図4 吸引ろ過用装置

ン溶液をさらに一滴追加する．結晶析出後，5分間フラスコを放置する．

(3) 純水5mLを5mL駒込ピペットで加える (備考1)．$2.0\,mol\,L^{-1}$ 塩酸5mLをパスツールピペットでナス型フラスコにゆっくり加える．塩酸を一気に加えると，吹きこぼれることもあるので注意する．リトマス試験紙で酸性であることを確かめる．塩基性である場合は，さらに塩酸を加える．

(4) 桐山ロートと吸引びんを用いて，図4のような吸引ろ過用の装置を組み立てる．桐山ロートに濾紙 ($\phi 21\,mm$) をのせ，純水で湿らせてから反応混合物を吸引ろ過する．フラスコに残った結晶は少量の純水とともに桐山ロートに移す．

(5) 2〜3分間吸引した後，0.5mLの純水 (5mL駒込ピペットを用いる) で3回洗浄した後，さらに，吸引し，水分を十分に除去する．

(6) 得られた4–ビフェニルカルボン酸の結晶を濾紙 ($\phi 9\,cm$) の上に移し，濾紙を折りたたんで，結晶を濾紙の間に挟み，折りたたんだ濾紙を手で強く押しつけて結晶の水分を十分に除去する．濾紙を換え，この操作を合計3回以上，濾紙がぬれなくなるまで行う．

(7) 十分に乾燥した後，4–ビフェニルカルボン酸の結晶をあらかじめ質量を測ったプラスチックカップに移して質量を測り，収率 (%) を以下の式に従い求める．

$$収率 = \frac{合成した4\text{–}ビフェニルカルボン酸の物質量 (mol)}{用いた4\text{–}ブロモ安息香酸の物質量 (mol)} \times 100$$

3.4 クロマトグラフィーの原理

クロマトグラフィーとはロシアの植物学者ミハイル・ツヴェットが発見した，物質を分離する方法のことをいう．クロマトグラフィーとは「色の記憶」といったような意味で，ツヴェットがクロマトグラフィーで植物色素を分離した際に，色素別に色が分かれたことに由来する．

クロマトグラフィーは混合物の分離，精製のみならず，各化合物の同定，定量にもきわめて有用な方法である．クロマトグラフィーは混ざり合わない2つの相，つまり，固定相と移動相からなる．固定相としてはシリカゲル，アルミナなどの微細粒子や固体粒子に保持された液体などが用いられる．移動相には液体，気体が用いられる．混合物の試料を固定相に吸着させ，移動相を連続的に流す (展開する) と，試料中の各化合物は異なる速度で移動するようになる．移動速度の差は吸着，分配，イオン交換，分子ふるいなどの効果によって生じるが，多くの場合これらの効果が重なって現れる．

クロマトグラフィーは移動相の種類により液体クロマトグラフィー，ガスクロマトグラフィーと呼ばれ，固定相の形状により薄層クロマトグラフィー，カラムクロマトグラフィー，濾紙クロマトグラフィーなどに分けられている．また，分離の主な要因に基づいて吸着クロマトグラフィー，分配クロマトグラフィー，イオン交換クロマトグラフィー，ゲルクロマトグラフィーなどに分類されている．

この実験で用いる薄層クロマトグラフィー (TLC) の場合，アルミやガラスなどのシート上にシリカゲル，アルミナ，ポリアミド樹脂などを薄く貼ったものを固定相に用いる．移動相は液体で，展開溶媒と呼ばれる．展開溶媒が毛管現象により固定相を上昇するにともない，各化合物が異なる速度で薄層上を移動する．各化合物の移動距離を展開溶媒の移動距離で割ったものを R_f 値と呼ぶ．R_f 値は固定相，移動相 (展開溶媒)，温度，展開槽の溶媒蒸気飽和度などの実験条件が一定であれば，各化合物について再現性があり，同定にも使用できる．ただし，TLC では上記の実験条件を厳密に一定にすることが困難で，R_f 値は厳密には再現しない．そこで，標準物質 (この実験では市販の 4–ビフェニルカルボン酸と 4–ブロモ安息香酸) を同時に展開し，R_f 値を比較し，同定を行う．

R_f 値の求め方をまとめる．たとえば，次項で述べる方法で 4–ビフェニルカルボン酸と 4–ブロモ安息香酸の標準物質をシリカゲル TLC シートに吸着，展開すると，2つの化合物は紫外線照射により，図5のような円状のスポットとして観察される．4–ビフェニルカルボン酸と 4–ブロモ安息香酸の各々の移動距離 R_1 と R_2，および，展開溶媒の移動距離 R から，4–ビフェニルカルボン酸と 4–ブロモ安息香酸，各々の R_f 値は以下の式により求まる．

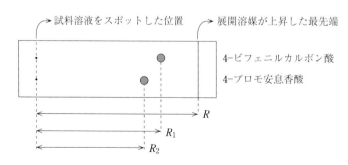

図 5 4–ビフェニルカルボン酸と 4–ブロモ安息香酸の TLC

$$4\text{-ビフェニルカルボン酸の } R_f \text{ 値} = \frac{R_1}{R} \qquad 4\text{-ブロモ安息香酸の } R_f \text{ 値} = \frac{R_2}{R}$$

3.5 操作B　4-ビフェニルカルボン酸の薄層クロマトグラフィー (TLC)

(1)　合成した4-ビフェニルカルボン酸を少量プラスチックチューブにとり，メタノールを加え，溶液を調製する (備考2)．同様に，標準物質である市販の4-ビフェニルカルボン酸と4-ブロモ安息香酸のメタノール溶液を各々調製する (備考3)．

(2)　シリカゲルTLCシートに鉛筆で図6のように，3カ所に軽く印をつける．展開溶媒に浸らない位置に印をつけるように注意する．(1)で調製した3種類のメタノール溶液をキャピラリーでシリカゲルTLCシート上の印をつけた3カ所に各々1〜2mmの大きさでスポット(吸着)する (上から順に合成した4-ビフェニルカルボン酸，標準物質の4-ビフェニルカルボン酸，標準物質の4-ブロモ安息香酸)．

(3)　クロロホルムとメタノールを容量比17：3で混合し，さらに，容量比で0.05％の酢酸を加え，展開溶媒を調製する (備考4)．TLC展開槽に展開溶媒を加える (備考5)．

(4)　(2)で3カ所に試料溶液をスポットしたシリカゲルTLCシートを静かに展開溶媒に浸し，図7のようにして展開する．展開溶媒が真っ直ぐ上昇するように注意する．

(5)　溶媒が先端付近まで上昇したら，展開槽からシリカゲルTLCシートを取り出し，溶媒が上昇した最先端の位置がわかるように鉛筆で印をつける．ドラフト内でドライヤーで溶媒をとばす．

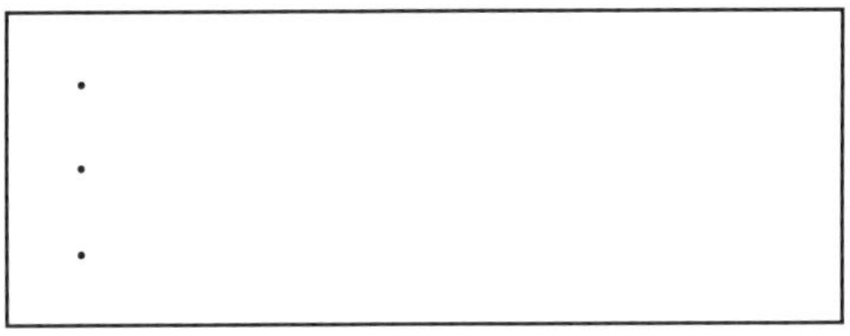

図 6　シリカゲルTLCシートに鉛筆で印を
　　　つける位置

図 7　TLCの展開

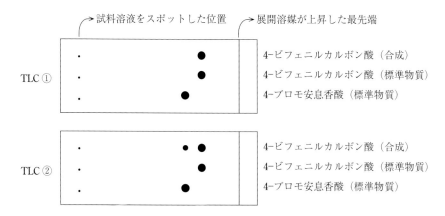

図 8 合成した 4–ビフェニルカルボン酸の TLC の例

(6) クロマトビューキャビネットにシリカゲル TLC シートを入れ，短波長 (254 nm) の紫外線を照射して，検出される各々のスポットの中央に印をつけ，各々の R_f 値を求める (備考 6). 4–ビフェニルカルボン酸の合成，分離，TLC がうまくいくと，図 8 の TLC ① のようなスポットが観察されるはずである．一方，合成された 4–ビフェニルカルボン酸に 4–ブロモ安息香酸が混入していると，図 8 の TLC ② のようなスポットが観察されることになる．観察されたスポットから得られた 4–ビフェニルカルボン酸の純度を考察する．

3.6 備 考

(1) 純水はポリ洗びんから 5 mL 駒込ピペットで直接とらず，30 mL 三角フラスコにとってから使う．

(2) 合成した 4–ビフェニルカルボン酸の量はゴマ 1 粒程度で，すべて溶解しなくてもよい．

(3) 標準物質である市販の 4–ビフェニルカルボン酸と 4–ブロモ安息香酸のメタノール溶液は調製されたものが用意されている．

(4) 調製された展開溶媒が TLC 展開槽にすでに入っている．実験終了後，TLC で用いた展開溶媒はそのままにしておくこと．

(5) TLC 展開槽のガラス製中ぶたを割らないように注意すること．

(6) 長波長 (366 nm) の紫外線を照射したときの様子も観察すること．

4. 課 題

(1) 得られた 4–ビフェニルカルボン酸の収率と純度について考察せよ．

(2) 合成された 4–ビフェニルカルボン酸を同定するのに TLC 以外にどのような方法が考えられるか．

(3) 酢酸パラジウムを加えると生成する結晶はどのような化合物か．構造式を描いて説明せよ．

(4) 酢酸パラジウムからパラジウム黒が発生する反応機構を図 2 の触媒サイクルを参考にして描け．

C6　天然のかおり物質の合成

1. 目　　的

　本実験では，代表的な香り成分の1つであるエステル系化合物の合成を行う．酸を触媒としてカルボン酸とアルコールから果実の匂い成分である3種のエステルを合成する方法を学ぶ．あわせて私たちの嗅覚器官である鼻によりカルボン酸からエステルへの官能基変換を検知する．本実験を通して加熱還流による脱水反応，抽出による目的生成物の分離法を習得する．また，ガスクロマトグラフィーによる有機化合物の同定法と純度の調べ方を学ぶ．

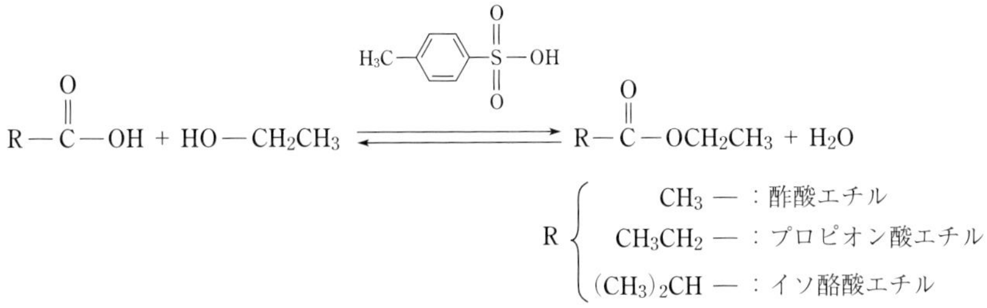

$$
R-\overset{\overset{\displaystyle O}{\|}}{C}-OH + HO-CH_2CH_3 \;\overset{H_3C-\!\!\!\!\!\!\!\!\raisebox{0.5ex}{\scriptsize$\bigcirc$}\!\!\!\!\!\!\!\!-SO_2OH}{\rightleftharpoons}\; R-\overset{\overset{\displaystyle O}{\|}}{C}-OCH_2CH_3 + H_2O
$$

$$
R \begin{cases}
CH_3- & : 酢酸エチル \\
CH_3CH_2- & : プロピオン酸エチル \\
(CH_3)_2CH- & : イソ酪酸エチル
\end{cases}
$$

図 1　p-トシル酸を触媒として用いるエステル化反応

2. 解　　説

2.1　香り物質

　私たちの体の中には，ホルモンなどの種々の化学物質を受容する部位を有する受容タンパク質(レセプター)を内蔵している細胞がある．このレセプターを介して特定の化学物質を検知することにより，情報伝達などの細胞としての応答を行っている．

　これに対し，味覚と嗅覚(両者を併せて化学感覚と呼ぶ)は，外界に存在する化学物質を検知する機能である．外界には，生物由来の物質や生体が全く関与しない異物もある．味覚器や嗅覚器は，これら外界に存在するほとんどすべての化学物質に対して応答する．私たちの体の中でこれほど多くの化学物質に応答する器官は，他に見あたらない．

　香り成分の検知は，次のように行われていると考えられている．香り分子が私たちの鼻の中にある嗅上皮の感覚細胞の中に存在する香り分子レセプターに結合する．これによりレセプター電位が発生する(すなわち化学的シグナルが電気的シグナルへ変換されたことになる)．ここに発生した電位差は，電位依存性チャネルを活性化し，嗅神経へインパルスを伝える．このインパルスが脳に伝えられ香りとして検知される．最近の分子生物学の発展により，香り分子を受容するメカニズムがあきらかになりつつある．香り分子レセプターは，細胞膜を7回貫通し，その後の情報伝達をつかさどるGタンパク質というシグナルタンパク質を活性化させる膜内在のタンパク質であることが判明した．この構造は，視覚細胞や味覚細胞にも観察されるこ

とから，これらレセプター間の類縁関係が注目されるところである．この香り分子レセプターに関する研究に多大な貢献を成したアメリカの研究者であるリチャード・アクセルとリンダ・バックは，2004 年度ノーベル生理学・医学賞を受賞している．嗅覚細胞がもつ約 1 千種のレセプターによって数十万種にも及ぶ膨大な香り物質が識別されるが，その識別機構に関しては，不明な点が多く残されており，今後の研究の発展が望まれる分野である．

1962 年にアムーアは，香り分子を構造と電荷から 7 種の基本臭に分類した．その基本臭とは，1) ショウノウ臭，2) エーテル臭，3) ハッカ臭，4) じゃ香臭，5) 花臭，6) 刺激臭，そして 7) 腐敗臭である．またアーモンド臭，レモン臭，ニンニク臭などは，混合臭とされた．この分類は，刺激臭および腐敗臭のふたつをのぞき，香り分子が嗅覚細胞の受容器の特異な部位にはまりこむ，いわゆる "鍵と鍵穴" の関係によって検知されるという仮定に基づいて成されたものであった．しかしながら実際には，香りの基本臭は 7 種などと単純ではなく，他の研究者によると香りは，38 種に分けられるともいわれている．

香り分子には，物理化学的にみた場合に以下の特性がある．

    (1)　一定以上の蒸気圧を有するほとんどの物質は，香りを有する
    (2)　香りの質は，分子の官能基，形，大きさ等に決定される
    (3)　一般に脂質への親和性の高い分子ほど低い嗅覚閾値を示す
    (4)　立体異性体間での香りの差はあまり大きくない

次に化学構造から香り分子をみた場合には，膨大な種類の化合物がその対象となる．以下に，身近な香り分子の一例を示す．

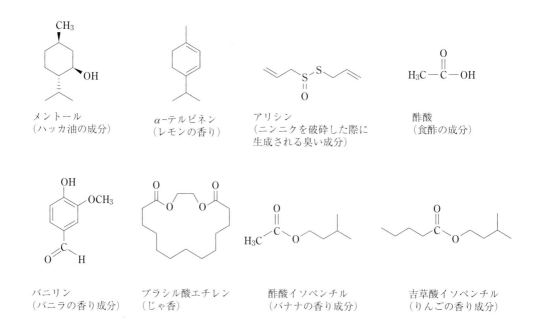

メントール
（ハッカ油の成分）

α－テルピネン
（レモンの香り）

アリシン
（ニンニクを破砕した際に
生成される臭い成分）

酢酸
（食酢の成分）

バニリン
（バニラの香り成分）

ブラシル酸エチレン
（じゃ香）

酢酸イソペンチル
（バナナの香り成分）

吉草酸イソペンチル
（りんごの香り成分）

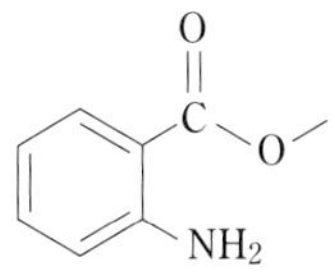

アントラニル酸メチル
（ブドウの香り成分）

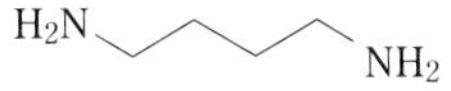

1,4-ジアミノブタン
（プトレッシンともいう，腐敗臭）

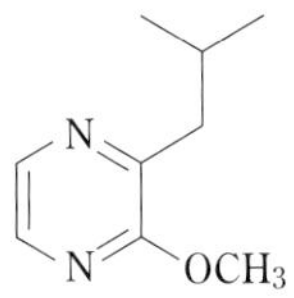

2-メトキシ-3-(2-メチルプロピル)-ピラジン
（ピーマンの香り）

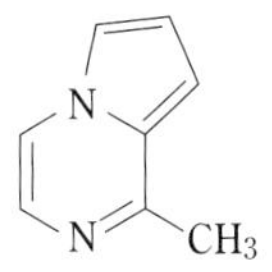

8-メチルピロロ［1,2-a］ピラジン
（焼き肉の香り）

　上に示したように様々な化学構造を有する物質を，私たちは香りとして感じることができる．なかでも酸とアルコールから生成されるエステル系の化合物は，香り成分として重要なファミリーを成している．エステルは香り分子としてのみならず，私たちの身のまわりにおいて重要な役割を果たしている．たとえば，医薬品のアスピリンは低分子量エステルであるし，飲料水の容器として用いられている PET ボトルは，テレフタル酸とグリコールよりなるポリエステルである．また環境にやさしい生物分解性プラスチックとして市販されているポリ (β-ヒドロキシ酪酸-co-β-ヒドロキシ吉草酸) エステルもその一例である．

2.2　エステル化の反応機構
　このように生物学的，工業的に重要なエステル化合物は一般的に濃硫酸を酸触媒として合成されているが，本実験では安全性の観点からトシル酸 (p-トルエンスルホン酸) を使用する．酸触媒は，エステル生成の過程の中で重要な役割を果たしている．
　以下にひろく受け入れられているエステル化の反応機構を示す．

段階 1：酸によるカルボキシ基のプロトン化
カルボニル酸素のプロトン化によって非局在化したカルボカチオンが生じる．

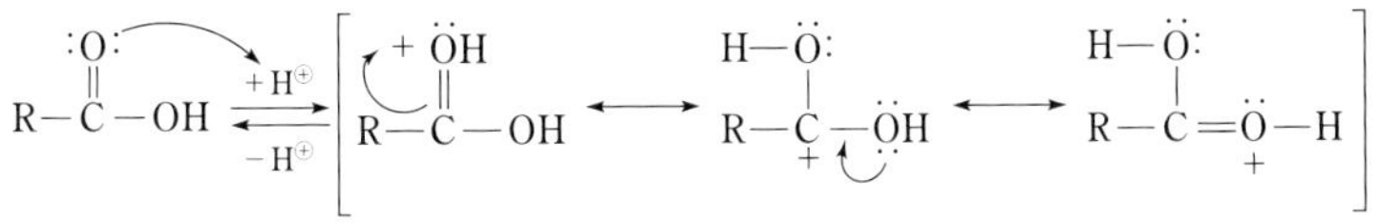

段階 2：エタノールによる求核攻撃

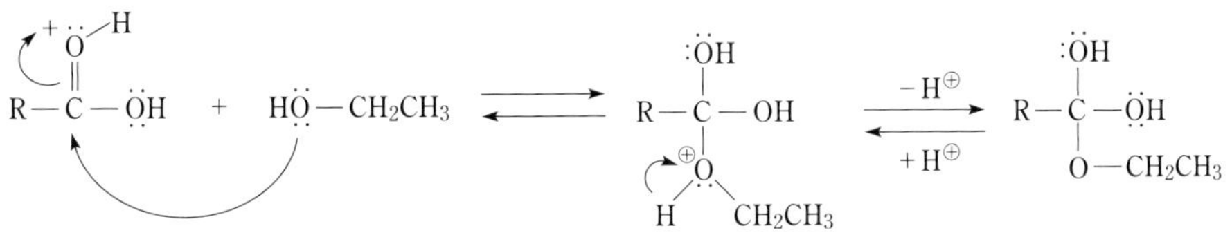

酸触媒の作用により，カルボニル炭素はエタノールによる求核攻撃を受けやすくなる．エタ
ノール付加物からプロトンが脱離すると，四面体中間体が生成する．この化学種は，酸触媒存
在下において順逆両方向への反応が可能であるため重要な中間点となる．

段階3：水の脱離

　順逆両方向への反応のうち，順方向へ進行するならばどちらかのヒドロキシ酸素のプロトン
化を経て水が脱離することによりエステル化される．逆方向へ進行するならば，段階1, 2を逆
に進行することによりエタノールが脱離し，カルボン酸へと戻る反応である．

3. 実　　験
3.1 器　　具
　50 mL ナス型フラスコ，50 mL 三角フラスコ2個，100 mL 三角フラスコ，100 mL ビーカー，
25 mL メスシリンダー，ガラス棒，ロート2個，分液ロート，リービッヒ冷却管，フラスコ台，
マントルヒータ，クランプ，ジョイント・クランプ，スタンド，ムッフ，カットリング，金属
棒，ユニチューブ2本，ロート台，シリコン栓

3.2 試　　薬
　エタノール (特級, 99.5%, 46.07 g mol^{-1}, 0.79 g mL^{-1})，酢酸 (60.05 g mol^{-1}, 1.049 g mL^{-1})，
プロピオン酸 (74.08 g mol^{-1}, 0.993 g mL^{-1})，イソ酪酸 (88.11 g mol^{-1}, 0.95 g mL^{-1})，トシ
ル酸1水和物，10% 炭酸ナトリウム水溶液，硫酸ナトリウム，リトマス試験紙

3.3 装　　置
　ガスクロマトグラフ
カラム：Porapak QS (Waters 社製，エチルビニルベンゼンとジビニルベンゼンの共重合体，
　　　　1 m)
キャリアーガス：He，流速 0.75 m min^{-1}
検出器：熱伝導型検出計 (TCD)

測定条件：試料注入部・検出器温度 (INJ/DET TEMP)   230 °C

         カラム温度 (COL TEMP)   220 °C

         フィラメント電流値 (CURRENT)   80 mA

         POL スイッチ   +

実験上の注意事項

(1) 実験中は，保護めがねを必ず着用すること．

(2) 薬品を使用する際には，皮膚や衣服に付着させないように注意すること．万が一付着した場合には，流水でよく洗い，教員に申し出ること．

(3) マントルヒータを使用の際は，やけどに注意すること．また空焚きをしないこと．

(4) 使用済みの沸とう石は，再使用しないこと．沸とう石を入れ忘れた場合は，反応液が十分冷えていることを確認した後入れること．

(5) 分液ロートのコック開閉の際には，決して人に向けて操作してはいけない．

(6) 臭いをかぐときは，フラスコから直接吸いこまないこと．

(7) 合成したエステルは，下水に捨てずに所定の容器に入れること．

3.4　操　作

(1) きれいに洗浄され，乾燥した 50 mL ナス型フラスコに沸とう石を 2 つ入れてメスシリンダーを用いてエタノール 10 mL (0.172 mol，0.79 g mL^{-1}) を入れる．これに樹脂製薬さじを用いて，トシル酸 1 水和物約 0.48 g (約 0.0025 mol) を，完全に溶解させる (トシル酸は吸湿性が高いので素早く操作する．手などに付着した場合は，ただちに流水で洗い流すこと)．これにカルボン酸 [酢酸 9.8 mL (0.172 mol)，プロピオン酸 12.8 mL (0.172 mol)，イソ酪酸 16 mL (0.172 mol) の中から 1 種] をメスシリンダーを用いて加えた後，リービッヒ冷却管を装着し，図 2 のような反応系をドラフト内で組み立てる．リービッヒ冷却器に水道水を流した後，マントルヒータの電源を入れて加熱し，沸とうが始まってからゆるやかに 20 分間加熱を継続する．

(2) マントルヒータの電源を切り，放冷した後，フラスコの外壁に水道水を直接かけて内容物を冷却する．

(3) 100 mL 三角フラスコに 10 % 炭酸ナトリウム水溶液 20 mL を入れ，これにナス型フラスコの内容物を注ぐ．三角フラスコ内は 2 層に分かれ，界面では気泡が生じる．三角フラスコをよく振とうし，中和

図 2　反応装置 (冷却水は下から上へ流す)

反応を行う.

(4) 気泡が生じなくなるのを確認した後，ロート架台にかけた 100 mL の分液ロートにロートを通して移す (このとき沸とう石を入れないように注意すること). 静置するとエステルが上層に分離してくる (図3).

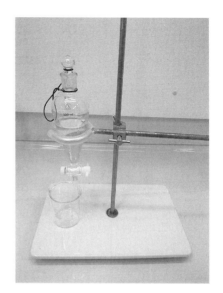

図 3　分液ロートによる油—水分離

(5) 下層に位置する水層を 100 mL ビーカーにいったん受けてから捨てる. 分液ロート中に残ったエステルに 10 % 炭酸ナトリウム水溶液 20 mL を加え，上口のガラス活栓を一方の手のひらで押さえ，コックを他の手で押さえながら上下に軽く 1〜2 回振り，すぐにコックを開き，ガスを逃がす (図4). この操作を注意深く数回繰り返す. ガスがほとんど発生しなくなったのを確認した後，上下に強く振り，コックの開閉操作を行い，ロート架台に静置する.

(6) 下層を 100 mL ビーカーに受け，アルカリ性を示すことを確かめた後，捨てる. エステル層を 50 mL の乾燥した三角フラスコに移し (分液ロート上の穴に注意し，上口から移す)，これに約 3 g の硫酸ナトリウムを加え，乾燥する (軽く振りまぜて，硫酸ナトリウムが固まらないことを確認する. 固まった場合は，さらに約 0.2 g ずつ硫酸ナトリウムを加える).

(7) これをロート上のろ紙でこし分け，あらかじめ秤量済みの乾燥 50 mL の三角フラスコに受ける. 得られたエステルを秤量して粗収率を求める. 秤量後は三角フラスコにシリコン栓をすること. また反応前後の臭いの違いをまとめる. 他のグループが合成した異なるエステ

図 4　分液ロートによる油相のアルカリ洗浄 (a：コックを開けた状態　b：コックを閉めた状態，この状態においてガラス活栓を手のひらでしっかり押さえ，上下に強く振る)

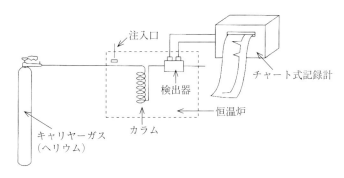

図 5　ガスクロマトグラフの模式図〔引用文献 (1)〕

　ルの香りと比較する (臭いを嗅ぐときは，フラスコから直接吸いこまないこと).

(8)　得られたエステルをガスクロマトグラフにより分析を行い，不純物の混入や，生成物の純
　　度などについて調べる.

4. 参　　考

ガスクロマトグラフィーの原理

　ガスクロマトグラフは，分離分析，定量分析の手法として重要な装置であり，石油化学工業
や医薬品，食料，香料，環境分析などの幅広い分野において研究開発や製品管理に利用されて
いる.

　ガスクロマトグラフィーとは，気体を移動相として用いたクロマトグラフィーの総称であり，
固定相が固体の気–固クロマトグラフィー (吸着ガスクロマトグラフィーともよばれる) と固定

相が液体の気–液クロマトグラフィー (分配ガスクロ
マトグラフィーともよばれる) の 2 つに大きく分け
られる. 前者は無機ガスや低沸点の炭化水素ガスな
どの分析に，後者は有機化合物一般の分析に適して
いる手法であり，ガスクロマトグラフィー分析の主
流をなしている.

　気–液クロマトグラフィーでは，不揮発性液体で
コーティングした多孔性担体 (固定相) を内径数ミリ
メートルのカラムにつめ，ヘリウムなどの気体 (移動
相，特にキャリヤーガスとよぶ) を流しておく. こ
こへ多成分からなる揮発性混合物を，キャリヤーガ
スにのせ固定相に導くと，時間の経過とともに各成
分はカラムの中を移動するが，それぞれ異なった速
さで移動する. 各成分はカラムを移動する際に，固
体を覆っている不揮発性液体 (これを固定相液体と
いう) との間において溶解・蒸発を繰り返す. 移動

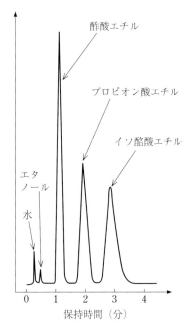

図 6　エステル 3 種のクロマトグラム

の速さは固定相液体上での各成分の蒸気圧に左右される. このようにして各成分を分離することができる. 分離された成分を検出し, これを記録してクロマトグラムを得る. 分離の様子は, 保持時間 (retention time) としてクロマトグラム中に表され, 各化合物に特有の値を示す.

検出器はガスクロマトグラフィーの中でも重要な部品であり, これまでおよそ 30 種類以上の検出器が発表されているが, 本実験では熱伝導度型検出器を用いる. ヘリウムは, よい熱伝導体であるので電気的に加熱した検出器セルのフィラメント温度は, 比較的低く保たれる. 有機分子を取り込んだヘリウムガスが検出器セル中を通過すると, 冷却効率が悪くなりフィラメントが加熱される. その結果, 生じるサーミスタの電気抵抗変化を検出する. 本検出器は, 原理的にキャリヤーガス以外のすべてのサンプルを検出することができ, 最小検出量は数 ng $(10^{-9}\,\mathrm{g})$ 程度である.

5. 課 題

(1) 本実験のエステル化反応における平衡定数 K は, 以下のように定義される

$$K = \frac{[\mathrm{RCOOCH_2CH_3}] \cdot [\mathrm{H_2O}]}{[\mathrm{RCOOH}] \cdot [\mathrm{CH_3CH_2OH}]}$$

各自得られたエステルの収量を用いて, それぞれの基質を用いた際の平衡定数を求めよ (表 1 に酢酸エチル生成反応の平衡定数を示す).

(2) カルボン酸およびエステルの臭いを観察し, 思い浮かべる物質について記せ. また香りについて感じたことを自由に述べよ.

(3) エステル化反応の機構をもとに生成物の収率を向上させる手段について考察せよ.

(4) 合成されたエステルの構造を確認する手段として, ガスクロマトグラフィーの他にどのような方法が考えられるか考察せよ.

参考資料 表1 25℃における酢酸エチル生成反応の平衡定数 K

初期酢酸の量 (mol)	初期エタノールの量 (mol)	平衡時におけるエステルの量 (mol)	平衡定数 K
1.00	0.18	0.171	3.92
1.00	0.50	0.414	3.40
1.00	1.00	0.667	4.00
1.00	2.00	0.858	4.52
1.00	8.00	0.966	3.75

引用文献

(1) 北海道大学自然科学基礎実験 (化学) 実験書編集委員会 編『自然科学基礎実験 (化学編)』三共出版 (1996)

生物系実験

B1 顕微鏡の使い方 (細胞分裂の観察)
B2 薄層クロマトグラフィーによる植物色素の分離
B3 ゾウリムシの行動観察
B4 DNA 実験—PCR による遺伝子の増幅
B5 生活の中の科学—イカの解剖
B6 水の中の小さな生物—珪藻の多様性と環境

近年，自然科学の中でも生物学の発展にはめざましいものがある．分子生物学的手法の急速な発達により，生命現象を分子の相互作用として捉えることが可能になり，生命の根本原理を物理・化学反応として理解しようとする研究が盛んに行われている．これらの研究の一部はバイオテクノロジーによる品種改良や生殖・受精操作に代表されるように，われわれの生活に直接結びつき，現代社会と深い関わりを持っている．一方，地球環境に対する問題意識の高まりから，生物の多様性・生態系の理解を中心とした生物学も注目され，その重要性が一般にも認識されるようになってきた．つまり，現代生物学は生命を構成する分子のレベルから個体集団のレベルに至る幅広い分野を含む複合科学として発展してきたのである．

　生物学の基本は生命現象を正確に把握し，その中に潜む法則性を探り出すことにある．生命現象を解析するには，まず「生物を見る」作業，つまり生命現象を正確に記述する作業が必要である．つぎに「生物に聞く」作業が要求される．人為的操作を加えたとき，生物が示す反応を分析する作業である．規則性の発見には多くの正確なデータを集める必要があり，このためには様々な解析技術を習得しなければならない．このようにして得られた結果をいかに整理し，そこに法則性を見出すかが最も重要な点である．これには客観性が優先されるが，一方では，「生物学的センス」とでも呼ぶべきある種の主観も重要な要素となる．

　生物学実験の目的は，生命現象の解析に必要な基本的技術を習得するとともに，生物学的センスを磨くことにある．各実験では，そこで使用される技術の手順の習得や原理の理解はもちろんのこと，実験自体の意味と，得られた結果が示す意味を科学的・論理的に考察し理解することも重要である．生物学的センスはこのような作業を通じてこそ養われるのである．

　教科書や講義を通しての学習とは異なり，実験では自ら積極的に手を動かし，生物対象に働きかけてこそ十分な成果が得られる．決して受け身になることなく，教科書や講義だけでは学び得ない多くの事柄を実験を通して学んで欲しい．予定されている実験は以下の通りである．

B1　顕微鏡の使い方 (細胞分裂の観察)

　生命の基本的単位である細胞と，DNA (遺伝子) を含む構造体である染色体の観察を行う．

B2　薄層クロマトグラフィーによる植物色素の分離

　緑藻，紅藻，褐藻，陸上植物の光合成色素を薄層クロマトを用いて分画し，各光合成色素種の機能的差異を理解するとともに，生物の環境適応と系統進化についても考察する．

B3　ゾウリムシの行動観察

　光，重力，化学物質などの環境要因の変化とゾウリムシの行動パターンの変化との関係を観察・考察する．

B4　DNA 実験 — PCR による遺伝子の増幅

　PCR 法による DNA の増幅や DNA の電気泳動を行う．遺伝子の実体である生命の根源物質にふれ，理解を深める．

B5　生活の中の科学 — イカの解剖

　身近な食材でもあるイカの解剖を通し，生物の体がいかに巧妙にできているかを学ぶ．

B6　水の中の小さな生物 — 珪藻の多様性と環境

　河川から採集した珪藻類について分類群の同定を行う．各分類群の環境汚染度指標を用い，河川の汚染度を評価する．

　以上のようにミクロおよびマクロの形態学的観察，生化学的分析，分子生物学的技法，植物生理学的解析，行動生理学的解析といった，生物学を学ぶ上で必須の要素が盛り込まれており，いずれの実験も諸君に貴重な経験を与えるものと確信する．

B1　顕微鏡の使い方 (細胞分裂の観察)

　　光学顕微鏡は生物の微細構造を調べるためには欠かせない器具であり，その操作法の習得は生物学実験を行う上で必須といっても過言ではない．本実験では分裂頻度が高い植物根端細胞と動物培養細胞を用い，実際に標本 (プレパラート) を作製し，それを観察することにより，顕微鏡の一般的操作法の習得をめざす．また，細胞分裂過程を詳細に観察し，その仕組みと意義を考察するとともに，植物細胞と動物細胞の違いについても考える．実験に先立ち，光学顕微鏡の特性，構造，使用法を以下に示す (図 1)．

　　顕微鏡の分解能 (近接する 2 点を 2 点として区別しうる最小距離) は以下の式で与えられる．

$$d = \frac{0.61\lambda}{n \cdot \sin\theta} = \frac{0.61\lambda}{NA}$$

d：分解能，λ：光の波長，n：媒質の屈折率，θ：対物レンズの開きの角度の半分，NA：
対物レンズの開口数 (レンズの性能を表し，一般に倍率の高いレンズほど値は高い)

$n < 1.6$, $\sin\theta < 1$, $NA < 1.6$ であるから，分解能を高める (d を小さくする) ためには波長 λ を小さくする以外にない．光学顕微鏡が用いる可視光線の波長領域では分解能は 250 nm ほどであるが，紫外線ではその半分以下になる．分解能を上げるため，さらに波長の短い電子線を利用したものが電子顕微鏡である．

　　光学顕微鏡の拡大倍率は接眼レンズと対物レンズの倍率の積で表されるが，分解能の式から予想されるように対物レンズの性能が重要で，同じ 200 倍でも，20 倍接眼レンズと 10 倍対物レンズを使うより，5 倍接眼レンズと 40 倍対物レンズを使う方が解像度はよい．解像度には分解能のほかにコントラストが影響する．生きた細胞を無処理のままで観察しようとしても，核，細胞質，細胞内小器官などを通過する光の屈折率の差だけでは明確なコントラストは得られない．したがって，コンデンサーを絞ってコントラストを増強したり，試料を染色して観察する必要がある．

　　光学上の種々の機構を利用したり，特殊装置を付けて解像度を高めたりして，使用目的に合うように工夫した顕微鏡に，位相差顕微鏡，微分干渉顕微鏡，偏光顕微鏡，金属顕微鏡，紫外線顕微鏡，蛍光顕微鏡，倒立顕微鏡などがある．将来これらを利用する機会があろうが，ここでは最も基本的な明視野双眼正立顕微鏡の操作法について述べる．

A.　一般的注意

(1)　顕微鏡観察するときは椅子の高さを調節して正しい姿勢で腰かけ，体の正面に顕微鏡を置く．

(2)　レンズの汚れは無水エタノールを浸したレンズペーパーで軽く拭いて除く．

(3)　照明装置からは強い熱が放出されるので，検鏡しないときにはスイッチを切っておく．特に長時間観察する場合には，温度上昇による試料の損傷などに注意する．

(4) 実験終了後はプレパラートをステージ上に放置していないか，酸や塩類溶液などの薬品で顕微鏡を汚していないか，などを確かめてからケースに収納する．

B. 観察

(1) パワースイッチを入れ，適当な明るさになるまで調光ダイヤルを回す．

(2) プレパラートをメカニカルステージにのせ，ステージ十字動ハンドルで動かして目的の個所を中央に持ってくる．

(3) レボルバを回して低倍率の対物レンズを光路に入れる．顕微鏡を横からのぞき，粗動ハンドルでステージを上げてプレパラートを対物レンズにできるだけ近づける．プレパラートを対物レンズにつきあてないように十分注意する．

(4) 接眼レンズをのぞきながら粗動ハンドルでステージを徐々に下げ，大体の焦点を合わせてから微動ハンドルで正確に合わせる．

(5) 接眼部をスライドさせて自分の目の幅に合わせる．眼幅調節座には目盛がついているので，最適の眼幅を記録しておくと次回からの眼幅調整が容易である．

(6) 左右の視力差に合わせて視度差を調整する．まず，右目で右接眼レンズをのぞいて標本に焦点を合わせる．次に左目で左接眼レンズをのぞき，視度差調整環のみを回して標本にピントを合わせる．

(7) コンデンサーの絞りを操作して，最も観察しやすいコントラストを探す．

(8) 試料には厚みがあるので，左手で微動ハンドルを動かして焦点をずらしながら観察する．しかし検鏡しながら粗動ハンドルを動かしてはならない．

(9) 倍率を変更するときは目的の個所を視野の中心に持ってきて，十分に焦点を合わせてか

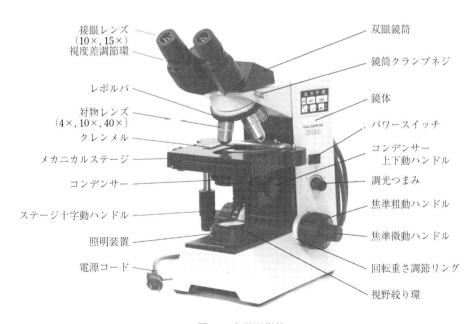

図 1 光学顕微鏡

らレボルバを回転させて目的の倍率にする．焦点合わせには粗動ハンドルを動かす必要はなく，微動ハンドルをわずかに動かすだけで焦点は合う．

材料
ネギ (*Allium fistulosum*) 根端細胞
マウス (*Mus musculus*) 骨髄腫細胞

器具・試薬
スライドグラス，有柄針，カバーグラス，ピンセット，ろ紙，カミソリ，ピペット，1.5 mL マイクロチューブ，遠心機
1 N 塩酸，酢酸オルセイン，カルノア液 (メタノール：酢酸 = 3：1)

> **実験上の注意**
> ・有柄針やカミソリの取り扱いに注意すること．
> ・ホットプレート使用時の火傷に注意すること．

方法
A． ネギ根端細胞
(1) 水を含ませたガーゼにネギの種子を置き，暗黒下，室温で 4 日間放置する．
(2) 発根した種子をスライドグラスにとり，根の先端 2〜3 mm を切断して種子側は捨てる．
(3) 切りとった根端をカミソリで縦に 2 つに割り，1 N 塩酸を 1，2 滴たらす．
(4) スライドグラスをホットプレートにのせ，60 ℃ で 20 秒加熱する．
(5) 塩酸をろ紙で吸いとり，酢酸オルセインを 1，2 滴たらし，室温で 15 分染色する．
(6) カバーグラスをかけ，ペンの頭 (または消しゴム付き鉛筆の頭に付いている消しゴム) などで上から軽く叩き，なるべく一層の細胞になるように押しつぶして検鏡する (押しつぶし法)．

B． マウス骨髄腫 (ミエローマ) 細胞
(1) 細胞の入った培養液 1 mL をピペットでマイクロチューブにとる．
(2) チューブを 2,000 回転で 5 分遠心し，細胞を沈殿させる．
(3) ピペットを用いて培養液の大部分を除いた後，残った培養液で細胞を懸濁する．
(4) ピペットを用いて細胞懸濁液をスライドグラス上 (中央部より少し左側または右側) に 1 滴落とし，カバーグラスの端を使って薄くのばす (スメアー法)．
(5) 細胞懸濁液が完全に乾くのを待って，カルノア液を 1 滴のせる．
(6) カルノア液が完全に乾いたら，酢酸オルセインを 1，2 滴落とし，カバーグラスをかけて検鏡する．

実験

(1) 標本の作製・観察を通じて，顕微鏡標本の作製技術と顕微鏡の使用法を習得せよ．

(2) 植物細胞と動物細胞の細胞分裂過程を観察し，間期と分裂期 (前期・中期・後期・終期) の細胞をスケッチせよ．

考察

(1) 細胞分裂の仕組みと意義について考察せよ．

(2) 植物細胞と動物細胞の細胞分裂の相同点・相違点について考察せよ．

B2　薄層クロマトグラフィーによる植物色素の分離

　あらゆる生命現象の基礎は生物を構成している多種多様な物質の間でおこる化学反応である．このため，構成物質を分離して同定する作業は生物学研究における基本的な技術の1つとなっている．

　各物質がもつ種々の性質の違いを利用して，生物を構成するさまざまな物質が分離される．この目的で用いられる性質の1つに物質の溶解度があげられる．ある溶媒に注目すると，その溶媒によく溶ける物質もあれば，逆に溶けにくい物質もある．このような溶解度の違いを利用して種々の物質を分離することができる．

　本実験で行う薄層クロマトグラフィーも物質の溶解度の違いを利用する分離方法である．この方法は物質の分離・同定法としては歴史の古い方法であるが，いままで幾多の改良が施され，簡便な割には性能がよいことから現在でも広く使われている．クロマトグラフィーは物質を分離する主要な方法で，薄層クロマトグラフィーのほかに液体クロマトグラフィーやガスクロマトグラフィーなどがある．いずれの場合でも，クロマトグラフィーには固定相(薄層クロマトグラフィーの場合にはシリカゲル)と移動相(薄層クロマトグラフィーでは展開溶媒)の2つの相がある．ある物質をこの2つの相に加えると，その物質に固有の一定の割合(分配係数)で物質は2つの相に分配される．固定相より移動相に多く分配される物質は移動相に乗ってより長い距離を移動することになる．したがって，このような分配係数の違いによって多数の物質を分離することができる．

　薄層クロマトグラフィーで用いられる薄層プレートはプラスチック板に薄くシリカゲルの粉末を塗りつけたものである．シリカゲルはいろいろな物質を吸着しやすい物質なので，このプレートに生物の抽出液を滴下すると抽出液中の種々の物質がシリカゲルに吸着する．次にこのプレートの一端を適当な溶媒(展開溶媒)に浸すと，溶媒が毛細管現象によってシリカゲルの間を流れる(この場合はプレート上を上昇する)．

　このとき，溶媒に溶けやすい物質は吸着していたシリカゲルから容易に離脱して溶媒とともにプレート上を移動するのに対し，溶媒に溶けにくいものはシリカゲルからなかなか離脱しないので，試料を滴下した場所(原点)からあまり移動しない．その結果，展開溶媒に対する溶解度の順に，試料にふくまれていた種々の物質がプレート上に展開され分離することになる．図1に示したように，展開溶媒の先端が移動した距離を A とし，ある物質の移動した距離を B とする．ここで移動率 R_f (rate of flow) を

$$R_f = \frac{B}{A}$$

と定義すると，R_f はある展開溶媒に対してその物質に固有の値になるので，R_f 値を調べて物質を同定することができる．本実験で使用する展開溶媒(石油エーテル：アセトン＝7：3の混合液)で展開したときの種々の色素の R_f 値を表1に示す．

表 1

色　素	R_f 値	色
カロチン	0.95	黄色
クロロフィル a	0.58	青緑色
クロロフィル b	0.51	黄緑色
ルテイン	0.45	黄色
ビオラキサンチン	0.30	黄色
フコキサンチン	0.26	橙黄色
ネオキサンチン	0.15	黄色
クロロフィル c	0.01	黄緑色

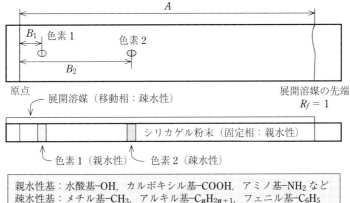

図 1

　植物は独立栄養 (光合成) で生活することで特徴づけられる生物であるが，その中にはいくつかの大きな分類群がある．本実験ではその中から，陸上植物である種子植物のホウレンソウ，海に生育している緑藻のスジアオノリ，紅藻のフクロフノリ，褐藻のヒジキを選び，それらの組織からジエチルエーテルで抽出できる色素を分離同定する．これらの色素は光合成に関与する色素であるが，この光合成色素の組成を比較することで，この4種類の植物の系統関係を推測することができる．

材料

ホウレンソウ　*Spinacia oleracea* Linnaeus

　　　　　(種子植物門，双子葉植物綱，ナデシコ目，アカザ科)

スジアオノリ　*Ulva prolifera* Müller

　　　　　(緑色植物門，アオサ藻綱，アオサ目，アオサ科)

フクロフノリ　*Gloiopeltis furcata* (Postels & Ruprecht) J.Agardh

　　　　　(紅色植物門，紅藻綱，オゴノリ目，フノリ科)

ヒジキ　*Sargassum fusiforme* (Harvey) Setchell

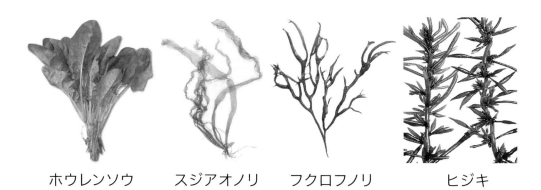

| ホウレンソウ | スジアオノリ | フクロフノリ | ヒジキ |

図 2

(不等毛植物門，褐藻綱，ヒバマタ目，ホンダワラ科)

試薬

シリカゲル薄層プレート，シリカゲル粉末，ジエチルエーテル，
展開溶媒 (石油エーテル：アセトン = 7：3 の混合液)

器具

はさみ，天秤，ティシューペーパー，薬包紙，エッペンチューブ，微量遠心チューブ，乳鉢・
乳棒，薬さじ，遠心機，試験管，シリコン栓，マーカーペン，駒込ピペット，ピペットチッ
プ，ピンセット，鉛筆，定規，ラップ，カッターナイフ

方法

A．薄層プレートの準備

(1) 薄層プレートはプラスチックの板の上に約 0.2 mm の厚さでシリカゲルの粉末が塗りつけ
られたものである．乱暴に扱うとシリカゲルが板からはがれるので注意すること．また，手
の汚れがつくので，シリカゲルの面を素手でさわってはいけない．

(2) 薄層プレート (縦 10 cm，横 20 cm) を横長にシリカゲルの面が上になるように置き，上
から 5 mm と下から 15 mm の位置に鉛筆で横に線を薄くひく．このとき，鉛筆を強く押し
つけるとシリカゲルがはがれるので注意する．

(3) ガラス板の上にラップを敷き，その上に薄層プレートを裏返してプラスチックの面が上
になるように置く．薄層プレートのプラスチックの面をカッターナイフで 1 cm 間隔に切り，
短冊状の薄層プレート (縦 10 cm，横 1 cm) を作る．プレートをナイフで切るときは，一度
で切ろうとすると力が強すぎてまっすぐきれいに切れない．同じ箇所を 3 ～ 4 回くり返して
切って初めて切りはなせる程度の弱い力で切るとよい．

B. 生物試料の調製

(1) 葉や海藻をはさみで小さく切り，薬包紙を使って0.2 gを天秤ではかり取る．海藻は海水でぬれているので，ティシューペーパーで水分をふきとってから切る．

(2) シリカゲルの粉末約0.6 mLをエッペンチューブにはかり取る．エッペンチューブには0.1 mL，0.5 mL，1.0 mLを示す目盛が刻んであるので，それを利用して約0.6 mLはかり取る．

(3) 乳鉢に葉(または藻体)とシリカゲルの粉末をいれ，乳棒ですりつぶす．はじめのうちはシリカゲルの粒が大きくて乳棒で摺るとシリカゲルがはねるので，乳棒ですりつぶすというよりも藻体を押しつぶすようにしたほうがよい．しばらく押しつぶしているとシリカゲルの粒が小さくなるので，その後はすり鉢で摺るようにして藻体をすりつぶす(最終的にはなめらかな粉末になる)．

(4) 乳鉢の壁についた粉末を薬さじでよくかきとって微量遠心チューブに入れる．このとき，粉末を直接入れようとするとこぼしてしまうので，折り目をつけておいた薬包紙に薬さじを用いていったん移す．それから，微量遠心チューブに注意深く入れる(最終的に粉末の量は1 mLを少し超える程度となる)．

(5) 粉末の入ったチューブに駒込ピペットを使ってジエチルエーテルを約0.6 mL加える(ピペットの目盛を目安にする)．十分に混合するために，ふたをしてから微量遠心チューブを実験台の上でたたく．その際，逆さにしたりまた元に戻したり，さらに方向を2,3回変えながらたたく．

(6) 微量遠心チューブのバランスを調整した後，遠心機で10,000 rpm 1分間程度遠心し，上清を分離させる．

C. クロマトグラフィー

(1) 試験管の底から約1 cmのところにマーカーペンで印をつけておき，その位置まで展開溶媒を駒込ピペットで入れてシリコン栓をする．

(2) 薄層プレートの下部の鉛筆で書いた線のほぼ中央に，ピペットチップを使って上清を滴下(スポット)する．スポットが乾いてからその上に繰り返して10回程スポットする．スポットはなるべく小さい方がよい(直径4 mm以下が理想的)．そのためにはチップに多量の上清を吸い上げないほうがよい．すなわち，チップの先をあまり深く上清の中に突き刺さないようにする．

(3) スポットが完全に乾いてから薄層プレートの上部をピンセットでつかみ，静かに展開液の入った試験管に入れる．その後ただちにシリコン栓をして静置するとクロマトグラフィーが始まる．展開溶媒の前線(フロント)がプレートの上部の鉛筆で書いた線の位置に達したらピンセットでプレートを取り出す．この間約10分間である．光合成色素の中には不安定なものがあり，それらはどんどん退色してしまうので，取り出したらただちに色素の位置を鉛筆でマークするとよい．

(4) 試料の量 (すなわち, スポットした回数) が多すぎても少なすぎてもクロマトグラフィーはうまくいかない. その場合は試料の量を変えて再び実験してみよ.

実験操作上の注意事項

(1) 使用する有機溶媒 (エーテルやアセトン) は引火性があるので, 火気を近づけないこと. 使用後は廃液ビンに捨てる.

(2) 大量に有機溶媒を吸引することは健康に害があるので, 換気を十分に行う.

(3) シリカゲル粉末の飛散による負傷を防ぐために, 防御メガネを着用する.

(4) 遠心機を高速回転で使用するので, チューブのバランスなどに細心の注意をはらうこと. また, 回転中に遠心機の通気口を手で塞いではいけない.

実験

薄層クロマトグラフィーの結果をスケッチする.

それぞれの生物試料に含まれる色素についてその色調と R_f 値を計算して表にまとめる.

これらの結果を上述の表1の R_f 値と色調と照らし合わせて, それぞれの色素が何であるかを同定せよ.

考察

(1) 実際に実験により得られた R_f の値と表の R_f 値は一致しただろうか？ 一致しなかったのなら, その原因が何であるのかを考えてみよ. またこのような場合, 問題の物質が何であるか確実に同定するためにはどのような実験を行えばよいだろうか.

(2) 光合成色素の分子構造は多様である. カロチンとクロロフィル a, b について, それらの R_f 値が カロチン ＞ クロロフィル a ＞ クロロフィル b となるが, その理由を考えてみよ.

(3) 紅藻の藻体は赤いが, 本実験では赤い色素は検出されない. 紅藻が赤く見えるのは赤色の光合成色素であるフィコビリンを含むためであるが, フィコビリンは水溶性のタンパク質 (フィコビリンタンパク質) に共有結合した状態で細胞内に存在している. フィコビリンもクロロフィルもそれ自体は疎水性の程度に大きな違いはないが (クロロフィルの方が少し疎水性が高い), 藻体からクロロフィルだけがジエチルエーテルで抽出される. この理由を考察せよ.

(4) 光合成色素には大きく分けて2つの働きがある. 1つは光を捕獲 (吸収) することで, もう1つは吸収した光エネルギーを用いて酸化還元反応を起こすことである. ここで生じた還元力を用いて植物は光合成を行う. 本実験で調べた4種の植物はいずれもクロロフィル a を含んでいる. このことを上述の光合成色素の働きに関連づけて考察せよ.

(5) ここで調べた4種の植物の色素の組成から, これら植物の系統関係について考察せよ.

参考

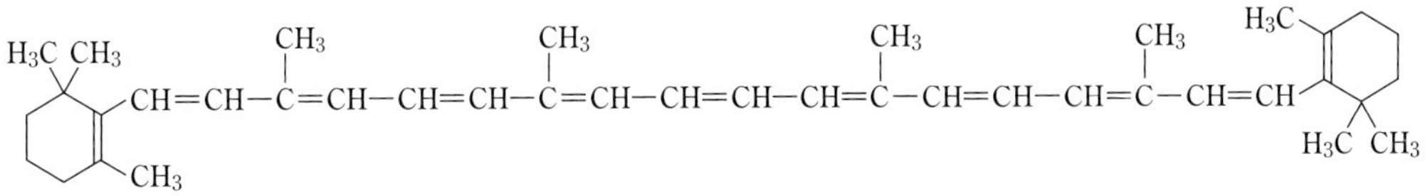

β-カロチン

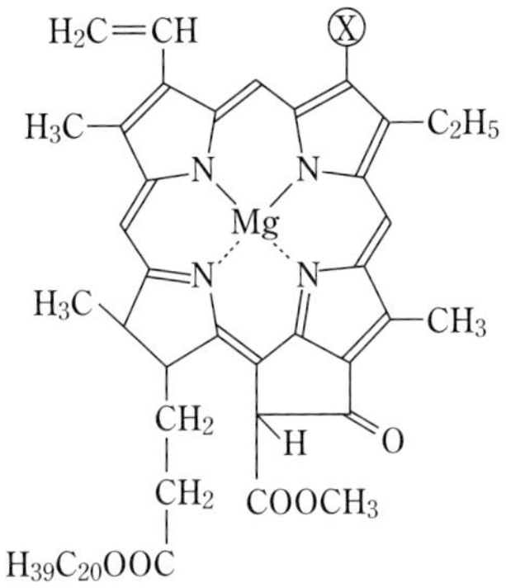

クロロフィル a は Ⓧ が CH_3

クロロフィル b は Ⓧ が CHO

Mg が水素原子 2 個によって置き換えられたものはフェオフィチン（灰色）

クロロフィル

図 3

学習をさらに深めるための参考資料

『生物学辞典　第四版』岩波書店，1996 年.

『生化学辞典　第三版』東京化学同人，1998 年.

千原光雄編『バイオディバーシティ・シリーズ 3　藻類の多様性と系統』「5 章　光合成色素に見る多様性 (三室　守)」裳華房，1999 年.

片山舒康，平田　徹，倉島　彰，太齋彰浩，横浜康継「藻類の光合成色素の簡単な定性分析法」Jpn. J. Phycol. 42：71–77, 1994.

B3　ゾウリムシの行動観察

　ゾウリムシは，アメーバやミドリムシなどとともに広く知られていて，比較的容易に観察することのできる大型の単細胞生物である．ゾウリムシとは原生動物門，繊毛虫綱，全毛目，パラメシウム属 (*Paramecium*) の単細胞動物の総称で，ほとんどが淡水産であり，代表的な種としては，*Paramecium caudatum* (普通にゾウリムシと呼ばれるのはこの種)，*P. tetraurelia* (ヒメゾウリムシ)，*P. bursaria* (緑藻のクロレラが共生しているミドリゾウリムシ) などがあげられる．自然界では，小型藻類やバクテリアを餌とし，有機物の多い川・湖沼・池などに生育している．しかし，硫化水素やアンモニアなどが発生して溶存酸素量の少ないところや，重金属や洗剤などが大量に流れ込み水の汚濁が著しいところにはあまり見られない．したがって，ゾウリムシは有機汚染度の指標生物として重要であると同時に，有機物の第一次分解者であるバクテリアを餌とするので汚れた水の浄化にも役立っている．

　またゾウリムシは実験室で比較的容易に飼育・増殖させることができるので，細胞学・生理学・行動学・遺伝学などの実験に広く使用されている．細胞はその名の通り"ぞうり型"をしており，前端は丸味をおび，後端は少し円錐型にとがっている (図1)．体表全面にある繊毛を動かして運動する．口は腹側にある．核は，栄養をつかさどる大核と生殖をつかさどる小核とに分化している．細胞内の液体を集めて排出する収縮胞，餌などを消化している食胞などの構造も観察でき，それらが個体における器官と似ていることから細胞小器官と呼ばれている．ゾウリムシは，縦二分裂法による無性的な方法や，自家生殖，そして接合対を作って生殖核 (小核) を交換し合う有性生殖を行う．

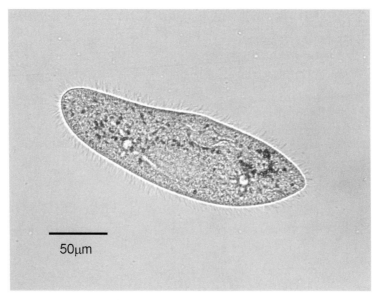

50μm

図 1　ゾウリムシの生体写真

ヒトを含め，生物，特に動物はいろいろな情報を利用して生活している．そのうち，外界に対してしめす動きを行動と呼び，動物は行動することで個体の生存を保っている．特に単細胞生物や下等多細胞生物では無定位運動性 (カイネシス kinesis)・走性 (タキシス taxis) と呼ばれる性質の行動を示すケースが多い．カイネシスとは外界の刺激の方向と動物の体軸の間に直接の相関関係はないが，刺激の強さによってその動物の活動性が増加あるいは減少する性質のことで，タキシスとは体軸と刺激方向の間に一定の関係を保って，動物が刺激源に向かって定位あるいは運動する性質のことをいう．刺激源に向かって進む走性を正 (positive)，刺激源から遠ざかる性質を負 (negative) の走性と呼び，走性を引き起こす刺激の種類によって走光性・走電性・走地性・走流性・走化性などと呼ぶ．たとえば，ミドリムシは正の走光性，マイマイは負の走地性，メダカは正の走流性をしめす．ここではまずゾウリムシを観察し，次にその運動様式，特にゾウリムシが持つ走性の性質について学ぶ．

材料

　ゾウリムシ *Paramecium caudatum*

器具・試薬

　ゾウリムシ培養液，試験管，試験管立て，ろ紙，0.01% $NiCl_2$ 溶液，0.02% コンゴーレッド溶液 (アルカリ性で赤色，酸性で青色になる．呈色範囲 pH 3–10)，電極つきホールスライドグラス，一穴スライドグラス，丸底フラスコ (100 mL)，ビーカー (500 mL)，メスシリンダー (500 mL)，駒込ピペット，注射筒・針，光学顕微鏡，実体顕微鏡，可変電圧電源刺激装置，粘土，スポイト，カバーグラス，スライドグラス

実験上の注意事項

・注射針使用時には取り扱いに注意すること．
・実験後の手洗いを徹底すること．

実験液の作成

　走性，特に走化性の実験用に，培養液中のゾウリムシを標準塩溶液で洗浄しておく必要がある．そこで，純水 (DW) に前もって用意しておいたストック液を適当量混ぜ合わせ，以下のような実験液を作成しておく．

a)　標準塩溶液 (= 4 mM K^+ 溶液)：500 mL

　DW　470 mL，0.1 M トリス塩酸バッファー液　5 mL，0.1 M $CaCl_2$　5 mL，0.1 M KCl　20 mL

b)　5 mM K^+ 溶液：100 mL

　DW　93 mL，0.1 M トリス塩酸バッファー液　1 mL，0.1 M $CaCl_2$　1 mL，0.1 M KCl　5 mL c)　10 mM K$^+$溶液：100 mL

　　DW　88 mL, 0.1 M トリス塩酸バッファー液　1 mL, 0.1 M CaCl$_2$　1 mL, 0.1 M KCl　10 mL

ゾウリムシの洗浄 (培養液を標準塩溶液に置換)

　図2のように，ゾウリムシ培養液が入っている試験管の表面近くの高密度のゾウリムシをスポイトで吸い取り，100 mL の丸底フラスコに入れ，標準塩溶液を足し首の上部まで一杯にする．10分ほどそのまま放置しておくと，ゾウリムシはフラスコの細首の部分に集まってくるので，よく洗浄したスポイトでその部分を吸い取り，新しい試験管に移す．この結果，培養液はほとんど取り除かれ，ほぼ4 mM KCl + 1 mM CaCl$_2$ という既知の化学環境に生息するゾウリムシを得たことになる．

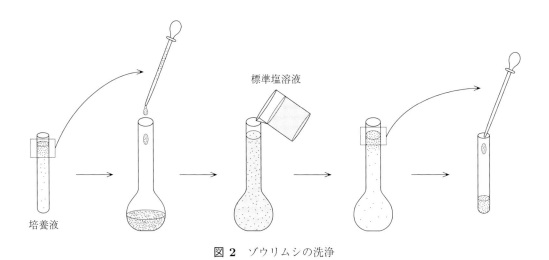

標準塩溶液

培養液

図 2　ゾウリムシの洗浄

実験

　培養液から標準塩溶液に置き換えた直後のゾウリムシは化学的・機械的ショックの影響が残っているので，30分以上静置し十分に標準塩溶液環境に適応させてから D の実験に用いる．そこで，ゾウリムシの洗浄を進める一方，同時進行的に培養液中に残っているゾウリムシを使って A, B, C の実験を先に行っていくこと．

実験 A　ゾウリムシの内部構造の観察

　培養液が入っている試験管からゾウリムシの密度の高そうな部分をスポイトで吸い，スライドグラスに 1, 2 滴とる．カバーグラスをかけ，光学顕微鏡 (倍率 10×10) でゾウリムシの形態や動きを観察せよ．ゾウリムシの動きはすばやく，そのままでは視野からすぐにはずれてしまうであろう．

　そこで，スライドグラスにゾウリムシの入った液を滴下後，0.01% $NiCl_2$ 溶液をスポイトで 1 滴加え，スライドグラスを軽く揺すってゾウリムシ溶液とよく混ぜてからカバーグラスをかける．塩化ニッケルがちょうど麻酔薬として作用し，2, 3 分後にはゾウリムシの繊毛運動は緩慢になり，容易に内部構造を観察できるようになる．焦点を変えるなどして，図 3 のような細胞小器官が識別できるか観察せよ．特に，細胞の背部に前後に並んだ 2 個の収縮胞はゆっくりと膨張と収縮を繰り返す．前後どちらかの収縮胞に注目し，2, 3 分間に何回収縮したかカウントし，その収縮頻度を測定せよ．

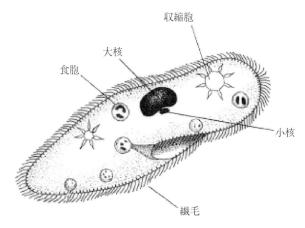

図 3　ゾウリムシの模式図

実験 B　食胞の観察

　培養液が入っている試験管からゾウリムシの密度の高そうな部分をスポイトで吸い，新しい試験管に移す．さらに培養液の 1/4 量のコンゴーレッド溶液を加え，軽く揺すって混ぜ合わせる．5 分程放置してから，そのうちの一部をスライドグラスに取り出し，カバーグラスをかけて観察せよ．さらに，15 分後，30 分後にも溶液の一部をそれぞれ別のスライドグラスに取り出して検鏡し，食胞の数・色・位置がどのように変化していくかを観察せよ．同じ個体を追跡して観察するか，違う個体を観察するなら複数個体を観察するとよい．また，コンゴーレッド溶液が濃すぎて観察しづらい場合は，直接蒸留水を 1 〜 2 滴滴下して調節せよ．ちなみにコンゴーレッドはアルカリ性で赤色，酸性で青色になる．照明装置を常時 ON にしていると標本がすぐに乾いてしまうので，観察するときだけ光源をつけること．

　コンゴーレッド溶液には酵母菌も加えてあるので，ちょうど酵母菌が障害物の役割を果たし，

ゾウリムシがうまくトラップされるはずである．繊毛の動きについてもよく観察しなさい．

実験C　走電性の実験 (図4, 図5, 図6)

(1)　観察と電気刺激を2人で分担したりせず，各自がひとりで刺激と観察を行うとよい．電極つきスライドグラスを実体顕微鏡のステージ板中央に置き，左右の電極を電気刺激装置に接続する (図4)．近くにランプを置いて，明るさを調節する．

(2)　電極つきスライドグラス中央の窪みにゾウリムシ (20〜30匹程度) の入った液を滴下する．各自が実験を始めるときはその都度新しいゾウリムシを使用するとよい．両方の電極が液に浸かっていることを確認すること．実体顕微鏡を覗き，ピントを調整して，ゾウリムシの群れがしっかり見えること，左右の電極が視野に入っていることを確認する．

(3)　極性スイッチが中立，出力電圧が0Vの状態であることを確認し，電源スイッチを入れ，スイッチ上のパイロットランプが緑色に点灯することを確認する．パイロットランプが点灯しない場合は電池が消耗しているので，電池を交換する．

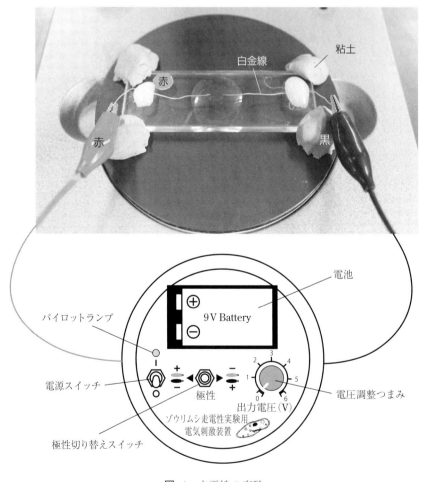

図4　走電性の実験

(4)　出力電圧つまみで出力電圧を設定する.

(5)　極性スイッチを左側に倒す. このとき, 赤色のクリップがプラス, 黒色のクリップがマイナスとなり, 設定した電圧がゾウリムシの入った液に印加される. はじめに運動の向きを確認するときには, 反応したことがわかったら直ちにスイッチを中立に戻すとよい.

(6)　電圧が印加された液の中でのゾウリムシの動きを観察, 記録する.

(7)　観察後, 極性スイッチを中立に戻して電圧の印加を終了する. 長時間電圧を印加し続けるとゾウリムシがダメージを受ける場合があるので, 長時間電圧を印加し続けることは避ける.

(8)　任意の値に出力電圧を設定し, 上記 (4)〜(7) の手順を繰り返して様々な電圧に対するゾウリムシの動きを観察する.

(9)　極性スイッチを右に倒すと, 電極の極性が反転する (赤色のクリップがマイナス, 黒色のクリップがプラス). 周辺の光源にゾウリムシがむかっている可能性を排除するために, コントロール実験として, 極性を切り替えて電圧を印加する実験も適宜行い, ゾウリムシがプラスとマイナスのどちらの電極に向かうのか確認する. また, 電圧を印加していない通常状態での泳ぎ方もよく観察し, 電圧を印加しているときの泳ぎ方と比較するとよい.

走電性の観察, 記録時の留意事項

(1)　電気刺激により, ゾウリムシが電極に付着してしまうことがある. その場合は, 電圧の印加を終えてからスライドグラスを軽くゆすってゾウリムシを電極から離す.

(2)　ゾウリムシに与えられる電気刺激の強さは, 装置の出力電圧と電極間の距離で決まる. 電極間の距離をあらかじめ測定しておき, 単位長さあたりの電圧 (V/m など) で刺激の強さを記録する.

(3)　ゾウリムシが反応し始める刺激の強さ, 刺激に反応したゾウリムシの割合, 刺激に対するゾウリムシの動き (電極に対する運動の方向や速さなど) などに注目して観察, 記録を行う. ゾウリムシが反応し始める刺激の強さを調べるには, 出力電圧を 0 V に設定して極性スイッチを右もしくは左に倒し, そこから徐々に出力電圧を上げていく方法でもよい.

　　ゾウリムシの動きを記録する方法としては, たとえば以下のものが考えられる. あくまでも例であるので, 各自工夫して記録してほしい.

- 視界の中央に細い針金, または細い線を書いた紙を置くなどにより線を設定し (図5), その線を横切ってプラス側からマイナス側に向けて移動した個体, およびマイナス側からプラス側に向かって移動した個体の数を数える. これらを「積み上げ棒グラフ」にまとめるとよい.

- 電圧印加後のゾウリムシの分布の状態をスケッチし (図6a〜c), たとえば図6c の状態になるまでに要した秒数を記録する.

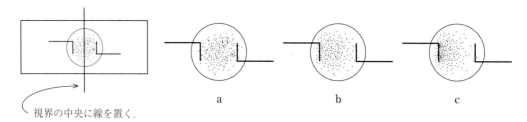

視界の中央に線を置く.

図 5　線の設定

図 6　走電性の実験，観察例

実験 D　走化性の実験 (図 7)

(1)　一穴スライドグラスに標準塩溶液で洗浄し 30 分以上放置しておいたゾウリムシの入った液を入れる．カバーグラスはかけないこと．

(2)　最初に作成した標準塩溶液 ($= 4\,\mathrm{mM\,K^+}$ 溶液), $5\,\mathrm{mM\,K^+}$ 溶液, $10\,\mathrm{mM\,K^+}$ 溶液をそれぞれ別々の $1\,\mathrm{mL}$ 注射筒で吸い取っておく．

(3)　標準塩溶液が入った注射筒をゆっくりと空中で押し出し，注射針の先端に直径 $1\,\mathrm{mm}$ 以下の小さな滴がつくようにする．実体顕微鏡下で水滴がついた針の先端がゾウリムシの液に触れるように $4\,\mathrm{mM\,K^+}$ 溶液を滴下する．

　　滴下した瞬間，近くのゾウリムシは水流によって周りに飛ばされてしまうはずである．その後，流れがなくなった状態での $4\,\mathrm{mM\,K^+}$ 溶液滴下部分に近づいてきたゾウリムシの行動を観察せよ．

(4)　同様に $5\,\mathrm{mM\,K^+}$ 溶液, $10\,\mathrm{mM\,K^+}$ 溶液を滴下したときの，ゾウリムシの行動を観察し，$4\,\mathrm{mM\,K^+}$ 溶液滴下の際との応答の違いを観察せよ．

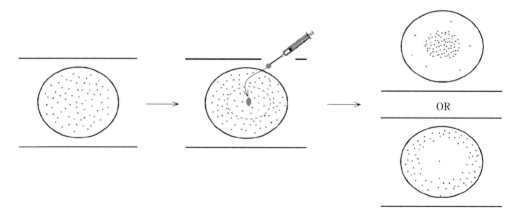

図 7　走化性の実験

考察

(1)–1　実験 A の観察で，収縮胞は毎分何回ぐらいの割合で収縮していたか？

(1)–2　ゾウリムシは収縮胞によって体内に侵入した水を外部に排出している．外液を 0.1 ～ 0.5% 食塩水のようなより高張な液 (ゾウリムシよりは低張) に順次置き換えていくとすれば，収縮胞の動きはどのように変化すると考えられるか，その理由とともに考察せよ．

(2)　実験 B の結果から，食胞の大きさや数，色の継時的変化について記し，その変化がなぜ起こったのか考察せよ．

(3)–1　実験 C の観察から，ゾウリムシが正負どちらの走電性を示したか，また，電圧を上げていくとゾウリムシの行動はどのように変化したか．

(3)–2　実験 C の結果 ((3)–1) より，ゾウリムシの走電性の性質について考察せよ．

(4)　実験 D の結果から，ゾウリムシの K^+ イオンに対する走化性の性質について考察せよ．

(5)　ゾウリムシ洗浄の際，ゾウリムシを集めるのに，ゾウリムシのある性質を利用している．その性質とは何か？　そして，そのことを実証するには，どのような実験を行えばよいと考えるか説明せよ．

B4 DNA 実験——PCR による遺伝子の増幅

DNA (デオキシリボ核酸) は，生物の遺伝を司る本体であることがわかっている．つまり，すべての生命現象に関係する情報は DNA に隠されているといっても過言ではない．したがって，DNA に隠された情報を探ることは現在の生物学の大きなテーマの 1 つになっている．このテーマを扱うのがゲノム機能学 (functional genomics) とよばれる新しい学問体系である．この方向の研究が可能になったのは，ひとつには，DNA の構造と機能に関して膨大な量の知識が蓄積されたからであり，また，DNA を取り扱う有用な技法が開発されたからでもある．Watson と Crick (1953) による DNA の二重らせん構造の提唱 (しばしば「発見」とも言われる) 以来，広範に展開されてきた DNA の分子生物学的研究は，DNA の基本構造 (とその特性) の全貌を明らかにしたばかりでなく，今日，遺伝子工学と呼ばれる学問体系を構成する主要な技術をも生み出してきたのである．遺伝子工学の技術は，ゲノム機能学を進める上で必須のものであるばかりでなく，バイオテクノロジー (生物体の機能を利用した新しい技術全般) の基礎ともなっている．

遺伝子工学の技術には多くの種類が含まれているが，中でも遺伝子を単離する技術はもっとも基本的な，しかし，とても重要な技術の 1 つである．この技術は，PCR (polymerase chain reaction)[注] という方法の開発により飛躍的に進歩し，現在では様々な生物種から多数の遺伝子が単離されている．PCR 法は，標的の DNA 分子を "思いのままに" 増幅することを可能にした．一方，増幅させた DNA 断片をその分子の大きさ (分子量) によって分離する代表的な方法が電気泳動である．これは溶液に電場をかけたとき，電荷を持った物質が一方の電極に向かって移動する性質を利用している．アガロースゲルなどの担体中で電気泳動を行うと DNA 鎖は

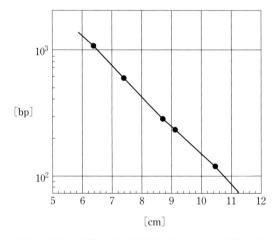

図 1 DNA 断片の移動距離とその DNA 断片の分子量を基にプロットした図．ほぼ，直線上にプロットされる．

ゲルマトリックスの網の目の隙間を移動することになり，分子量の大きな分子ほど泳動速度が遅くなる (これを分子篩効果という)．その結果，DNA 断片は電気泳動によって分子の大きさで分けることができるのである．さらに，DNA 断片の移動距離がその DNA 断片の分子量の対数に反比例することも知られている (図 1 参照)．したがって，分子量がすでにわかっている DNA 断片 (サイズマーカー) と同時に電気泳動を行うことにより，未知の DNA 断片についてもその分子量を推定することができる．また，DNA 断片はサイバーグリーン (SYBR) で染色することにより「可視化」することができる．SYBR は DNA に結合し，紫外線を当てると蛍光を発するので，電気泳動後，紫外線を当てると DNA の存在する部分だけが蛍光を発することになる．このように現在では，遺伝子 DNA (の一部分) を試験管内で思いのままに増やすことができるようになり，しかもそれを見ることさえも比較的容易にできるようになっている．

　今回の実験では，PCR による DNA 断片の増幅と電気泳動による DNA 断片の分離を行う．(なお，本実験のキーワードは DNA，二重らせん構造，半保存的複製，PCR である．これらの語句について予習しておくこと．)

注　ポリメラーゼ連鎖反応ともいう．2 つのプライマーで挟まれた DNA 部分を試験管内で大量に増幅させることができる革命的な方法で，その原理は 1983 年に K. B. Mullis によって考案された．PCR の原理については付録 (p. 143) を参照．

器具・試薬

　電気泳動装置，マイクロピペット，マイクロチューブ，DNA 増幅用酵素 (*Taq* DNA polymerase)，泳動用サンプルバッファー，*Taq* DNA polymerase 用バッファー，dNTP mixture，標的 DNA プライマー (センスプライマー，アンチセンスプライマー)，アガロース，泳動バッファー (TAE)，DNA 増幅装置 (サーマルサイクラー)，遠心機，ゲル撮影装置，ミキサー

マイクロピペットおよびチップ使用時の留意事項

① チップをマイクロピペットの先端に差し込んで装着するときは，少し力を入れてきつく差し込む．

② チップ (特にその先端部) は，サンプル溶液および容器の内側以外には触れさせないようにする．

③ マイクロピペットでチップ内に溶液を吸い上げたり，あるいは排出するときは，ゆっくりとした動作でマイクロピペットを操作する．

④ チップ内の溶液を排出するときは，チップの先端を移動先の溶液面につけた状態で押し出す．

実験上の注意

・アガロース作製時は突沸に注意し，高温なのでトングを用いること．

・電気泳動装置での感電事故に注意すること．

- サイバーグリーン使用時は必ずサニメント手袋を使用すること.
- ゲル撮影装置で撮影時に紫外線を目や皮膚に照射しないように注意すること.

方法

A. PCR 反応

(1) 1.5 mL のマイクロチューブにマイクロピペットを使って以下の溶液を番号の順に加える. チップは操作ごとに交換する (決して混用はしないこと).

① H$_2$O　42 μL

② 10 × *Taq* DNA polymerase 用バッファー　8.4 μL

③ dNTP mixture　6.7 μL

④ *Taq* DNA polymerase　1.7 μL

　すべての溶液を加えたら, 軽く撹拌したのち, 短時間 (数秒) の遠心を行い, 溶液 (酵素混合液) をチューブの底に集める.

(2) 200 μL の PCR チューブを 6 本用意し, キャップに A から F を記す. 各チューブに (1) で用意した酵素混合液を 7 μL ずつ分注する. 続いて, A〜F と表記してある 1.5 mL のマイクロチューブから溶液を 3 μL とり, 対応する PCR チューブへ加える (つまり, 1.5 mL チューブ A の溶液は PCR チューブ A へ, 1.5 mL チューブ B の溶液は PCR チューブ B へ, 以下同様). なお, 1.5 mL のマイクロチューブ A〜F の溶液は, 標的 DNA, プライマー (SS 1, SS 2, AS 1, AS 2), H$_2$O の各溶液を表 1 に示した割合で混合したものである.

表 1

	A	B	C	D	E	F
標的 DNA	1	1	1	—	1	1
SS1	1	—	—	1	1	1
SS2	—	1	1	—	—	1
AS1	—	1	—	1	—	—
AS2	1	—	1	—	—	—
H$_2$O	—	—	—	1	1	—

　すべての溶液を加えたら, ふたをきつく閉めて完全密閉する (わずかの隙間でも PCR 反応中に溶液が蒸発し, 失敗の原因となる). 軽く撹拌し, 数秒の遠心を行い, 溶液をチューブの底に集める.

(3) DNA 増幅装置の電源を入れ, 下記の PCR 反応条件で組まれたプログラムを起動する. (2) で調製した PCR 反応液の入ったチューブ (A〜F) を増幅装置にセットし, 反応を開始する.

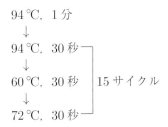

94 ℃，1 分
   ↓
94 ℃，30 秒 ┐
   ↓   │
60 ℃，30 秒 ├ 15 サイクル
   ↓   │
72 ℃，30 秒 ┘

この反応は終了までに 1 時間程要する．この間に，アガロースゲルを作製する (後述)．

B. アガロースゲル電気泳動

(1) アガロースゲルの作製

0.35 g のアガロースが入った 200 mL の三角フラスコに 50 mL の泳動バッファーを加え，電子レンジで加熱してアガロースを溶かす．冷めて約 60 ℃ になったら，ゲル作製台に流し込む (小 2 枚)．ゲル作製台の組み立ては，罫線の入った透明な台を白い外側のトレイに置き，白いコームを差し込む．ゲルが固まったら (約 30 分)，ゆっくりとコームを抜く (図 2 参照)．

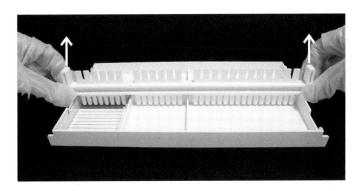

図 2　ゲル作製台のセット，コームの抜き方．コームは静かに垂直に抜くこと．ゲル化が不十分だったり，乱暴にコームを抜くとウェル (試料溝) が変形して泳動像が乱れるので注意すること．

(2) 泳動槽のセッティング

泳動槽に 360 mL の泳動バッファーを加えた後，ゲルを入れる．このとき試料溝のある方が黒い端子側に向くように置くとともに (図 3)，ゲルが完全に水没していることを確認すること．DNA は陰極 (黒) から陽極 (赤) に移動することを念頭にゲルのセッティングを行うこと．

(3) サンプルの添加

PCR 反応終了後，各チューブ (A～F) およびマーカーに 10 × 泳動用サンプルバッファー (これにサイバーグリーンが含まれている) を 1 μL (反応液の 1/10 量) 加え，撹拌する．数秒間軽く遠心して，反応液を底に集める．マイクロピペットを使ってゲルの試料溝に PCR 反応を行ったサンプルを全量入れる (図 3)．はじめに，一番端の試料溝にサンプル A を全量入れる．次に，2 番目の試料溝にサンプル B，3 番目にサンプル C を全量入れる．続いて，分

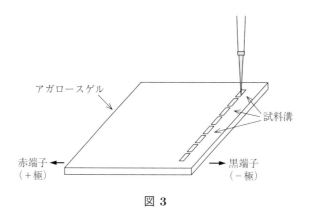

図 3

子量マーカーを全量入れ，次にサンプル D～F をそれぞれの試料溝に全量入れる (計 7 レーン分)．最後の試量溝は何も入れない．サンプル液には泳動用サンプルバッファーのグリセロールが入っているため，泳動バッファーよりも重く，試料溝に沈んでいく．

(4) 電気泳動

　すべてのサンプルおよび分子量マーカーを入れたら，ふたをして電源のスイッチを入れる．電圧は 100 V とする．電源を入れたら，電極から泡が発生していることを確認する．青い色素がゲルの 3 分の 2 程度のところまで動いたら，電源を切る (約 30 分)．

(5) ゲルの観察 (これ以降の作業は使い捨て手袋を使用して行うこと)

　電気泳動後のゲルを型ごと取り出し，型からはずしながら，サランラップの上に置く．サランラップに載せたゲルを紫外線照射装置に置き，紫外線下でサイバーグリーンの蛍光を観察する．ゲル撮影装置を用いて写真を撮る．

結果

(1) 分子量マーカーを泳動したレーンで観察される DNA の各バンドの移動度 (試料溝からの距離) を測定せよ．片対数のグラフ用紙のタテ軸 (対数軸) に分子量，ヨコ軸に移動度をとり，各バンドをプロットせよ．ここでは，DNA の分子量を便宜的に DNA 断片の塩基対数 (kbp, kilo base pair) で表す (DNA の分子量は DNA 断片の塩基対数に比例することが知られている)．これらのプロットした点を結ぶと，ある範囲内では直線になることが期待される．

(2) PCR 反応サンプルを泳動したレーン (A～F) に見えるバンドの移動度を測定し，分子量マーカーについて作成したグラフを利用して各バンドの分子量を推定せよ．

考察

(1) PCR によって DNA 断片が増幅される (電気泳動のバンドとして目に見える程度まで増幅される) ために必要な条件とは何か．増幅したサンプルとしなかったサンプルに加えた試薬を比較しつつ考察せよ．

(2) PCR によって DNA 断片が増幅されなかった (泳動バンドとして目に見えるほどまでは

増えなかった) サンプルでは，PCR 反応 (15 サイクル) 中にどのようなことが起こっていると予想されるか考察せよ．

(3) 下の図は今回用いたプライマーのおおよその位置を示している (相対的な位置を示しているだけである)．この図を参考にして，SS1 プライマーと AS1 プライマーで PCR を行った場合に増幅が期待される DNA 断片の分子量を推定せよ (矢印はプライマーの向きを示している)．

(4) PCR 法は DNA 増幅の画期的な方法であるが，見方によっては細胞内で起こる DNA 合成 (複製) の大事なステップを模倣しているともいえる．細胞内での DNA 合成過程と PCR における DNA 合成過程を比較せよ．

参考　PCR の原理

増幅したい DNA の塩基配列をもとに，DNA の二本鎖のそれぞれに相補的な短い DNA (プライマー) をつくる．ひとつは増幅したい標的領域の一方の端に，もうひとつは反対側の端に位置するように設計する．PCR は二本鎖 DNA をもとに開始する．各反応サイクルごとに，まず短時間熱処理を行って二本鎖を解離させる (熱変性)．2 つのプライマー DNA を過剰に加えてから温度を下げると，各プライマーは DNA 鎖の相補的配列部分にハイブリッドを形成する (アニーリング)．次に DNA polymerase と 4 種類のデオキシリボヌクレオシド三リン酸を加え，おのおののプライマーから DNA 合成を開始させる (DNA 合成)．合成された DNA 鎖を熱処理によって解離させ，ふたたび新しいサイクルを始める．この過程を何回も繰り返すと，合成された DNA が順に鋳型となり，数サイクルのうちに，もとの DNA の一方のプライマーからもう一方のプライマーにはさまれた領域 (図中の F 鎖と G 鎖) が大量につくり出される．オリジナルの鎖 (A, B) と最初のサイクルでつくられたいろいろな長さの鎖 (C, D, E, H) は標的配列が対数的に増えた後は無視できる量となる．なお，この方法は，好熱菌の DNA polymerase が高い温度でも安定で，熱処理によっても変性せず，サイクルを繰り返すたびに酵素を加え直す必要がないという特性のおかげで可能になった．

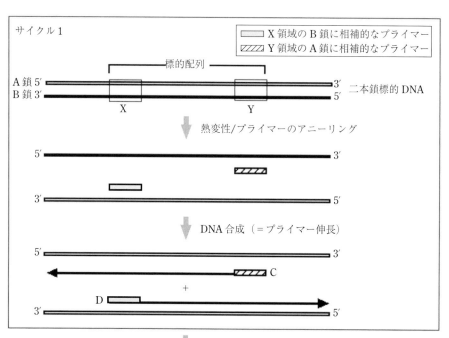

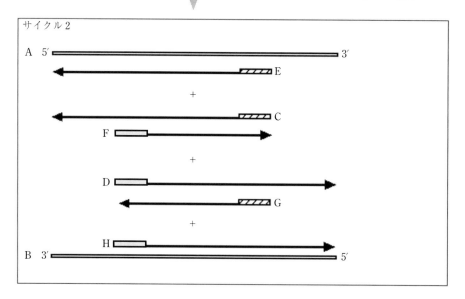

図 4

B5　生活の中の科学——イカの解剖

1．目　　的

　　生物は長い進化の過程を経てその体制を多様に進化させてきた．また，多細胞生物である動物においては，たった1個の受精卵から厳密にプログラムされた発生過程を経て，複雑かつ機能的な個体を作り上げる．今回の実習では，生活の中で身近に接する生物を材料として，生物の体の作りがいかに精巧であるかを学ぶ．材料は，無脊椎動物の代表として，イカ類を用いる．ここでは，岡村 (1953) に基づいて解剖の手順を解説する．

　　イカ類は魚屋で簡単に購入でき，しかも1年を通して入手可能である．適度に複雑な形態をもつことから生物の体の仕組みを理解する上でも適当な実験材料である．大型で実験材料として都合の良いものは，スルメイカ，ヤリイカ，マイカの三属に属するものである．これら三属は以下の検索表により簡単に区別がつく．

1a．眼球は皮膚の襞間より露出している．胴は細長く，後端は尖る．‥‥‥‥スルメイカ属
1b．眼球は皮膚に覆われており，露出していない．‥‥‥‥‥‥‥‥‥‥‥‥‥‥‥ 2
2a．胴は細長く後端は尖り，後部の両縁には薄膜状の鰭がある．‥‥‥‥‥‥ヤリイカ属
2b．胴は楕円形，細長くない．後端は丸みがあって尖らず，薄膜状の鰭は胴の全縁にわたって存在する．‥‥‥‥‥‥‥‥‥‥‥‥‥‥‥‥‥‥‥‥‥‥‥‥‥‥‥‥‥‥‥マイカ属

実験上の注意事項

- ハサミなど鋭利な器具を用いるので，取り扱いには注意すること．

2．解剖の手順と課題

　　以下に述べる手順に従って，観察および解剖を実施せよ．番号を飛ばして先へ進んではいけない．

2.1　外部形態の観察

　　まず，外部形態を観察する．それぞれの項目の記述と実物を対比・確認しながら先に進むこと．

(1)　イカを水道水で洗い，解剖皿の上に置く．脚の生えている側 (＝頭部) を手前にし，漏斗のある面 (＝腹面) を上に向ける．

(2)　イカの体は明瞭に**頭**と**胴**に区別される．頭には8本の短い脚と2本の長い脚が付属している (図1)．

(3)　体の表面には薄くて柔らかな蒼白色の**皮膚**があり，無数の紫褐色を呈する**色素胞**が散在する．色素胞は生時には付属する放射状の筋繊維によって拡張し，その拡張度によってさまざ

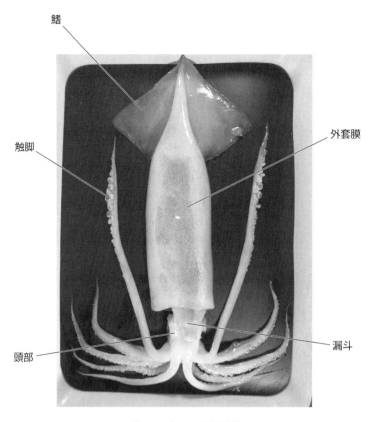

鰭

触脚

頭部

外套膜

漏斗

図 1　イカの外部形態

まな色彩を呈する.

(4)　胴の部分で皮膚に覆われる厚い筋肉壁 (食用とする主な部分) は**外套膜**^{がいとう}と呼ばれる. 外套膜によって囲まれる内腔を**外套腔**あるいは**呼吸腔**と呼ぶ.

(5)　頭は短い円筒形で, その前端より長短 10 本の脚を生ずる. 頭の中央両側には大きな**眼球**が存在する. 眼球の外側には黒紫色の**虹彩**があり, 虹彩に囲まれる部分が**瞳孔**である.

(6)　口は脚に囲まれて頭の中央前端に存在する. 口の中には黒色の**上下顎**が見られる.

(7)　頭部の腹側には外套膜の内側に沿って挿入される先端の細くなった管が存在する. これを**漏斗**と呼ぶ. 漏斗のある面がこの**動物の腹側**である. 漏斗は呼吸のために外套腔に入った水が外に出るための通路である. また水をここから強く噴出し, その反動で後方に向かって進行するためにも使われる. 漏斗は体の外部に露出している水管と, 外套膜の内側に隠れている漏斗基の, 2 つの部分よりなる. 漏斗は**ボタン**と呼ばれる固定装置によって外套膜に接続している (図 2).

(8)　脚は 10 本あり, そのうち 2 本は非常に長い. この長い脚を**触脚**と呼ぶ. 触脚は餌を捕らえるために発達したもので, 他の 8 本の脚とは進化的な起源が異なり, これらとは相同な器官ではない. 触脚の先端はやや扁平となっており, この部分を穂と呼ぶ. 穂から基部までを柄と称する. 吸盤は穂の部分では 4 列に互生する. 内側の 2 列が大きく, 外側の吸盤列は小

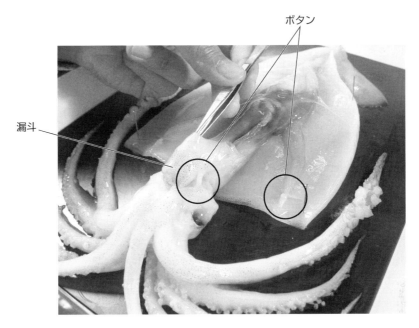

ボタン

漏斗

図 2 漏斗とボタン (外套膜を切開した状態)

さい. 残りの8本が真の脚である. 脚の内側全長にわたって吸盤が互生する. **吸盤**は角質環,
吸盤球, 吸盤台よりなる. 角質環は鋸歯をもつ. 吸盤の底部にある放射状の筋肉を収縮させ
ることにより, 吸盤が陰圧になり, それによって吸着力を生じている.

(9) 胴の後半部の両側には薄い膜状の三角形の鰭(ひれ)が存在する.

2.2 内臓諸器官の観察 (その1)

(1) 外套膜の腹面を正中線のやや右に外れた線に沿って前端から後端までハサミで縦に切開
する. 切開した外套膜の縁は虫ピンで解剖皿のゴムマットに固定する (図3).

(2) 内臓は無色の膜である**内臓囊**によって包まれている. 内臓囊には内臓部から後走する太
い血管があり, またここから血管が外套膜に向かって分枝している.

(3) まず, 内臓囊を透かして観察する. 内臓部の前半両側には, 内臓囊から外套腔内に突出す
る羽状の鰓(えら)がある.

(4) **肝臓**は内臓の前半部を占め, 大きな長楕円形で淡褐色を呈し, 表面は銀色を帯びる. イカ
の塩辛はこの部分を用いて作られる.

(5) **墨汁囊**と呼ばれる黒色の細長い囊が肝臓腹面の正中線上にある.

(6) 直腸が墨汁囊の腹面中央に縦走する. 直腸の末端は**漏斗基**に至り, やや肥大して**肛門**に終
わる.

(7) **膵臓**(すいぞう)は内臓の中央部に位置し, 赤褐色〜白色の小粒からなる.

(8) 雌個体には, 内臓後半部の腹面に, 白色を呈した一対の**纏卵腺**(てんらんせん) (**卵囊腺**) が見られ, その
後方には卵巣が位置する.

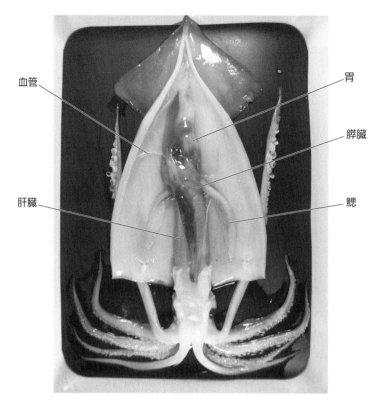

血管　胃　膵臓　肝臓　鰓

図 3　外套膜を切開した状態

(9)　雄の場合には，内臓後半の右側に長くて白色の**精巣**が見られる．未成熟の個体の場合には，雄雌の区別がつきにくいので注意.

(10)　鰓の基部の後ろに接して嚢状の**鰓心臓**があり，また右側の鰓心臓の後ろには**胃**が見られるであろう.

課題 1　この時点で見られる器官を，大きさ・位置関係に注意してスケッチせよ．また，各部の名称を書き込むこと.

2.3　内臓諸器官の観察 (その 2)
ここで内臓嚢を破いて内部の詳細な観察を行う.

A．生殖器官
生殖器官を観察する．まず自分の材料が雄であるか雌であるかを確認する．上述 (8), (9) を参照．雌の場合には (18) へ進む.

課題 2　以下に述べる生殖器官の各部の名称を確認し，その形と配置をスケッチせよ．またそれぞれの名称を記すこと.

(11) **精巣**は内臓の最後端の左側に位置する白色で扁平の器官である．精巣部分を包む内臓嚢を**精巣嚢**という．

(12) 精巣嚢の左側からは細い管が出ている．これが**輸精管**である．輸精管の一部は淡紅色で密に迂曲し，体の左側を前方に向かい，これより所々で大きさを異にし，次に述べるような付属物を有する．

(13) 迂曲している輸精管が急に袋状となる部分が**貯精嚢**である．白色で大きい．

(14) 貯精嚢を切開すると縦襞と溝とが見られる．精子は多数がこの溝の中に集まって約2cmの長さの細長い束を形成する．この束は貯精嚢壁より分泌されるキチン質によって包まれ，管状のいわゆる**精莢**になる．

(15) **精莢嚢**は管状紡錘形の細長い嚢状器官で，後端は細く尖る．多数の精莢がここに蓄えられる．

(16) 精莢嚢の前端はわずかに細くなり，さらに少し太くなる．これに続く管状の部分は**陰茎**である．

(17) **陰茎**は体の正中線の左側を通って前方に向い，末端は外套腔内に開口する．授精の際には，外套腔内に出た精莢を生殖脚の先端に付着させて，雌の外套腔内に運び入れる．

(18) **卵巣**は内臓嚢の右側最後端に位置する．この部分の内臓嚢を**卵巣嚢**という．卵巣の前端は太く，胃に接しており，後端に向かって徐々に細くなる．卵が成熟している場合には外側からでもよく確認できる．

(19) 卵巣嚢の両側には一対の**輸卵管**が存在する．輸卵管の末端近く，鰓心臓の側方には，楕円形で比較的大きく，偏平な部分がある．これを**輸卵管腺**という．

(20) **纏卵腺** (**卵嚢腺**) は卵巣の前方，内臓全体の最腹面を占める白色で大きな一対の器官であ

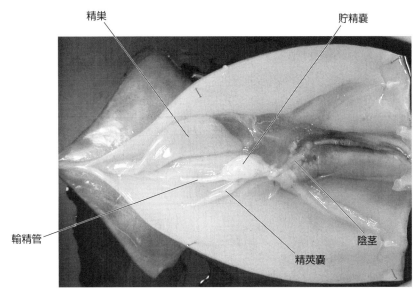

図4 雄性生殖器

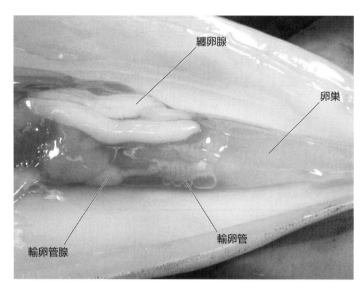

図 5　雌性生殖器

　る．ここから出される分泌物は，輸卵管から外套腔に出た卵を纏める役割をもつ．

B.　呼吸器・循環器 (図 6)

課題 3　以下の手順に従って，丁寧に心臓，鰓心臓などを露出せよ．鰓，心臓，鰓心臓の様子
　をスケッチせよ (血管は主なものだけでよい)．また，それぞれの名称を記すこと．

(21)　次に呼吸器系・循環器系の観察を行う．生殖器が覆っている場合には取り除く．さらに，
　静脈付属体 (腎臓) をピンセットで丁寧に取り除くと，中央に**心臓**，またその両側に**鰓心臓**が
　見えてくる．

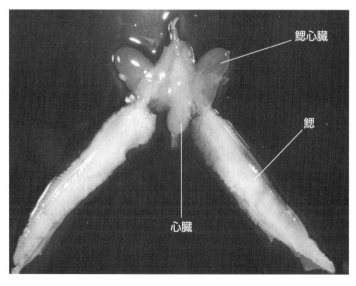

図 6　摘出した鰓，鰓心臓および心臓

(22) イカの呼吸器は羽状をなす一対の鰓からなる．鰓の背側には**入鰓動脈**が縦走し，腹縁に沿って**出鰓静脈**がある．**鰓心臓**は鰓の基部後方に接して入鰓動脈を出す．蠟色で長楕円形を呈する筋肉質の囊である．鰓心臓は各静脈の血液を受け，その収縮によって血液を入鰓動脈に送り込む役割をもつ．

(23) 出鰓静脈は太く，鰓から発して心耳に入る．心耳は心臓の左右にある．心臓は長菱形円筒形で，一心室・二心耳よりなる．心室は前方では**前大動脈**とつながり，後方では**後大動脈**とつながる．

(24) 鰓は筋膜によって外套膜の内側に固定されているが，これを切断し，鰓を心臓・鰓心臓とともに取り出せ．

C. 消化器

課題4 以下の手順に従って消化器官を摘出せよ．また，イカの体を側面から見た場合の，口球 → 食道 → 胃 (→ 盲腸) → 直腸 → 肛門へと到る消化管の走行を，肝臓との相対的位置関係がわかるよう，ひと続きの管として模式的に描け (前後，背腹の各体軸を付記すること)．

(25) **肝臓**の後端腹側には葡萄状で赤褐色の小粒が集合した器官がある．これは膵臓(すいぞう)である．

(26) **胃**は内臓部の中央よりやや後ろ右側に位置する大きな紡錘形の器官である．盲腸は胃の左側に位置し，胃よりは小さく卵状倒心形で後端に小突出部がある．盲腸と胃は広い幽門で連絡している．

(27) 盲腸の前端から出ている細い管が**直腸**である．前方に向かって直進する．その末端に位置するやや膨れた部分は**肛門**である．肛門は漏斗基の近くに開口する．

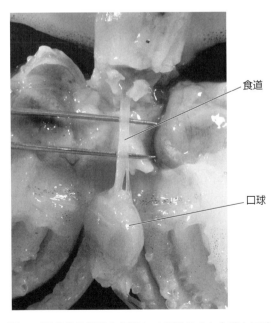

食道

口球

図 7 頭蓋軟骨腹側を切開して露出させた食道と口球

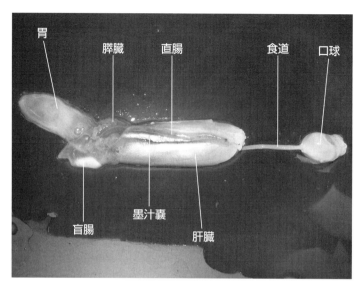

図 8　外套膜から切り離した消化器系

(28)　肝臓は内臓の前半分を占める大きな器官である．左右一対あるが合一して紡錘形を成す．

(29)　イカの口腔は肉質・球状で**口球**と呼ばれる．口腔からは細い**食道**が伸びているが，これは環状を呈する頭蓋軟骨の輪の中を通った後に，肝臓の背側を縦走し，胃に連結している．以下の手順で，口腔–食道の連結を保ったまま口球を取り出し，頭部を胴部から切り離す．まず頭部腹面を正中線に沿って切開し，頭蓋軟骨を露出させる．次に頭蓋軟骨の腹側を縦に切断して口球と食道を露出させる (図 7)．口球は周囲の筋組織と結合しているので，これを取り外す．最後に頭部を胴部から完全に離断する．

(30)　**内臓嚢**の背側は結合組織によって外套膜とつながっている．食道を傷つけないように注意しながら内臓嚢を外套膜から切り離す (図 8)．

(31)　切り離した内臓嚢の背側を上に向けて，**食道**を確認せよ．口からピペットを使って食紅液を注入し，消化管の走行を確認せよ．

(32)　口部の内唇を開くと黒褐色の硬い嘴状のものが見られる．これは上下の顎で，俗に**上顎をカラス**，**下顎をトンビ**と称する．口球を切開して顎を取り出し，上下の顎の形と噛み合わせ具合いを観察せよ (図 9)．

図 9　カラス (右) とトンビ (左)

D．墨汁嚢

(33)　**墨汁嚢**は墨汁液を分泌する器官であり，内臓の前半部中央線上，直腸の背側に位置する黒色の細長い徳利状の嚢である (図 10)．

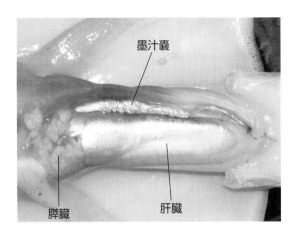

図 10　墨汁嚢

E.　感覚器

　ここでは眼球のみを観察する.

(34)　頭部から**眼球**を摘出した後，切開して透明なレンズを取り出し，観察せよ (図 11).

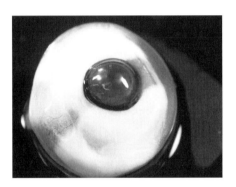

図 11　摘出した眼球

　以上すべて終了したら，指示に従って，片づけを行うこと.

3.　参 考 文 献

岡村周諦『動物実験解剖の指針』風間書房 (1953)

B6 水の中の小さな生物——珪藻の多様性と環境

1. はじめに

　川の中を歩いてみたことがある人は，滑らないよう足元に注意しながら進んだ記憶があるだろう．そして，川底の石を拾ってみたことがある人は，石の表面には何かヌルヌルしたものがついていたことを覚えているだろう．川の石を手に取ったとき，なにもなかったかのように石を捨ててしまうだろうか．あるいは，そのヌルヌルは何であろうかと探究の心が芽生えたであろうか．ここでは，その付着物について大いなる好奇心をもって顕微鏡でのぞいてみることとしよう．

　川底の石の表面をブラシでこすると茶色の液体が得られる．一見，単なる汚濁物のようにも見られるが，この液を1滴とって顕微鏡で観察するとそこには驚きの世界が広がっている．このミクロの世界でさまざまな多様な生物が息づいていることがわかるだろう．実はヌルヌルの正体の大半は珪藻 (けいそう) と呼ばれる単細胞性の植物 (微細藻類) である．単細胞ながら光合成のための葉緑体をもっている．鞭毛もないのに活発に動いているものもある．

　これら珪藻たちの不思議な世界に触れることでさらなる好奇の心がふくらんだのではないだろうか．細胞壁の表面には何やら模様が見えるようであるが，この細胞壁は何でできているのだろうか．珪藻にはさまざまな形をしたものがありそうだが，それはどこまで多様であろうか．いったいどのような名前がつけられているのであろうか．さらに，川といっても，清流から汚染された川まで，その水質はさまざまである．観察できる珪藻の種類や数は，川によって違いがあるのであろうか．

2. 目 的

　珪藻は大きさ 10〜100 μm の微細な単細胞の植物 (藻類) である．珪藻はガラス質の殻をもち，珪藻という名もガラスの主成分の珪素に由来している．珪藻の殻には細かい模様が刻み込まれていて，この模様が珪藻の種の同定に役立っている．珪藻は光合成を行うため，食物連鎖の最基盤にあって多くの生物の生命を支える．地球の歴史の中では石油の生産という点で大きく貢献している．科学の世界では，化石としての珪藻が過去の環境や地層の年代を教えてくれる．珪藻の殻は人間生活にもいろいろと役立っていて，たとえばジンパで使う七輪は大量の珪藻が堆積した珪藻土から作られている．さらに珪藻は，それぞれの種によって生育できる環境の「幅」が限られることから，水圏の環境汚染を把握するための指標生物として活用されている．

　本実験では，1) 形態観察に基づく種の同定，2) 種の多様性の把握，3) 環境指標として活用，の3項目について珪藻を材料にして体験することを目的とする．生物の世界がいかに環境と結びついているかという点について今回の実験を通して実感して欲しい．

3. 観察の手順と課題

3.1 生きた珪藻の観察 (デモ実験)

　川底の石のまわりに着生する珪藻類の生きている状態をデモ実験あるいはビデオ資料によって観察する．透明な殻の中に，黄褐色の葉緑体があること，スライドグラス表面を滑走運動する様子などを観察しよう．

実験上の注意

- ホットプレート使用時の火傷に注意すること．
- マウントメディア封入時はドラフトを使用し，揮発した蒸気を吸わないこと．
- マウントメディアでドラフトおよび周辺機器を汚さないよう細心の注意を払うこと．

3.2 永久プレパラートの作製と観察およびスケッチ

　珪藻の分類学的な区別には珪藻のガラス質の被殻の形や紋様が重要な決め手となる．珪藻の被殻を観察するために，内部にある原形質や，外部を覆う粘膜性の殻を除去する．この操作をクリーニングと呼ぶ．ここでは，すでにクリーニング処理された珪藻標本が試験管に用意されている．これは珪藻を石の表面から歯ブラシを用いて採集し，特別な薬剤で処理したものである［操作手順 (1)〜(9)］．本実験では以下に記したプレパラート作製の手順 (10) から開始する．珪藻の殻は透明で水に封入すると細かいところが観察できないので，屈折率の高いマウント剤に封入する必要がある．またマウント剤は加熱すると固くなるので，いわゆる永久プレパラート (永久標本) を作製することができる．珪藻懸濁液 1 滴をカバーグラスに落とし，ホットプレート上で乾燥させる．プレパラートにマウント剤を 1 滴のせ，先ほど乾燥させたカバーグラスをかぶせて珪藻を封入する．次に，スライドグラスをホットプレートにのせ，マウント剤を沸騰させる．ホットプレートは高熱であるのでやけどをしないように十分に注意すること．封入の際は，珪藻がカバーグラスのどちらの面に付着しているかに留意しながら行うこと (封入する面をまちがえない)．封入剤の蒸気は有毒であるので吸わないように注意すること．

試薬

　パイプユニッシュ，マウントメディア，蒸留水

器具類

　手回し遠心機，ホットプレート，15 mL チューブ (目盛付き，遠心管)，スポイト，ピンセット，スライドグラス，カバーグラス

(1)　サンプル (珪藻を含む川，池の水) を 15 mL チューブにスポイトで 2 mL 入れる．

(2)　(1) に蒸留水を入れて総量 10 mL にする (遠心用にこれを 2 本作るとよい)．

(3)　容器を手回し遠心機に入れ 1 分程遠心してサンプルを沈殿させ，上澄みを捨てる．捨て

るときは，流しで一気に容器を傾けて捨ててよい．

(4) 再び蒸留水を 10 mL 入れて，遠心機にかけて上澄みを捨てる．(4) を 2 回行う．

(5) 上澄みを捨てたら，パイプユニッシュを 2 mL 入れる．

(6) スポイト (ピペット) を使ってよく撹拌する．(有機物が多めのときは 5 分おきなど，定期的に撹拌するとよい．)

(7) そのまま 20〜30 分ほど置く (有機物が多いときは長めに置く)．

(8) 蒸留水を足し 10 mL にする．遠心し，上澄みを捨てる．

(9) 蒸留水を足し 10 mL にする．遠心し，上澄みを捨てる，というのを 5 回以上繰り返す．最後に適量の蒸留水を入れ，サンプルが完成する．

(10) (9) の希釈したクリーニング済みサンプルを 1 滴，カバーグラス上に取る．

(11) (10) のカバーグラスをホットプレート (150 ℃) に載せて，水を蒸発させる．

(12) スライドグラスにマウントメディアを 1 滴垂らし，(11) のカバーグラスを試料ののっている面を裏返しにしてマウントメディア上に置く．

(13) ホットプレートで加熱し，マウントメディアを溶かす．その後沸騰したら数秒そのままにし，マウントメディアが十分広がったらホットプレートから取り，ピンセットでカバーグラスの位置をすばやく調整する．これで珪藻永久プレパラートの完成である．

　各自作製した永久プレパラートを光学顕微鏡を用いて観察する．まず低い倍率 (150 倍) で珪藻を探し，観察は高倍率 (600 倍) で行うとよい．出現頻度が高く特徴的な形態を示す種を観察し，図鑑などを参照しながら種の同定を行う．細胞の外形だけでなく，どの程度の間隔で，何本程度模様がついているかなどに着目して観察する．ミクロメーターを活用して珪藻のサイズも測定しよう (補足説明を参照)．図鑑には各珪藻のサイズの情報も記されている．種同定の際には珪藻サイズの情報も活用するとよい．同定に際し，その種はどのような点でどのような種と近く，また，最も近い種とはどのような点で区別できるのかに留意し，その内容をスケッチに付記することが望ましい．次に同定した種をスケッチする．スケッチは「ごまかさないで，大きく描く」ことが重要である．A4 の無地の紙によく先を尖らせた鉛筆で描き，1 枚につき 1 〜 2 種類を目安に配置する．およそ 10 種観察・スケッチすることをめどとする．次に分類学者の立場で，スケッチを行った種に対し，その種の特徴をよく表すような和名を創作しよう．

3.3 種の多様度の把握

　今回作製したプレパラートについて，総計 50 個体程度を観察し，スケッチした種についてそれぞれの種の個体数を求めよう．当然，水環境の違いによって出現する種の多様度は異なってくるであろう．特定の水域において珪藻類の種の多様性を把握し，数値として示すにはどのような指標を用いたらよいだろうか．ここでは，多様度指数 (H) を以下の数式を用いて求めてみよう．

$$\text{多様度指数} \quad H = 1 - \sum {x_i}^2$$

ここで，x_i は種 i における出現頻度であり，種 i の個体数が総個体数に占める割合を示す．

3.4 汚染度の計測

上でも述べたように，珪藻は環境汚染の指標として活用されている．サンプルが採取された水域に関して珪藻類を指標として汚濁度の数値化を試みよう．すでに汚濁度を表すさまざまな方法が考案されているが，ここでは，利便性が高いと思われる以下の方法を用いる．すなわち，各珪藻種において 3 段階の汚濁階級指数 (saprobic value：s) を設定し，その値の平均値を求める方法である．

珪藻は，汚濁に対する出現特性によって A, B, C の 3 つの識別珪藻群にグループ化されている．そして，汚濁階級指数 (s) は例外を除き，

識別珪藻群 A の種類⋯⋯⋯4

識別珪藻群 B の種類⋯⋯⋯2.5

識別珪藻群 C の種類⋯⋯⋯1

が割り当てられている．この指数は 1〜4 で水質を表し，1 が最もきれいな水質状態を，4 が最も汚い水質状態を表す．次に，汚濁指数 (S) を算出するが，式は以下のものを用いる．

$$S = \frac{\sum ns}{N} \left(\text{汚濁指数} = \frac{\text{汚濁階級指数} \times \text{個体数の総計}}{\text{計測した全個体数}} \right)$$

汚濁指数が求まったら，以下の表をもとにサンプルが得られた水系の水質について評価を行う．今回の場合は，計測した全個体数は 50 個体であり，そのうち識別珪藻群 A が x 個体，B が y 個体，C が z 個体であったとすると，汚濁指数は

$$S = \frac{4x + 2.5y + 1z}{50}$$

という式で表される．

表 1 汚濁指数を用いた水質汚濁の評価

汚濁指数	汚 濁 階 級
1.0 以上 1.5 未満	貧腐水 (きれい)
1.5 以上 2.5 未満	β–中腐水 (割合きれい)
2.5 以上 3.5 未満	α–中腐水 (汚れている)
3.5 以上 4.0 以下	強腐水 (ひどく汚れている)

真山茂樹『珪藻の世界』を参照

3.5 考察

(1) 本実習のように，10 種類の珪藻類を 50 個体カウントした場合の多様度指数の最高値と最低値を求めよ．さらに，本実習で観察した水域がどの程度多様なのか考察せよ．

(2) 配布された別資料に他の水系の汚濁度が記載されている．それらと本実習で観察した水

域とを比較し，本実習で観察した水域の汚染度を考察せよ．

(3) 本実習では，身近な自然の環境状況をそこに生育する生物から理解した．この生物指標と化学的な水質調査とを比較し，生物指標の利点と欠点を述べよ．

以上，すべての課題を終了したら，指示にしたがい器具を片付ける．

指標生物

生息環境がごく限られ，自然環境の変化に敏感な生物種はその存在が環境条件を知るうえで有用である．ある地域の環境の質などを評価する際に有益な種を指標生物と呼ぶ．

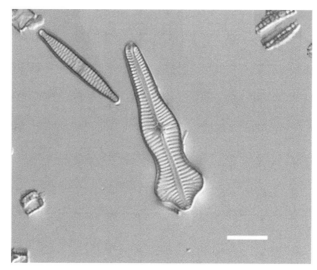

図 1 北海道大学大野池で採取された珪藻類の光学顕微鏡写真．中央の珪藻は *Gomphonema acuminatum*．スケール・バーの長さは 10 μm．

識別珪藻群

日本の河川に出現する種類は約 350 種あり，そのうち識別珪藻群 A は 10 種，識別珪藻群 B は 64 種で，その他は全部識別珪藻群 C の種類としている．

識別珪藻群 A は，強腐水域に出現する珪藻からなる群である．この種類は強腐水から貧腐水まで，幅広い水質環境に適応している．しかし，強腐水以外の水域では，他の群の種類が比較的多く生息しているため，相対的に群落内に占める割合は低下することになる．この識別珪藻群 A のような出現頻度分布を，「タイプ A」の出現様式と呼ぶ．

識別珪藻群 B に属する種類は，中腐水域付近で出現頻度が最も高くなる．中腐水域では識別珪藻群 A と C も生育できる環境であり，河川で珪藻の現存量が最も多い水域である．中程度の汚濁水域は無機塩類の量が多く，藻類にとっては栄養豊かな水域となるのである．中腐水域で最も高い値を示す出現頻度分布を「タイプ B」とよぶ．

「識別珪藻群 A」でも「識別珪藻群 B」でもない，汚濁に対して非常に敏感で中腐水域では生育できないような種類 (弱汚濁耐性種) をまとめて「識別珪藻群 C」と呼ぶ．また，「タイプ A」，「タ

イプ B」のどちらとも違う頻度分布様式を「タイプ C」とよぶ.

ミクロメーター

　顕微鏡観察において長さを実測するには，通常，接眼レンズに装着した接眼ミクロメーターを活用する．接眼ミクロメーターの 1 目盛の長さは使用する対物レンズにも左右される．したがって，その 1 目盛の長さを把握するために，対物ミクロメーターを使用する．対物ミクロメーターはスライドグラス上に目盛 (10 μm ごと) が刻まれている．接眼ミクロメーターの目盛と対物ミクロメーターの目盛を照合することで，接眼ミクロメーターの 1 目盛が何 μm に相当するかを算出することができる．対物ミクロメーターはこのように接眼ミクロメーターの 1 目盛の長さを測定するためにのみ使用し，珪藻のサイズを測定する際は，当然ながら接眼ミクロメーターのみを使用する．

参考文献・資料

日本珪藻学会　http://diatomology.org/

真山茂樹. 1992–1993. 珪藻の話 (1)—(7). 水. 34(15)：75–82, 35(1)：16–21, 35(3)：16–22, 35(4)：16–21, 35(5)：59–66, 35(6)：22–24, 35(7)：20–33.

「珪藻の世界」ホームページ

　http://www.u-gakugei.ac.jp/~mayama/diatoms/Diatom.htm

「ミクロの生物『珪藻』から川の環境を見つめてみよう ver. 2」

　http://lbm.ab.a.u-tokyo.ac.jp/~keiso/diatom4/index.html

地球惑星科学系実験

E1　地形の実体視と地質プロセス

E2　堆積物からさぐる地球の環境

E3　地球リソスフェアの岩石・鉱物しらべ

E4　偏光顕微鏡で覗く岩石・鉱物の世界

E5　地震計で測る大地の震動

E6　VLF帯電磁波動で探る雷活動

E7　環境水の水質分析

地学 (= 地球科学) は，われわれの命を育んでいる地球を扱う自然科学分野である．地球の年齢は 46 億年ともいわれる．その想像もつかないような長い時間軸に沿って，さまざまな変化・変動が，地球内部や表層部で大規模に起きている．しかし，人間の通常の生活時間や感覚の中で直接に捉えることができるのは，それらのほんの一部に過ぎない．通常それらのプロセスは，地層や岩石さらには地形の中に，凝縮され形を大きく変えて記録されているのである．それらを "解凍・解読" し，われわれの星・地球でどのような規則性 (法則) の下に変動が起きているのかを明らかにするのが地球科学の大きな目的だといえるのではないだろうか．それはまた，人類最大の課題の 1 つである環境問題の解決に加え，地震・火山噴火といった地球内部に起因する現象や台風・集中豪雨のような気象現象など，自然災害の予測にもつながっていくだろう．そのためには，複雑な系である地球システムの "読み解き方" を身につける必要がある．

　本実験ではこのような観点で，地形・化石・堆積物 (地層)・岩石・鉱物・地震・雷・水といった地球科学的対象について，それらを理解・把握するための初歩的な手法について学んでいきたい．

自然科学実験──地学系実験テーマ

E1　地形の実体視と地質プロセス【地形形成・地形図・標高・等高線】

《目的》　地形の特徴とその成り立ち，それを作った地質プロセスについて理解する．

《実験内容》　空中写真を実体鏡 (ステレオスコープ) を用いて観察する．また，地形図から得られる地形情報の処理を空中写真と関連させて行う．

E2　堆積物からさぐる地球の環境【堆積作用・地層・粒度分析・化石】

《目的》　堆積物から地層の形成，粒子の運搬，堆積物の起源，堆積環境を考える．

《実験内容》　水槽を使って堆積物を水で流し，水中で堆積した堆積物の粒度の分布を求める．また，堆積した地層の断面を観察して，地層の重なり方と粒子の性質の関係を理解する．さらに，実際の遠洋域から沿岸域の異なる海域で採集した堆積物を実体顕微鏡で観察し，その環境を推定する．

E3　地球リソスフェアの岩石・鉱物しらべ【リソスフェア・岩石・鉱物・火成岩分類】

《目的》　身近な岩石や鉱物を観察し，地球リソスフェア (岩石圏) の成り立ちを考える．

《実験内容》　火成岩・堆積岩・変成岩・鉱物の標本を，肉眼・ルーペ (または実体顕微鏡) で観察する．異なる種類の岩石・鉱物の硬度・比重を測定する．

E4　偏光顕微鏡で覗く岩石・鉱物の世界【岩石・鉱物・観察・偏光顕微鏡】

《目的》　岩石の微細構造を明らかにし，地球内部での岩石形成プロセスを読み取る．

《実験内容》　偏光顕微鏡を用いて岩石薄片を観察し，その特徴を調べる．

E 5　地震計で測る大地の震動【地震計・地震波・走時】

《目的》　地震計の原理や地震波の種類・伝わり方を学び，地震で発生する大地の震動を理解する.

《実験内容》　人工的に発生させた地震波 (弾性波) を多数の地震計で記録し，観測された波形の様子や伝播速度を調べる.

E 6　VLF 帯電磁波動で探る雷活動【雷放電，VLF 帯電磁波動，到来方向，雷放電電流波形】

《目的》　雷放電から電磁波動が放射される仕組みとその観測手法について学び，遠隔監視で明らかになる雷活動の特徴を理解する.

《実験内容》　VLF 帯電磁波動を検出するアンテナを組立て，観測した電磁波動を分析し，現在起きている雷放電の方位推定，極性判定，電流波形の推定を行う.

E 7　環境水の水質分析【水質・環境水・分析】

《目的》　水は，われわれの日常生活に直接関係する生活用水のほか，さまざまな産業に利用されている. その水質を把握するための調査・分析方法について学ぶ.

《実験内容》　簡単な器具や薬品を使って身近な環境水の水質を分析する.

E1　地形の実体視と地質プロセス

1.　はじめに

　空中写真 (航空写真) は，航空機などから撮影された地表写真のことである．空中写真は，移動しながら撮影される．隣り合った 2 枚は重複 (オーバーラップ) するように撮影されるため，角度の違いによる "視線差" が生じ，見え方が微妙に違っている．これを左右の目で重ねて見た場合，それが大脳で処理されて立体感 (実体視) を生み出すのである．

　地形を空中から立体的に見ると，地上から見たのではわかりにくい凹凸や高度差，また地形形状・地質分布などを非常にわかりやすく把握することができる．そのため空中写真は，土地利用調査などの用途ばかりではなく，活断層や地すべりの発見など自然災害の予知・予測にも頻繁に用いられている．また，地形図の等高線も，実は空中写真から図化して作成されている．

2.　概　　要

2.1　ステレオスコープ (反射実体鏡) の仕組み

　ステレオスコープは，2 枚の鏡と 2 つのプリズムを組み合わせることによって，離れた位置にある物体を人間の左右の眼球＝瞳孔の距離 (瞳孔離隔) に合わせてみる装置である (図 1)．

　連続して撮影された隣り合った 2 枚の空中写真における同一画像点を，裸眼で直接見るために人間の瞳孔離隔に合わせて配置すると，通常は互いに大きく重なり合ってしまい，同時に見ることができる範囲は非常に狭い．ステレオスコープはこの点を解消するための装置である．

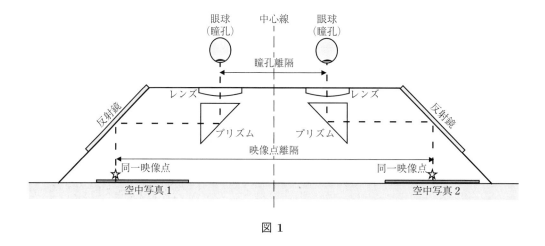

図 1

2.2　空中写真について

　実体視用空中写真は，ある連続した飛行コースから地上を撮影したものであるが，隣り合う 2 枚の空中写真は約 60 % 重複している．これらの空中写真 1 枚ごとに，KT–99–1X　C1–9 の

ような整理番号が付いている．この番号の意味は以下のようになっている．

KT：地方記号を表す．カラー写真の場合，頭にCが付く．モノクロ写真では，

  Mまたは(なし)．

  ［記号］　HO：北海道　TO：東北　KT：関東　CB：中部　KK：近畿

  　　　　CG：中国　SI：四国　KU：九州　OK：沖縄

99：撮影年度の下2桁．この例の場合は1999年．

1X：数字は作業番号．撮影作業のために撮影者が付した番号．

  英字は縮尺を示すが，撮影年度により縮尺が異なる．X，Y，(無)がある．

C1–9：撮影コース番号・写真番号．空中写真の撮影地点

  (撮影コース番号・写真番号)が示された地形図(標定図)上の番号．

2.3　地形と地質プロセス

　山や川・平野などの地形を形作っていく作用には，さまざまなものがある．たとえば都市や農地は，人間の活動によって作られた地形の一種であるといえる．しかし，もっとも大きな規模で地形形成に基本的に関与しているのは，「地質プロセス (geologic processes)」である．

　地質プロセスはきわめて多様なプロセスの集合体であり，それを一言で表現するのは難しい．火山噴火・プレート運動による山脈の形成・扇状地や平野の形成・直下型地震を引き起こす活断層・地すべりや山崩れなどの斜面変動…．それらはみな地質プロセスであるということができる．これらの例を考えただけで，地形というものに地質プロセスが大きく関与していることが理解できるのではないだろうか？　別ないい方をすれば，地形と地質プロセスは(ほぼ)1：1に対応しているのである．

　これらのことから，地形を広い範囲で立体的に把握することのできるメディアの1つである空中写真や地形図は，われわれの住んでいる大地やひいては地球の成り立ち・歴史だけではなく，社会に大きな影響をもたらす自然災害の予知・予測にも大きな役割を果たしていることが理解できるだろう．

　また空中写真＋地形図の利用は，なにも地球上に限った話ではない．最近は特に火星において地形探査が広範に，また詳細に進められており，太陽系の形成や惑星の進化プロセスなど，惑星科学の分野でも重要な手法として使われるようになっている．

3.　手　　順

3.1　簡単な実体視の練習

　まず，器具を使わずに肉眼だけで実体視する“裸眼実体視”を練習してみよう．次ページに掲載されている視差付き地形図(図2)を使用する．この地形図に表されているのは，1944〜1945年の噴火によって出現した溶岩ドーム–昭和新山–である．

　地形図を視線に対して垂直に手に持ち，顔から40〜50cm離れるようにする．このとき，2つの図のあいだと両目の中点(鼻)の位置が一致するようにする．この状態で，プリントの向こ

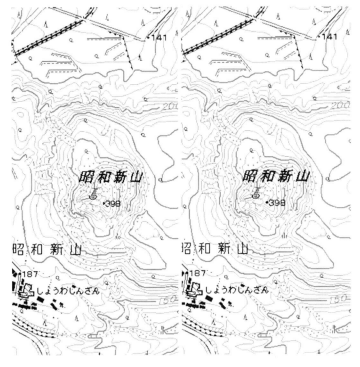

図 2 昭和新山実体視地形図：国土地理院地図閲覧サービス
http://watchizu.gsi.go.jp/

う側を見るような感覚で，目の力を抜く．そうすると，左目で見た左側の "昭和新山" の文字
と右目で見た右側の "昭和新山" の文字が近づいてくるはずである．その 2 つが重なって見え
るように，目の焦点を前後に調整する．重なると， "昭和新山" の文字がその左右と合計 3 つ見
えている．

　その状態でボンヤリと目の力を抜いて真ん中を見ていると，2 つが重なった状態で次第に焦
点が合い，昭和新山の盛り上がった立体的な形が見えてくるはずである．その北 (地図で上の
方) が急速に低くなって低平地になっているのもわかるだろう．

　裸眼実体視は，慣れていないと感覚が付いてゆかず，かなり難航するが，リラックスしてやれ
ば，うまくできるようになる．何度か試してもうまくいかない場合は，少し休んでもう一度ト
ライする．それでもうまくいかない場合は，目 (と頭) が疲れるので，とりあえずあきらめよう．

3.2　ステレオスコープによる空中写真の実体視

A.　ステレオスコープの調整

　最初に，ステレオスコープ (図 3) の接眼部が自分の瞳孔離隔に合うように，スライドさせて
調整する．調整された状態では，左右の視野が重なって 1 つの円形に見えるはずである．

　弱い近視のメガネをかけている場合，メガネをはずして接眼部を回転させて視度を調整し裸
眼で見たほうが見やすいが，近視の度が強い場合には視度調整の範囲を越えてしまうので，そ

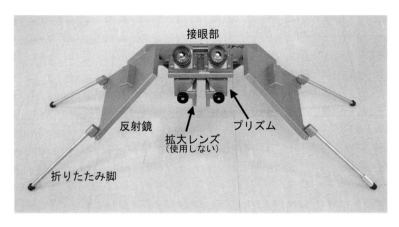

図 3

の場合はメガネをかけたままで観察せざるを得ない.

　なお，プリズムのところに付いている黒いつまみは，拡大レンズをセットするためのものである. 本実験では使用しないので，拡大レンズが内側にたたまれた状態になっていることを確認しよう.

B.　空中写真を観察する

　空中写真は，KT–99–1X　C1–9, 10 の 2 枚を使用する. 写真の枠外部分には写真コードが付いている. このコードの付いた側が右になるような向きで，コード末尾の数字の小さな方をステレオスコープの反射鏡の下の左側に，数字の大きな方を右側に置く. この状態で写真の上方が北になる.

　まず，写真がはっきり見えるように，接眼部の縦筋の付いた部分を回転させ視度調整を行なう.

　空中写真で観察したい場所を決め，その中 (あるいは周辺) になにか目標になるポイントを見つける. たとえば，明るい色の建造物や，沢・尾根地形の末端部など.

　次に，右目を閉じ，左目だけでステレオスコープを覗きながら，その視野の中央に左側に置いた写真の目標ポイントが来るように写真の位置を調整する. 位置が決まったら左目を閉じ，右目で同じように右側に置いた写真の位置を調整する. このとき，写真がステレオスコープに対して左右で異なった向きに傾かないように注意する.

　同じ目標ポイントを左右の視野の中央に持ってくるのは慣れないとけっこう難しい. ステレオスコープでは拡大して見ているので，どこが同じ部分なのか判断できないことがある. そういう場合は，目標ポイントにそれぞれ左右の手の指を置いて，それが視野に見える状態で調整するとうまくいく場合がある.

　位置の調整が終わったら，両目を開けてみよう. 視野の中の写真が自然に立体的に見えているはずである. 見えていない場合は，上で行った裸眼実体視の要領を思い出して，軽く左右の視野の焦点をずらしながら目の力を抜くと，うまくいく. 裸眼実体視よりは格段に簡単なはず

である.

　空中写真の観察では，上下方向の立体感が著しく強調されて見える．写真の中央少し下を左右に走っているのは高速道路であるが，地面に刻まれた深い溝のように見えるはずである．そこを走行している自動車が判別できただろうか？　走行中の自動車は2枚の写真で異なった位置に写っているので，片方の視野にしか見えず自動車の形を実体視することはできないはずである.

　写真の左右の配置を逆にし，番号の大きな方をステレオスコープの左側に置くとどう見えるだろうか？　この配置で同一映像点をステレオスコープの下に置くと写真が重なり合ってしまい，見える範囲は非常に狭くなるが，場所をうまく選定すれば実体視は可能である．やってみよう.

4. 課　　題

4.1　空中写真を使った地形読み取り実習

課題1　空中写真は，KT–99–1X　C1–9, 10 の2枚を使用する.

　課題1.1　使用している空中写真は，2万5千分の1地形図「石和」に含まれる，山梨県勝沼町 (2005年の町村合併により現在は甲州市) と笛吹市 (旧一宮町) の境界に位置する釈迦堂付近である．視野の中央に，中央自動車道釈迦堂PAを持ってきて，実体視する．高速道の両側にPAがあり，下り線PAの外側には釈迦堂遺跡博物館の白い建物が見える．この付近で，建物や木の影の方向を何箇所か確認し，太陽がどちらの方向にあるのかを地形

図 4　勝沼地形図：国土地理院地図閲覧サービス
http://watchizu.gsi.go.jp/

図上に記せ.

課題 1.2 釈迦堂 PA の東北東に電波塔が立っている (図 4 の円内：矢印). この位置を空中写真で確認し, その影の長さを読み取って, 電波塔の高さを計算せよ. 空中写真の縮尺[注]は 3 万分の 1, 撮影時点の太陽の仰角は 35 度, 地面は水平であるとする.

注) 空中写真を撮影するカメラの傾きや地面の高低により縮尺は変化するが, ここでは空中写真のすべての位置で均一な縮尺とする.

4.2 地形図を使った地形読み取り実習

実体視の練習に使用した空中写真 (KT–99–1 X　C 1–9, 10) は, 甲府盆地東縁部, 御坂山地北東麓のものである. この付近には御坂山地に源流を発する河川がいくつか流下しており, それが甲府盆地に流入する場所にいくつかの扇状地が発達している. 釈迦堂 PA も, その南東側に先端を持つ京戸川扇状地の中にある.

課題 2 扇状地地形の範囲を判断する目安として, ここでは地形面の傾斜を考えてみる. 図 4 の A–B 間, B–C 間, C–D 間の傾斜をそれぞれ求めてみよう. この線分は扇状地の最大傾斜方向にほぼ一致している.

n 分の 1 縮尺の地図上で, A cm 離れた標高差 S m の 2 地点間の傾斜角を θ とすると,

$$\theta = \tan^{-1} \frac{100 \cdot S}{A \cdot n}$$

である (図 5).

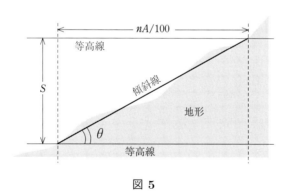

図 5

課題 3 ここで仮に, 『傾斜 5 度以上の部分までを扇状地とする』と定義すると, 扇状地の範囲はどうなるだろうか？　n 分の 1 縮尺の地図上で, S m ごとの 2 本の等高線間の勾配の角度を θ, 等高線の間隔を A cm とすると,

$$A = \frac{100 \cdot S/\tan \theta}{n}$$

である.

この計算式を使って, 上の扇状地条件に合致する範囲を地形図上で塗り分けてみよう. そ

れにはどのような方法がもっとも能率的であるかを考えよ．なお，地形図の右下隅にある傾斜の急な山地は，この作業から除外すること．

　また，等高線は一般に不規則な形状の線なので，「等高線の間隔」を正確に測定することは難しい．ここでは，隣り合った2つの等高線に対する大まかな垂線を想定し，その長さを「等高線の間隔」とすればよい．

4.3　空中写真と地形図を使った地形断面作成実習

　2万5千分の1地形図「沼田」に含まれる，群馬県沼田市上久屋町～昭和村生越付近の地形を観察する．この場所は，赤城山火山の北西麓に位置し，尾瀬に源流を発する片品川が東から西へ流れている．片品川の両岸には，気候変動による河川侵食基準面の変化によって形成された河岸段丘が明瞭に発達している．

　空中写真は，KT–85–1Y　C5–5, 6 の2枚を使用する．図6上で指示された範囲を空中写真と照合し，観察ポイントを視野の下に置く．実体視によって，棚のような河岸段丘が何段か明

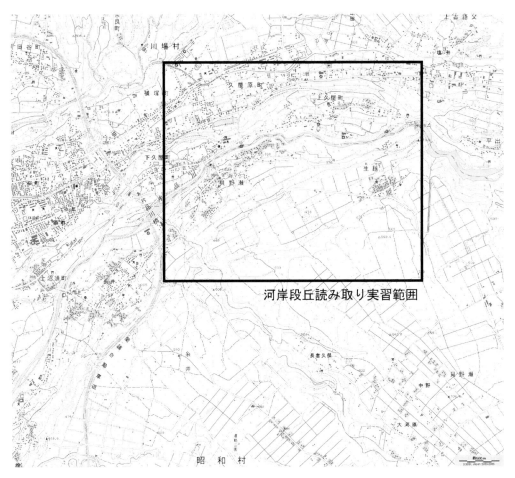

図 6　沼田地形図：国土地理院地図閲覧サービス
http://watchizu.gsi.go.jp/

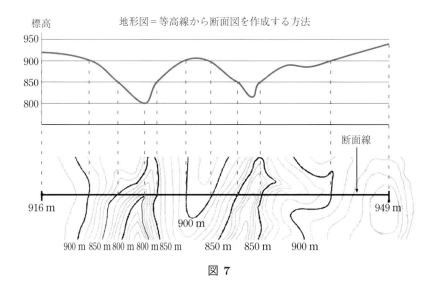

図 7

瞭に見えてくるはずである．それでは，地形図を使って，地形断面図の作成を行ってみよう．

　地形図から断面図を作成する方法 (図 7) は，設定した断面線と等高線の交点を取り，それを断面図上に投影するというものである．標高間隔の狭い等高線が得られれば精密な断面図を描くことができる．本実習では，地形図の等高線間隔は 10 m であり精密なものは作成できないので，各交点間の地形断面は，適当に (なめらかに) つなぐだけでよい．

課題 4　空中写真での観察結果から，河岸段丘の地形断面を表現するのにもっとも適当と思われる断面線を設定する．断面線は，片品川をはさんでその北側と南側にまたがるように設定する．断面図の作成法を参照しながら，断面図を作成する．このとき，断面図の高さ方向を 5 倍に拡大すること．

課題 5　作成された断面図から，河岸段丘の段数と標高を読み取り，片品川の北側と南側でそれらを比較し，その結果について考察する．

E2　堆積物からさぐる地球の環境

1．実験の目的

　堆積物は，地上に露出した岩石が砕屑物になったもの，火山から噴出された粒子，生物の遺骸，海水に含まれる化学成分が晶出，沈殿してできたものから成る．堆積物はたまった後の物理的な圧密作用やおもに化学過程である続成作用で硬い堆積岩となる．海底にたまった堆積物は，陸から離れた遠洋域 (深海) と陸から近い沿岸域 (浅海) では，堆積物の種類が異なる．したがって，堆積物の種類から堆積した場所がおおよそ推定できる．さらに，堆積物の粒子の大きさの分布や起源となった物質や生物遺骸を調べることにより，粒子が運搬されて堆積した様式や堆積場の環境なども評価できる．

　本実験では，水槽を用いた粒子の運搬，堆積のモデル実験から，堆積過程のメカニズムを理解する．また，実際に異なる堆積場でたまった複数の堆積物を実体顕微鏡で観察し，堆積環境を推定する．このことにより，堆積物の種類と堆積環境の関係を理解することが目的である．

2．実験の内容

　本実験では以下の 2 つの実験を行う．

実験1　水槽を用いた堆積物の流路実験および粒度分析

　水槽を使って，礫 (レキ)，砂，泥のような粒径の異なる粒子の混じった堆積物を水で流す．水中でたまった堆積物を，流路の途中から終点までの複数のポイントで採集し，それぞれの粒子の粒度 (粒子の大きさ) の分布を求める．各ポイントにおける粒度分布の違いから，堆積物粒子の堆積のメカニズムを理解する．また，たまった堆積物の断面を観察して，地層の重なり方と粒子の性質の関係を理解する．

実験2　堆積物の実体顕微鏡観察

　遠洋域から沿岸域の異なる海域で採集した堆積物を実体顕微鏡で観察し，その環境を推定する．実際の堆積物粒子の観察をとおして，堆積物の種類と堆積環境の関係を理解する．また，先に行う水槽によるモデル流路実験の結果を踏まえて，堆積環境との関係を解釈する．

3．実験の手順

　実験の手順は以下のとおりである．

実験1　水槽を用いた堆積物の流路実験および粒度分析

(1)　流路実験に用いる水槽に水を満たす．流路となる「傾斜板」を設置する．

(2)　礫，砂，泥など粒径の異なる粒子が混じった堆積物を 500 mL ビーカーに入れて，水を加えて，よく掻き回して混ぜる．その後，その堆積物試料を「試料置き用流路トイ」の上にのせる．のせる際は，なるべく均等に広く，薄めにのせる．

(3)　「試料置き用流路トイ」を流路に合わせ，その上方から，500 mL ビーカーに入れた水を比

較的ゆっくりと流す．「試料置き用流路トイ」上の堆積物粒子は水に運ばれて，「傾斜板」を通して水槽に流れ込んでいく．以下の図1のように，粒子が「傾斜板」の途中から水底までたまる．500 mL ビーカーに入れた水はなくなるまで流し続ける．

図1 水槽を用いた流路実験装置．「傾斜板」の途中から水底まで粒子が堆積している．

(4) 図1のように堆積した堆積物粒子の断面を観察し，スケッチする．その堆積した粒子の「地層」の構造を考察する．

(5) 水槽中の水を，接続したホースを通して静かにバケツに流して捨てる．水槽中の水を捨てた後に，図2のA, Bの範囲 (ポイント) 各々から堆積物粒子をすべてスパーテルで掻き出して採集する．

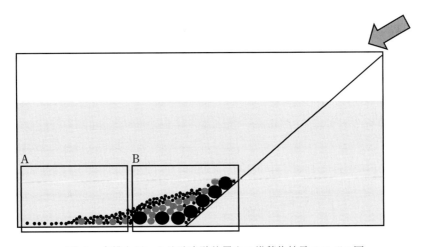

図2 水槽を用いた流路実験装置中の堆積物粒子のモデル図

(6) 採集した堆積物粒子を蒸発皿に入れて，その蒸発皿をホットプレート上で乾燥させる．乾燥までおよそ15～20分かかる．

(7) 乾燥させた堆積物粒子試料A, Bそれぞれの粒子の粒度分布を調べるため，3種類のフルイ (目の開き：1 mm，1/4 mm，1/8 mm) を使って，ふるい分けする．3種類のフルイを，目の開きの大きい順番に並べて，最下に受け用の桶を設置して，それらを静かに振る．図3の

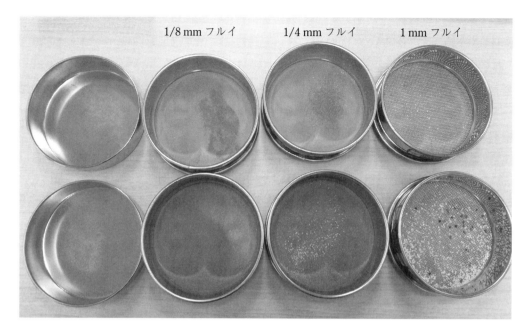

図 3　ふるい分け後の堆積物粒子の回収

　　ように，各フルイに粒子が残る．

(8)　各フルイ上の堆積物粒子の重量をはかる．各 A, B ポイントで回収した堆積物粒子の粒度の分布を求める．その違いから堆積のメカニズムを考察する．

実験 2　堆積物の実体顕微鏡観察

(1)　シャーレに入った堆積物を，実体顕微鏡を用いて観察する．以下の点に注意して，観察する．

　①　堆積物粒子の粒径を観察する．

　②　堆積物に入っている生物遺骸 (化石) の違いをまとめる．

　③　沿岸・浅海〜深海の堆積物かどうかを推定する．

(2)　観察結果を記載する．

　　形状，色，大きさ，粒のそろい具合，表面の特徴などを記載する．試料の堆積環境を考察する．

4.　堆積物を同定するための予備知識

4.1　地球を構成する岩石のでき方

A.　岩石の種類

　地球を構成する岩石には，火成岩・変成岩・堆積岩の 3 種類が存在する．このうち，地殻を構成する岩石の大部分は，マグマが冷却してできた火成岩である．この岩石は，二酸化ケイ素 (SiO_2) を主体とし，その量の多いものから順に酸性岩，中性岩，塩基性岩，超塩基性岩の 4 つに区分される．火成岩をつくる主な鉱物には色がついている有色鉱物 (かんらん石，輝石，角閃石，黒雲母) と無色または淡い色をしている無色鉱物 (石英，長石類) の 2 つがあり，塩基性

岩のほうが酸性岩より一般に黒い色をしている.

　変成岩とは,岩石が高い温度や圧力のもとに長くおかれ,鉱物が再結晶して鉱物の種類や組織が変わり,別の岩石になったものである.変成岩を作り出す作用を変成作用といい,地下深所の温度・圧力状態に関しての情報をもたらしてくれる.

B.　風化作用

　一方,地表に露出している火成岩や変成岩は,温度変化,植物の作用,水の凍結などの作用により,細かい割れ目が形成され砕かれていく.この作用を機械的風化,もしくは物理的風化とよぶ.また,岩石が水と反応して鉱物の成分の一部が水に溶け出したり,他の成分が付け加わったりする化学反応が起こり,鉱物のあるものは粘土鉱物に変化する.この作用を化学的風化といい大気中の二酸化炭素の吸収にも大きな役割を果たしている.化学的風化では水の作用が重要であるため,寒冷や乾燥した地域では機械的な風化の方が大きな役割を果たす.温暖湿潤な地域では機械的な風化と化学的な風化が同時に進行し,著しい風化作用が起きている場合が多い.

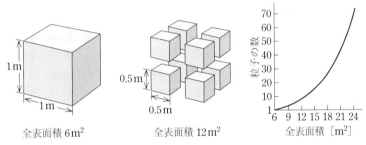

物理的風化により粒子の表面積が増えると,化学的風化が促進される.

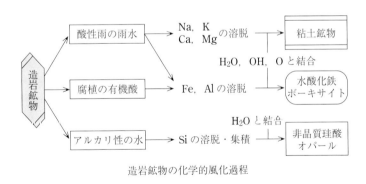

造岩鉱物の化学的風化過程

図4　物理的風化と化学的風化 [引用文献 (3)]

C.　陸域の堆積・運搬作用

　風化や浸食,火山の噴火などでできた砕屑物 (岩片や鉱物片) は,河川の水,風によって運ばれ,地形からみてより低い場所で堆積する.砕屑物は,陸から海へと運搬されるので,最も多くの堆積が起こる場所が大陸と海洋の境界部である.すなわち,河川によって大量に運び込ま

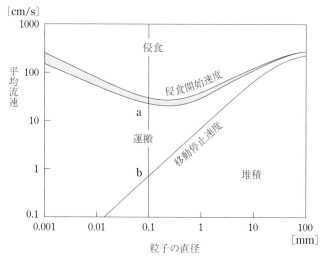

侵食・運搬・堆積の範囲
直径 0.1mm の粒子は，流速が a 以上で浸食されはじめ，b 以下で堆積する．

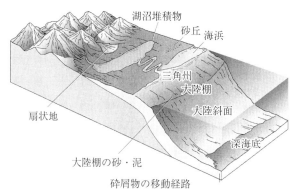

砕屑物の移動経路
山地でつくられた砕屑物は，河川を通って海へと運ばれ，さまざまな場所に堆積する．

図 5　堆積・運搬作用［引用文献 (2)］

扇状地

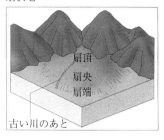

三角州

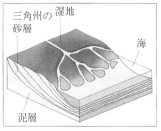

蛇行河川

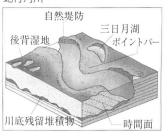

河川水の運搬力は流速の 6 乗に比例する．そのため，山麓などの河床勾配が急減するところでは河川水の流速も急減し，谷口に砂礫を堆積するようになり，谷口を頂点とした扇状の堆積地形を形成する．

川が運搬する砂泥が河口付近に堆積してできる．運搬物の量や海流などに応じて，鳥趾状・円弧状・尖状などに変化する．三角州状には分流が多く発達し，分流と分流の間は湿地になる場合が多い．

河川の下流に見られる．両岸に自然堤防ができる．蛇行の外側は流速が大きいので川岸が削られ，内側は流速が小さいので堆積が起こる．こうして蛇行はさらに進行する．洪水時に新しい流路ができ，旧流路はとり残されて河跡湖（三日月湖）となる．

図 6　堆積作用［引用文献 (1)］

れた堆積物は，大陸棚，大陸地殻の大洋底に厚く堆積し，一部は海底谷を通して海溝まで達することもある．堆積岩や堆積物のできる場所は，砂漠，氷河，河川，扇状地，沼，河口，海岸と様々な場所に及ぶ．

D. 大洋の堆積作用

　地球の表層の約70％は海である．太平洋，大西洋など大きな海洋の中央部は，大陸から離れており，陸からの砕屑物は到達しない．このような場所では，海洋の水塊中や底層に生息している生物の遺骸，空気中から落下してくる風成塵や宇宙塵，火山灰などが堆積する．特に，生物の遺骸が多くの割合を占めている．ここでは，堆積速度は陸域に比べるときわめて小さく，一般に千年に数mm程度である．例外的に，流氷によって運ばれてきた礫や砂が堆積することがあり，漂流岩屑 (Ice–rafted debris) と呼ばれる．

　また，大陸の近くであっても生物の遺骸が集積する場所がある．その代表が，サンゴ礁の周辺である．そこでは，サンゴ，貝殻，有孔虫などの生物の破片が集積している．サンゴ礁では，砂・泥の流入が多いとサンゴは死んでしまうので，生物の遺骸からなる堆積物となる．

西村(1983)などによる

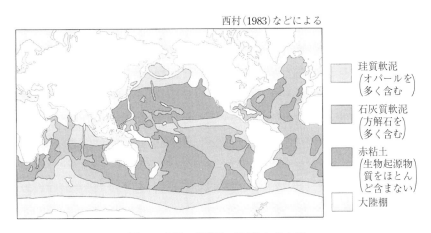

珪質軟泥
（オパールを多く含む）

石灰質軟泥
（方解石を多く含む）

赤粘土
（生物起源物質をほとんど含まない）

大陸棚

図 7　大洋の堆積物［引用文献 (1)］

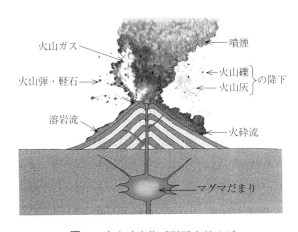

図 8　火山噴出物［引用文献 (1)］

E. 火山の噴出物

陸上もしくは海上で火山が噴火し，地表に運び出された物質を火山噴出物という．これには，溶岩，火山ガス，火山砕屑物があり，このうち火山砕屑物は，火山の噴出にともなってマグマや火山体の一部が飛散したものである．これらには，火山岩塊，火山弾，軽石，火山灰などがある．このうち火山灰は，空中を浮遊・降下するので，地形にそれほど左右されずに堆積し，加えてかなり遠距離まで運ばれるので，一定の時間面を表す堆積物として使用される．このように広い範囲に追跡できる地層のことを鍵層と呼ぶ．

4.2 堆積岩の種類

上記のように，浸食・風化，運搬された堆積物は，圧縮，脱水し，粒子間に新しい鉱物が結晶しながら固結し（続成過程とよぶ），堆積岩になる．堆積岩の種類には次のようなものがある．

礫岩・砂岩・泥岩は，様々な種類の岩石・鉱物のかけらから構成され，その大きさによって分類される．石灰岩・チャートは，生物の殻が集積してできたものが多く，石灰岩の化学成分は炭酸カルシウム（$CaCO_3$）で，サンゴ，二枚貝，巻貝，有孔虫などからなる．チャートの成分は SiO_2 で放散虫，珪質海綿から構成される．石灰岩の多くは，サンゴ礁や海洋底など砕屑物が少なく，生物遺骸が卓越する場所で形成される．

火山の噴出物のうち，岩片の大きなものには凝灰角礫岩があり，岩片の小さいものは凝灰岩と呼ばれる．このほか，火砕流や泥流などによって形成された堆積物もある．これらは，火成岩と堆積岩の中間のような性質をもっている．

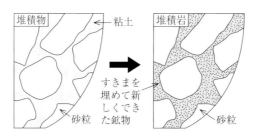

図 9 堆積岩のでき方［引用文献 (2)］

火山砕屑物	粒子の直径	特定の外形をもたない	特定の外形をもつ	多孔質
	64 mm 以上	火山岩塊	火山弾 溶岩餅 スパター ペレーの毛 ペレーの涙	軽石 スコリア （岩さい）
	2〜64 mm	火山礫		
	2 mm 以下	火山灰		
溶岩	パホイホイ型，アア型，塊状，枕状（水中）			

図 10 火山噴出物の種類［引用文献 (1)］

5. 試料観察の要点および注意事項

5.1 砂 (岩) の観察

　砂を構成する粒子は，直径 20 ～ 30 μm を境界としてフレームワーク粒子と基質に区分される．これら粒子の間をシリカや方解石のセメント (膠着物質) が埋めて固結させている．砂岩を構成する粒子の種類と量比は，それらを供給した地域に分布する岩石の種類と量比を反映し，最終的にそこがどのような堆積場であったかを示してくれる．化学成分の分析を加えれば，さらにその堆積した環境を特定することができる．

5.2 礫 (岩) の観察

　礫は，直径 2 mm 以上の大きさの岩片で構成されているもので，その円摩度により円礫，亜

砕屑岩	砕屑物	$\frac{1}{256}$	泥	粘土	続成作用	泥岩	粘土岩	頁岩・粘板岩
		$\frac{1}{16}$		シルト			シルト岩	
		$\frac{1}{8}$	砂	微粒		砂　岩		
		$\frac{1}{4}$		細粒				
		$\frac{1}{2}$		中粒				
		1		粗粒				
		2		極粗粒				
		4	礫	細礫		礫　岩		
		64		中礫				
		256		大礫				
		粒径(mm)		巨礫				
火山砕屑岩	火山噴出物	2		火山灰		火山灰		
		64	粒径(mm)	火山礫		火山礫凝灰岩（基地・火山灰）		
				火山岩塊		凝灰角礫岩（火山灰の基地多）火山角礫岩（火山灰の基地少）		
生物岩	生物の遺骸	CaCO₃…貝殻，フズリナ，有孔虫，サンゴなど				石灰岩…貝殻石灰岩，フズリナ石灰岩，有孔虫石灰岩，サンゴ石灰岩など		
		SiO₂…放散虫，珪藻の殻　など				チャート…放散虫チャート，珪藻土など		
		C，H，N，O…植物				石　炭		
化学岩	化学的堆積物	CaCO₃				石灰岩	化学的沈殿により生成	
		SiO₂				チャート		
		CaCO₃・MgCO₃				苦灰岩		
		NaCl・KCl				岩　塩		
		CaSO₄・2H₂O				石こう		

図 11　堆積物の種類 [引用文献 (1)]

円礫，亜角礫，角礫に区分される．通常，河川などの運搬距離が長い方が円磨度がよく，砂漠のような風の作用の方が水よりも円磨度がよくなる．

5.3 生物の殻からなる堆積物

砂，シルト，粘土が固結した岩石には生物の遺骸 (化石) が含まれる．生物の遺骸は，環境を復元するのに，きわめて有効な手段となる．化石には，大型化石と微化石がある．微化石と大型化石には厳密な定義はないが，一般に顕微鏡を用いて研究しなければならない化石を微化石と呼ぶことが多い．砂やシルトの中には，大型化石の場合は破片としてしか観察されないが，微化石の場合は成体自体のサイズがこの大きさとなる．殻をつくる生物の多くは，石灰質 ($CaCO_3$) の殻をもつ．これらには，海綿，サンゴ，二枚貝，巻貝，腕足貝，コケムシ，頭足類，ウニなど，ほとんどの動物群がこれにあたる．これに対して，シリカ (SiO_2) の殻をつくる動物には，海綿があるだけである．

また，陸上植物も化石として残り，幹，葉，枝などは分解して運ばれる．さらに，その生物体は植物片として堆積物とともに運ばれる．植物体が大量に堆積したものが石炭である．植物化石の一部には，ケイ素で置換されて化石になる場合がある．このような植物化石は珪化木と呼ばれる．

5.4 火山砕屑物からなる堆積物

米国や欧州の火山のない地域では，火山噴出物の存在は火山活動のよい指標になる．しかし，日本列島は火山が数多く存在するので，堆積岩の中には火山噴出物が普遍的に含まれる．したがって，堆積物に占める割合が多い場合にのみ火山噴出物と認識できる．

6. 堆積環境の推定の仕方
6.1 陸から運ばれた砕屑物

礫・砂を主体とし，鉱物組成としては石英，長石，輝石，角閃石，雲母などを主体とする．一般に，石英は長石よりも風化に強いので，運搬距離が長い方が石英の割合が多い傾向になる．しかし，日本のように河川の運搬距離が短い場合，必ずしもあてはまらないことが多い．砂漠や砂丘ではほとんど石英からなる場合が多い．

河川のような場所で堆積したのか，海岸もしくはその沖合の浅い海で堆積したのかは，堆積物の中に含まれている化石を観察することで推定することができる．植物化石やその破片が多く，それ以外の化石が見られない場合は，河川や湖で堆積したと考えることができる．これに対して，貝殻，サンゴ，ウニなど大型化石の破片を含む場合には，海岸より沖合の堆積物と考えてよい．微化石を含む場合には，もう少し詳しい堆積環境を知ることができる．たとえば，微化石のうち，貝形虫の割合，浮遊性/底生有孔虫比，底生有孔虫の種類などを鑑定できれば，もっと詳細に古深度を知ることができる．特に，サンゴ礁の周辺では熱帯の生物遺骸が多いので，堆積物中の遺骸構成を調べれば，比較的容易にサンゴ礁の堆積物かどうかは認識すること

ができる.

6.2 大洋で堆積した堆積物

大洋で堆積した堆積物は,そのほとんどが粒径の微小な泥や生物遺骸から構成されている.それらの生物遺骸は大型化石ではなく,浮遊性および底生の微化石を主体とする.その構成群集を顕微鏡下で観察すれば,その堆積深度,おおよその緯度などの情報を得ることができる.たとえば,石灰質 (もしくは方解石) の殻 ($CaCO_3$) が卓越する群集は,炭酸塩補償深度 (Carbonate Compensation Depth) と呼ばれる水深より浅い場所で堆積したことがわかる.この深度は,通常太平洋では 3000〜4000 m 付近に存在する.これに対して,シリカの殻を主体とする化石群集から構成される堆積物は,この深度をこえる深度で堆積したことになる.有機質の殻をもつ化石 (渦鞭毛藻や花粉) は,むしろ内湾や浅海に多く,大洋の堆積物には相対的には少ない.

引用文献
(1) 『ニューステージ (新訂) 地学図表 (2005 年度版)』浜島書店 (2005)
(2) 松田時彦・山﨑貞治編『高等学校　地学 I(平成 16 年度版)』新興出版啓林館 (2003)
(3) 酒井治孝著『地球学入門』東海大学出版会 (2003)
(4) 保柳康一ほか著『堆積物と堆積岩』共立出版 (2004)

E3　地球リソスフェアの岩石・鉱物しらべ

はじめに

　地球の表層部，地表から地下およそ 70 〜 150 km までの部分はリソスフェア (岩石圏) と呼ばれ，火成岩や堆積岩，変成岩からできている．これらは地殻 〜 上部マントルを構成する岩石で，多くは，珪酸塩鉱物や炭酸塩鉱物などの鉱物が集合した結晶質の固体物質である．ここでは，私たちの足元や地表で目に留まる身近な岩石や鉱物を観察してみよう．

1. 火成岩・堆積岩・変成岩

1.1　3 つの岩石タイプ区分

　地球リソスフェアの岩石は，そのでき方 (成因) の違いによって，火成岩・堆積岩・変成岩の 3 つの岩石タイプに大別される．

　火成岩は，地下深所の地殻下部 〜 上部マントル (リソスフェア深部 〜 アセノスフェア) で生じた高温のマグマが冷えて固化した岩石である．高温のマグマが地表や海底に噴出すると，大気や海水によって急激に冷やされて固結し，火山岩ができる．また，マグマが地下深所を上昇する途中で長期間停滞してマグマ溜まりなどをつくると，マグマはゆっくり冷やされて結晶が大きく成長し，粗粒な深成岩になる．堆積岩は，陸地の山や海底斜面の崩壊によって生じた岩塊や土砂が河川や海底谷を流れ，水中に堆積してできた岩石である．変成岩は，地表や海底にあった岩石がより高温高圧の地下深所に運び込まれ，別の鉱物組合せに変化した岩石である．

　これらの多くは，中央海嶺や島弧–海溝系 (沈み込み帯)，あるいは大陸リフト帯など，地球の変動帯でつくられる (図 1)．その主役は，火成岩をつくるマグマ活動である．そのために，地球リソスフェアの大半は火成岩でできている．

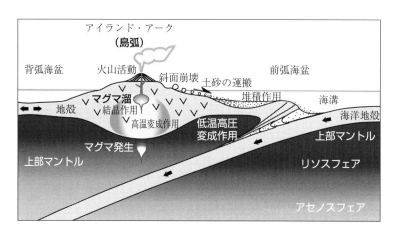

図 1　島弧–海溝系 (沈み込み帯) の模式図．火成岩・堆積岩・変成岩のできる場所とでき方を示す．

182 　地球惑星科学系実験

1.2　火成岩・堆積岩・変成岩の見分け方

　3つのタイプの岩石は，できかたが違っているので，見た目でもそれぞれ異なる特徴をもっている (図2)．その特徴が見分けられれば，その岩石タイプを識別できる．実際に，いろいろな岩石を見くらべてみよう．

図 2　代表的な岩石標本．A：火成岩 (花こう岩)，B：堆積岩 (礫岩)，C：変成岩 (黒雲母片麻岩)

〈火成岩の特徴〉　火成岩は，高温のマグマが冷えて固まった岩石なので…

(1)　火山岩 (急冷)：火山ガラスや細粒な石基からなり，自形の斑晶鉱物を含む．

(2)　深成岩 (徐冷)：大きな粒ぞろいの鉱物からなる．

〈堆積岩の特徴〉　堆積岩は，川で運ばれた礫や砂粒でできているので…

(1)　つぶつぶの粒子 (砕屑粒子) が含まれている．

(2)　よく見ると，円く磨かれていることが多い．

(3)　ラミナなどの堆積構造を示すことがある．

(4)　化石が含まれていることもある．

〈変成岩の特徴〉　変成岩は，圧力の高い地下深部でできたので…

(1)　鉱物が1方向に並んでいたり，濃集して縞模様ができている．

(2)　そのために，片状・板状に割れやすい．

1.3　火成岩・堆積岩・変成岩の識別実習

　代表的な火成岩・堆積岩・変成岩が20個づつセットになった市販の岩石標本 (図3) を用いて，実際に3つの岩石タイプを識別してみる．

図 3　岩石標本セット［ニチカ (日本地科学社) の組標本］

観察レポート

課題 1 ばらばらに置かれている岩石標本のなかから，火成岩・堆積岩・変成岩をそれぞれ 1
つづつ選びだしてみる．選別した岩石の標本番号および識別理由 (とくに着目した特徴点) を
レポートする．

2. 火成岩の観察
2.1 主要な造岩鉱物

岩石をつくっている鉱物としては，SiO_2 を主成分とする珪酸塩鉱物が圧倒的に多い．その
主要なものは，かんらん石・斜方輝石・単斜輝石・角閃石・黒雲母・斜長石・アルカリ長石・
石英の 8 種類の珪酸塩鉱物であり，全てが高温マグマから晶出する鉱物である．それぞれ固有
の化学組成と結晶構造をもっているために，鉱物の色や形に違いがあり，肉眼やルーペで識別
できる (後述する項目 **3.1** 参照)．

有色鉱物 (苦鉄質鉱物：Mg や Fe に富む)：かんらん石 (オリーブ色)・斜方輝石 (アメ色/濃褐
色)・単斜輝石 (濃緑色)・角閃石 (緑色 ～ 濃緑色)・黒雲母 (黒色)
無色鉱物 (珪長質鉱物：Si や Al に富む)：斜長石 (無色 ～ 白色)・アルカリ長石 (乳白色 ～ 淡桃
色)・石英 (無色透明)

〈主要造岩鉱物の鉱物名と化学式 (構造式)〉
(1) かんらん石 $(Mg, Fe)_2 SiO_4$
(2) 斜方輝石 $(Mg, Fe)SiO_3$
(3) 単斜輝石 $(Ca, Mg, Fe)SiO_3$
(4) 角閃石 $NaCa_2(Mg, Fe, Al)_5(Al, Si)_8 O_{22}(OH)_2$
(5) 黒雲母 $K(Mg, Fe)_3 AlSi_3 O_8(OH)_2$
(6) 斜長石 $NaAlSi_3 O_8 \sim CaAl_2 Si_2 O_8$
(7) アルカリ長石 $(K, Na)AlSi_3 O_8$
(8) 石英 SiO_2

2.2 火成岩分類と命名法

高温マグマの冷却速度の違いと化学組成の違いによって，多様な火成岩ができる (図 4)．こ
こでは，まず火成岩分類のための基本的な指標 (尺度) について述べる．
(1) マグマの冷却速度 (急冷 ～ 徐冷) の違いによる．
〈火山岩〉〈半深成岩/脈岩〉〈深成岩〉
(2) マグマの化学組成 (塩基性 ～ 酸性) の違いによる．
〈超塩基性岩〉〈塩基性岩〉〈中性岩〉〈酸性岩〉

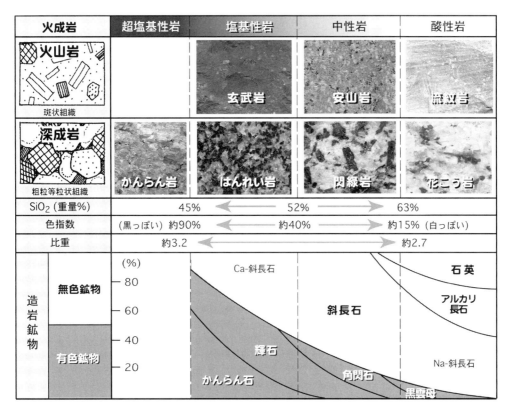

図 4 火成岩分類の基本

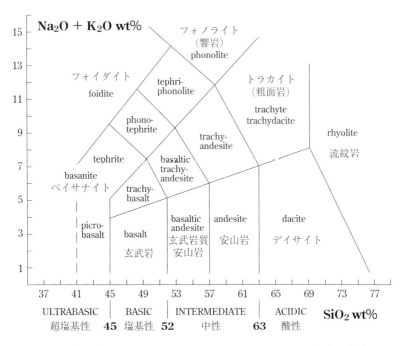

図 5 火山岩分類 (アルカリ–シリカ図). IUGS (1973) の分類を一部変更.

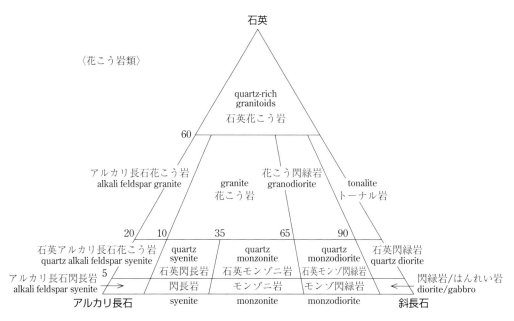

図 6 花こう岩類のモード組成分類 (IUGS, 1973)

現在，国際地質科学連合の提案による火成岩分類および命名法 (IUGS, 1973) が，国際的に最も広く使用されている．図 5 および図 6 のように，火山岩は全岩主成分化学組成分析 (重量 %) にもとづく化学組成分類，深成岩は構成鉱物のモード組成分類になっている．

〈火山岩 (急冷)〉

(1) 火山岩は，火山ガラスや細粒な石基を含むので，全岩化学組成によって分類される．火山岩分類には，通常，SiO_2 重量 % と総アルカリ ($Na_2O + K_2O$) 重量 % を指標としたアルカリ–シリカ図が用いられる (図 5)．

(2) 火山岩を肉眼で鑑定するときは，簡便な方法として，含まれている斑晶鉱物の種類 (組みあわせ) を確かめると良い (図 4 参照)．たとえば，斑晶鉱物としてかんらん石が含まれていると玄武岩，輝石・角閃石と斜長石が含まれていると安山岩，黒雲母や石英・アルカリ長石が含まれていると流紋岩である．

〈深成岩 (徐冷)〉

(1) 深成岩は，肉眼でも識別可能な粗粒な結晶からできているので，構成鉱物のモード組成によって分類される (図 6)．

(2) 深成岩分類で一般的に用いられている鉱物モード組成図は，以下の 3 つの三角図である．
   ・花こう岩類：石英–アルカリ長石–斜長石 (図 6)
   ・はんれい岩類：斜長石–輝石–角閃石
   ・超苦鉄質岩類：かんらん石–斜方輝石–単斜輝石

2.3 火成岩の肉眼観察

実習用火成岩標本セットを用いて，実際に火成岩を分類してみよう．ここでは，岩石の化学

分析は行わないので，肉眼とルーペで観察する．

観察レポート

課題 2–1　火山岩 (玄武岩・安山岩・流紋岩) と深成岩 (かんらん岩・はんれい岩・閃緑岩・花こう岩) を識別する．火成岩標本箱 (黒箱) の 7 つの岩石標本 (No. 1, 2, 4, 5, 10, 12, 15) について，図 4 を参照しながら肉眼およびルーペで観察し，その識別理由 (粒度と含まれている鉱物の組み合わせ) をレポートする．

課題 2–2　深成岩 (かんらん岩・閃緑岩・花こう岩) について，それぞれの岩石の色指数を見積もってみる．色指数とは，岩石全体中に占める有色鉱物の割合 (量比 %) で，色指数 = 100 × 有色鉱物/(有色鉱物 + 無色鉱物) の量比である (図 4 参照)．色指数が大きくなるほど，より塩基性の深成岩になっている．

課題 2–3　花こう岩について，鉱物モード組成分類を試みる．肉眼およびルーペで構成鉱物 (黒雲母・石英・アルカリ長石・斜長石) の割合 (量比 %) を見積もり，レポートする．時間があれば，石英–アルカリ長石–斜長石三角図 (花こう岩類のモード組成分類図：IUGS, 1973) にプロットしてみる．

3.　主要造岩鉱物の識別

3.1　結晶の色と形

　岩石をつくる鉱物 (結晶) は，それぞれ固有の色や形をもっている (表 1)．その違いは，主に結晶構造や化学組成による．化学組成については，2.1 項目 (主要な造岩鉱物) の化学式を参照することにして，ここでは，結晶構造と外形の仕組みについて学習しておこう．

　結晶は，原子が空間的に (3 次元的に) 規則正しく配列してできた固体物質である．結晶の外形のわかりやすい事例として，自形の岩塩結晶 (NaCl) の原子配列とその配列に規制されてできる結晶面を図 7 に示す．岩塩では，Na 原子と Cl 原子が直交する 3 方向に規則正しく交互に等間隔に並んでいる．原子が配列する方向を結晶軸と呼ぶが，岩塩の場合，直交する 3 つ結晶軸がそれぞれ等価になっている．そのために，サイコロのような外形をつくる (図 7)．

　全ての結晶が，岩塩のような特徴的な原子配列をもっており，特徴的な外形を示す (図 8)．

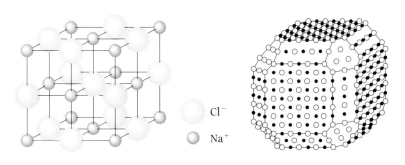

Cl⁻
Na⁺

図 7　岩塩 (NaCl) の結晶構造と結晶面との関係

表 1　主要造岩鉱物の識別表

鉱物名	かんらん石	直方(斜方)輝石	単斜輝石	角閃石	黒雲母
化学式	$(Mg,Fe)_2SiO_4$	$(Mg,Fe)SiO_3$	$(Ca,Mg,Fe)SiO_3$	$NaCa_2(Mg,Fe,Al)_5$ $(Al,Si)_8O_{22}(OH)_2$	$K(Mg,Fe)_3Al$ $Si_3O_8(OH)_2$
色	オリーブ色	アメ色/濃褐色	濃緑色	緑色〜濃緑色	黒色
形	紡錘状	長柱状	短柱状	長柱状〜針状	板状
理想的な結晶外形					
硬度	6.5〜7	5.5	5.5	5.5	2.5
比重	3.2〜3.4	3.3	3.3	3.0〜3.4	3.0

図 8　代表的な造岩鉱物 (A：かんらん石, B：単斜輝石, C：黒雲母, D：石英)

識別表 (表 1) には, 主要な造岩鉱物の外形の典型例として, それぞれ理想的な結晶の形が描かれている.

3.2　結晶の硬さをしらべる

　ここで, 鉱物 (結晶) の硬さをしらべてみる. 一般に, 固体物質の硬度は, 押したときの耐圧度や擦ったときのキズの程度で計測できる尺度である. これは, ハンマーでたたいて割れる強度 (靭性度) とは違っている. 結晶の硬度としては, 相互に擦りあわせ, キズをつけて硬さの大小を決める「モースの硬度計」が一般的である.

〈モースの硬度計〉　1　滑石　　　　talc

　　　　　　　　　　2　石膏　　　　gypsum

　　　　　　　　　　3　方解石　　　calcite

　　　　　　　　　　4　蛍石　　　　fluorite

　　　　　　　　　　5　燐灰石　　　apatite

斜長石	アルカリ長石	石英
NaAlSi$_3$O$_8$ 〜CaAl$_2$Si$_2$O$_8$	(K,Na)AlSi$_3$O$_8$	SiO$_2$
無色〜白色	乳白色/桃色	無色透明
柱状	柱状	六角錐〜柱状
6	6	7
2.7	2.6	2.7

   6   正長石   orthoclase

   7   石英 (水晶)   quartz

   8   トパーズ (黄玉) topaz

   9   コランダム   corundum (宝石名：ルビー，サファイア)

  10   ダイヤモンド   diamond

実習レポート

課題 3–1　人の爪 (ツメ) の硬度は 2.5 度，10 円硬貨は 3.5 度，カッターナイフの刃は 5.5 〜 6 度である．モースの硬度計 [ニチカ (日本地科学社) の実習用モースの硬度計] を使って，鉱物の硬さをしらべてみよう．しらべる鉱物は，鉱物 A〜G の 7 種類【滑石 (1)，石膏 (2)，黒雲母 (2.5)，方解石 (3)，蛍石 (4)，アルカリ長石 (6)，石英 (7)】．鉱物それぞれの色や形などの特徴を記載し，爪，10 円硬貨，カッターナイフ，および硬度計鉱物を用いてキズをつけてみる．その鉱物が何かを決め，しらべた結果をレポートする．時間があれば，身近な金属の硬度もしらべてみる．

3.3　結晶の比重を測定する

　鉱物 (結晶) はそれぞれが固有の密度 (g cm^{-3}) をもっているので，重さも岩石や鉱物を識別するときに有効な指標である．ここでは，実際に比重計を用いて，代表的な鉱物の比重を測定してみよう．比重は単位体積あたりの物質の重さと水の重さの比で求められるので，比重測定のポイントは，物質の重量と水の中に入れた物質の重量を正確に測定することである．

手順 1 (比重計のセットアップ)

　・比重計の水槽に水 (蒸留水) を入れ，ピンセットを収納孔にたてる．

　・「電源」キーを押して ON にする．

　・「ゼロ」キーを押してゼロアジャストを行う．

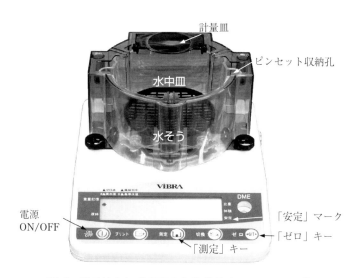

図 9　電子はかり式 VIBRA 比重計 (DME-220 H 型)

手順 2 (乾燥試料の重量測定)

・乾燥試料を計量皿に載せ，ピンセットを収納孔に戻す．

・安定マーク点灯後，「測定」キーを押して重量を測定する．

手順 3 (水中試料の重量測定)

・ピンセットで，試料を水中皿に静かに載せ，ピンセットを収納孔に戻す．

・安定マーク点灯後，水中の重量を測定する．

・「測定」キーを押して比重を測定する．

・「切換」キーを押して試料の体積を確かめる．

手順 4 (測定終了)

・水中皿の試料を元に戻す．

・ピンセットを収納孔に戻す．

・「測定」キーを押し，次に「ゼロ」キーを押す．

・繰り返し測定するときは手順 2 に戻る．

・終了するときは「電源」キーを押して OFF にし，元の状態に戻す．

実習レポート

課題 3–2　比重計を用いて，鉱物 (A ～ G) および代表的な岩石 (花こう岩・安山岩・かんらん岩) の乾燥重量，水中重量，比重，体積を測定する．

E4　偏光顕微鏡で覗く岩石・鉱物の世界

1.　はじめに

　地球はどのような物質で構成され，どのように形成・進化してきたのだろうか．地下では何が起きているのだろうか．これらに関する我々の理解は，岩石の研究に負うところが大きい．たとえば，火山から噴出した岩石を詳しく調べることで，地下深部を作る岩石の種類，岩石熔融の履歴とその原因，関連する熱の流れや物質循環などの情報を得ることができる．太古代に形成された岩石を解析すると，初期地球の冷却，海洋形成，プレートテクトニクスの開始などに関する情報を得ることができる．1月の誕生石でもあるざくろ石 (ガーネット) を含むある種の岩石を調べると，かつて海底に堆積した泥だったものが数億年の年月をかけて地下数 10 km の深部を旅し，再び地表に現れたということが明らかにされる．さらには，宇宙から落下してきた岩石 (隕石) を調べると，太陽系の成り立ちをたどることもできる．このように，岩石を巧みに利用することで，地球・惑星の構造や形成過程，進化，諸地学現象の仕組みなどを解明することができ，さらにはその将来像を予測することにもつながるのである．そのためには，岩石を詳しく観察し，特徴を明らかにすることが不可欠である．

　本実習では偏光顕微鏡を用いて岩石を観察しよう．偏光顕微鏡は，岩石を観察するための最も基本的な道具である．肉眼で観察するのに比べ，より詳しい情報が得られるであろう．道端に落ちている "石ころ" も岩石である．そもそも岩石とはどのような物質だろうか．まずは全体的な特徴 (岩石の組織や構造など) を把握し，次により細かいところ (1 つひとつの鉱物粒子など) を観察するとよい．気になった特徴はすぐにメモすることを心がけよう．

2.　岩石形成過程

　岩石は，鉱物・ガラスが集合した固体物質である．形成過程に基づき，火成岩，変成岩，堆積岩の 3 種類に分類される．それぞれの概要については，「**E2** 堆積物からさぐる地球の環境」，「**E3** 地球リソスフェアの岩石・鉱物しらべ」に詳述されている．ここでは，岩石の形成に関連する基本事項を確認しておこう．

2.1　マグマの結晶作用

　マグマは SiO_2 を主成分とする多成分系の溶液である．このような液が冷却すると，さまざまな種類の鉱物が，融点の高いものから順に結晶化し，最終的に**火成岩**として固化する．結晶化が進む間，残った液 (残液) の組成は時々刻々と変化していく．たとえば，玄武岩質マグマが冷却されると，かんらん石や輝石が初期に晶出する．そのため，残液中の Mg や Fe などの濃度は低下し，それ以外の成分 (SiO_2 や K_2O など) の濃度が相対的に増加し，残液は安山岩質マグマの組成に近づいていく．

　鉱物の中には，結晶化の最中に化学組成が変化していくものがある．たとえば，斜長石では，

高温環境で形成した部分は灰長石成分 ($CaAl_2Si_2O_8$) に富むのに対し，低温で成長した部分は曹長石成分 ($NaAlSi_3O_8$) に富む (**E 3** の図 4)．そのため，マグマが冷却する際，斜長石結晶は中心ほど灰長石成分に富み，外側が曹長石成分に富むことになる．このような，結晶の中心と外側で化学組成が不均一な構造を**累帯構造**と呼ぶ．偏光顕微鏡で斜長石を観察すると，結晶中心から外側に向かって干渉色 (後述) が連続的に変化したり，年輪状の縞が作られている様子が観察される．かんらん石や輝石にも累帯構造が作られ，高温環境で晶出した部分は Mg に，低温環境で晶出した部分は Fe に富む．

火成岩のうち，マグマが地表または地下浅所に噴出し，急冷固結したものを**火山岩**という．火山岩は，マグマが地下でゆっくり冷却し時間をかけて成長した**斑晶**と，その周囲の細かな組織の**石基**からなる．このような組織を**斑状組織**と呼ぶ (**E 3** の図 4)．斑晶鉱物の種類は，マグマの化学組成，温度・圧力条件，冷却履歴などにより異なる．石基は噴火直前まで液だった部分であり，あまりに急激に冷却したために結晶成長の時間が十分に取れず，小さな結晶が多数集合した状態，あるいは結晶構造を持たないガラスとなった部分である．後述するように，ある物質が結晶なのか，それともガラスなのかは，偏光顕微鏡を利用することで区別できる (6. 固体物質の光学的性質)．

火成岩のうち，マグマが地下でゆっくり冷却し，全体が完全に結晶化した岩石を**深成岩**という．多くの結晶粒子がほぼ同じ粒径を持つことから，このような組織は**等粒状組織**と呼ばれる (**E 3** の図 4)．結晶化初期に晶出した鉱物は，液の中で自由に成長するため，その鉱物本来の形を取る (自形，**E 3** の表 1 を参照)．一方，結晶化が進み，十分な空間が残されていないところで結晶化した鉱物は，本来の形にはならず，隙間を埋めるように成長する (半自形，他形)．この性質を利用すると，鉱物の晶出順序を推定することができる．

2.2 続成作用

堆積岩は，砕屑粒子が堆積・固結してできた岩石である．海底や湖底など，水が存在する場所で作られることが多い．岩石になる前，堆積物はバラバラの砕屑粒子が積み重なり，粒子と粒子の間には十分な隙間が残された状態にある．粒子間の隙間は，水，海水，細粒の粒子などで満たされている．やがて，堆積物の荷重により隙間の水が排水されたり，砕屑粒子が変形することで岩石全体が縮んでいく (圧密)．同時に，様々な化学的過程も作用する．たとえば，粒子同士が接触する箇所では，局所的に高い圧力が発生するため，その部分の鉱物が選択的に水に溶解する．溶解した成分は，非接触の低圧部で沈殿し，隙間を埋めていく．また，間隙水によって遠くから運ばれてきたイオンが鉱物として沈殿し，隙間を埋めることもある．これらの過程により粒子は互いに接着され，硬い堆積岩へと変化していく．以上の過程をまとめて**続成作用**と呼ぶ．

2.3 変成作用

変成岩は，既存の岩石 (火成岩，堆積岩) が形成時とは異なる温度・圧力環境下に置かれ，化学反応，脱水反応，変形，再結晶作用などを受けた岩石である．プレート運動に関連し生じる**広域変成作用**では，海洋プレート上の堆積岩や海底玄武岩が沈み込み帯に引きずり込まれ，高温・高圧の環境下に持ち込まれる．その結果，それまで安定だった鉱物が化学反応により別の鉱物に変化する．また，岩石には強い差応力が加わるため，鉱物粒子は変形し，しばしば 1 つの方向に伸長したり，一定の配列を形成することがある．一方，地殻岩石の中にマグマが貫入すると，接触部は局所的に高温となり，鉱物の化学反応や再結晶作用が起こる．これを**接触変成作用**と呼び，接触変成岩の代表例としては，石灰岩が加熱されて作られる結晶質石灰岩 (いわゆる大理石) や，泥岩が加熱されて作られるホルンフェルスなどがある．変成作用の温度圧力条件は，鉱物の種類や組成を詳しく調べることで推定することができる．

鉱物の中には，化学組成は同じであるが，結晶構造が異なるものがある．このような鉱物同士の関係を**多形** (または同質異像) の関係という (多形は **2.1** の "他形" とは異なるので注意)．たとえば，紅柱石，珪線石，藍晶石の 3 つの鉱物は，化学組成はすべて Al_2SiO_5 であるが結晶構造は異なり，多形の関係にある．石墨とダイヤモンド (C)，石英とコース石 (SiO_2) なども多形の関係である．多形の情報も，岩石の形成環境を理解するうえで有用である．

他にも，隕石衝突時の高温高圧による衝撃変成作用もある．隕石衝突孔からは，SiO_2 の高圧相であるコース石やスティショフ石が発見されている．

3. 岩石薄片

岩石を薄く加工しスライドガラスに貼り付けたものを**岩石薄片** (または単に**薄片**) という．岩石の厚さは $30\,\mu m$ 程度であり，光が透過するようになっている．これを偏光顕微鏡で観察することで，鉱物内の微細組織や光学的性質を調べることができる．

4. 偏光顕微鏡

4.1 構造

偏光顕微鏡は，物体を拡大観察することに加え，物質の光学的性質を観測できるようにデザインされた装置である．偏光板，検板，ベルトランレンズなど他の顕微鏡にはない装置が搭載されており，岩石，鉱物の特徴を多角的に調べることができる．各装置の部位は図 1 のとおりである．

偏光板は 2 枚搭載されており (上方ニコル，下方ニコル)，それぞれの偏光の方向が互いに垂直になるようセットされている．下方ニコルは常に光路に入っている．上方ニコルは手動で光路に入れたり出したりすることができる．上方ニコルは検板と似ているので混同しないよう注意すること．ステージは円形で，手動で回転できるようになっている．対物レンズは 4 倍，10 倍，40 倍の 3 種が用意されている．対物レンズを交換する際はレボルバを廻すこと．決して対物レンズそのものを引っ張ってはならない (破損や観察不良の原因となる)．ピントを合わせる

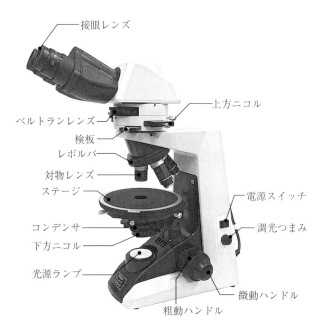

図 1　偏光顕微鏡

際は，まず粗動ハンドルでステージを上下動させ，大まかに合わせる．次に微動ハンドルで微調整する．その際，薄片に対物レンズが接触しないよう注意すること．

4.2　光　　路

　顕微鏡内の光路は図 2 のとおりである．光源を出発した光は，下方ニコル，試料，対物レンズの順に通過する．その後，**クロスニコル** (直交ニコル) の状態では，光は上方ニコルを透過

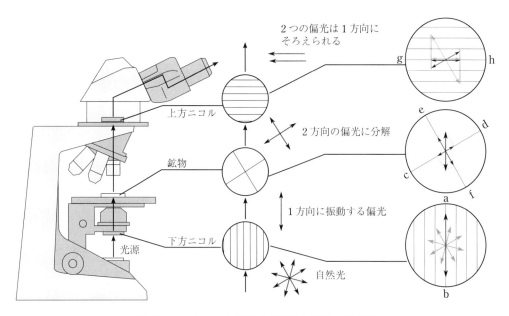

図 2　クロスニコル観察での光路と偏光の概念図

し，接眼レンズに到達する．**オープンニコル** (開放ニコル) の状態では，光は上方ニコルを透過せず，そのまま接眼レンズに到達する．クロスニコル/オープンニコルの切り替えは，上方ニコルを出し入れすることによって行う．

クロスニコル/オープンニコルでの光の挙動は以下のとおりである．図2のように，光源から発せられた自然光 (進行方向に垂直なあらゆる方向に振動している) は，まず下方ニコルを通過することでa–b方向に振動する偏光となる．その後，この偏光は鉱物試料 (立方晶系を除く) に入射すると，c–d方向に振動する偏光とe–f方向に振動する偏光の2つに分解される．この2つの偏光は，振動方向が互いに垂直になっており，試料 (ステージ) を回転すると，(c–d)⊥(e–f) の関係を維持したまま振動方向も回転する．また，試料内ではこの2つの偏光の速度 (屈折率) は異なる．そのため，速い方の光が試料上面を出るとき，遅い方の光はまだ試料内部にあり，両者の間に位相のずれが発生する．試料上面から出たあとは，2つの偏光は同じ速度で空気中を進む．オープンニコルの状態では，この2つの偏光はそのまま接眼レンズに到達し視野に入る．一方，クロスニコルの状態では，上方ニコルに入射する．その際，2つの偏光は1つの振動方向g–hにそろえられる．そろえられた2つの偏光は，位相のずれが生じているため干渉を起こす．その結果，ある波長の光は強め合い，別の波長は弱め合うため，干渉色が発生する．干渉色は鉱物の種類，結晶方位，厚さに依存する．

4.3　オープンニコルでの観察

オープンニコル観察では，薄片を肉眼で観察したときの様子に近い視野が得られる．鉱物の色，多色性，形，劈開 (へきかい) などを観察する．

A．　色・多色性

オープンニコルで観察すると，肉眼で観察したときの色に近い色が観察される．鉱物の中には，オープンニコルの下でステージを回転すると，色あいや色の濃さが変化する性質を持つものがある．このような性質を**多色性** (たしきせい) と呼ぶ．多色性は，黒雲母や角閃石で顕著に観察される．

B．　粒子形状

鉱物の本来の形状 (白形) は，長柱状，短柱状，板状など，多面体で囲まれた形状である (**E3** の表1を参照)．火山岩の斑晶は自形結晶になりやすい．これらを薄片で観察すると，自形結晶を2次元断面で切断した形状が見えることになる．ただし，地下深部の温度・圧力条件はダイナミックに変化するので，結晶の形状もそれを反映し，変化することがある (たとえば温度が上がり，結晶が溶解し角が丸くなる，など)．また，深成岩で晶出順序の遅かった鉱物は，隙間を埋めるように結晶化するため，他形の形状となる．

C．　劈開

鉱物の特定の方向に割れやすい性質を**劈開** (へきかい) という．結晶構造の中に化学結合の弱い部分があると，その部分が割れやすく，劈開となる．顕微鏡下では，ほぼ平行な多数の線の集合として観察される．劈開は輝石，角閃石，黒雲母などで顕著に観察される．

4.4 クロスニコルでの観察

クロスニコルでは，鉱物の“色”ではなく，“干渉色”が観察される．

A. 干渉色

クロスニコルで観察される色合いは**干渉色**である．実際の鉱物の色ではなく，光の干渉により発生する色合いである．干渉色は鉱物の種類，薄片内での向き，化学組成などにより異なる．一般に，石英，斜長石，アルカリ長石などの無色鉱物は白色〜灰色などの干渉色を呈し，かんらん石，輝石，角閃石，黒雲母などの有色鉱物は鮮やかな干渉色を発しやすい (表1)．

B. 消光と消光位

クロスニコルの状態で1つの鉱物粒子に着目しステージを回転すると，90° ごとに明るさが変化するのが観察される．最も暗くなった状態を**消光**と呼ぶ．消光の仕方には，直消光と斜消光の2種類がある．ある鉱物粒子が消光する際，結晶軸の方向 (しばしば結晶の長い方向または劈開の方向に一致する) が偏光板の振動方向 (視野の十字線の方向) に一致したときに消光することを直消光と呼び，一致しないタイミングで消光することを斜消光と呼ぶ．消光が起こるタイミングは，図2のc–dやe–fの方向 (試料の偏光の方向) が，a–bやg–hの方向 (偏光板の振動方向) に一致するときである．

C. 累帯構造

1つの結晶粒子の内部で中心と外側で化学組成が異なる構造を累帯構造と呼ぶ．クロスニコルで観察すると，干渉色や消光位が連続的に変化したり，年輪状の縞模様が作られている様子が見られる．斜長石の斑晶で特に顕著に観察される．

D. 双晶

1つの鉱物粒子をクロスニコルで観察したとき，粒子の内部がいくつかの部分に分かれ，部分ごとに干渉色や消光位が異なることがある．これは1つの粒子の中に複数の単結晶が入っており，それぞれがある特定の関係で結合しているためである．このような構造を**双晶**と呼び，斜長石，角閃石，単斜輝石などでよく見られる．斜長石ではバーコード状に細長い短冊が集まったような双晶 (アルバイト双晶という) が顕著に観察される．

E. 離溶組織

ある種の鉱物は，はじめに結晶化したときには均一な1つの固体であったのに，その後，温度が低下することで複数の鉱物に分解することがある．これを離溶とよび，鉱物粒子の中に，葉片状，ひも状，虫食い状などの形状で別の鉱物が発生することになる．離溶組織はアルカリ長石でしばしば観察される．

5. 鉱物の鑑定基準

表1は主な造岩鉱物の特徴をまとめたものである．鉱物の種類を鑑定する際は，対象をオープンニコル，クロスニコルの両方で観察し，特徴を総合し判断する．色，干渉色，劈開の方向などは，同一の鉱物種でも結晶の向きや僅かな化学組成の違いによって変化する場合があるので注意すること．

表 1　偏光顕微鏡観察における主要造岩鉱物の特徴

	色	多色性	干渉色	劈開	その他
石英	無色	なし	白色〜灰色	なし	斜長石，アルカリ長石に較べ，表面が滑らか．
斜長石	無色	なし	白色〜灰色	見えにくい	双晶が顕著に発達．火山岩斑晶では累帯構造が顕著．
アルカリ長石	無色	なし	白色〜灰色	見えにくい	深成岩では離溶組織が見られる．
かんらん石	無色〜淡色	なし	赤・青・黄・緑・紫など	ほとんど発達しない	ころころした形状．屈折率が高く，他の鉱物に較べ浮き上がって見える．
直方(斜方)輝石	淡褐色〜淡緑色	弱い	灰色	1または2方向に発達	直消光しやすい．
単斜輝石	無色〜淡色	なし	赤・青・黄・緑・紫など	1または2方向に発達	双晶が発達することが多い．斜消光しやすい．
角閃石	緑色〜褐色	強い	赤・青・黄・緑・紫など	1または2方向に発達	双晶が発達することが多い．斜消光しやすい．
黒雲母	淡褐色〜濃褐色	強い	赤・青・黄・緑・紫など	1方向に発達	直消光しやすい．
ざくろ石	無色〜淡色	なし	常に暗黒	なし	ころころした形状．クロスニコルでは暗黒．
磁鉄鉱	不透明で光が透けない	—	—	なし	不透明

＊斜方輝石と呼ばれることもある．

6.　固体物質の光学的性質

　固体物質は，光の性質に基づき**光学的異方体**と**光学的等方体**に分けられる．光学的異方体では，1つの光線が入射すると，物質内で2つの直線偏光に分解され，それぞれ別々の速度(屈折率)で，かつ，振動方向が互いに垂直になるよう進行する (**4.2** 参照)．この現象を**複屈折**と呼ぶ．多くの鉱物が光学的異方体に分類される．光学的異方体をクロスニコルで観察すると，干渉色が観察される．また，ステージを回転すると，90°ごとに消光を繰り返す．一方，光学的等方体では複屈折が起こらず，1つの光線はそのまま透過する．空気，水などのほか，ガラス，立方晶系の鉱物(ざくろ石など)も等方体である．光学的等方体は，クロスニコルでは常に暗黒に観察される．したがって，観察対象が光学的異方体なのか，等方体なのかは，クロスニコルで干渉色が見えるか否かによって区別することができる．ただし，光学的異方体でもある特定の方向(光軸の方向)を向いている粒子はステージを回転しても常に暗黒になるので，注意が必要である．詳しい結晶光学の知識については，専門書や参考文献に当たること．

7.　実　　験

　用意するもの：偏光顕微鏡，岩石薄片，色鉛筆

担当教員の指示に従い，数種類の岩石薄片を観察しよう．別途配布される用紙に視野をスケッチし，特徴をメモのように書き入れること．実習後，メモ書きをもとに作文を行い，それぞれの岩石がどのような特徴を有するのか，正しい日本語の文章で表現すること．

8. 課　題

観察した岩石の特徴をスケッチと文章で報告せよ．スケッチには特徴を書き込み，文章と図で詳細に図解すること．また，それらの岩石がどのように形成されたか，観察結果をもとに考察せよ．関連する問題が与えられることもある．詳しくは担当教員の指示に従うこと．

9. 参 考 文 献

黒田吉益・諏訪兼位『偏光顕微鏡と岩石鉱物』共立出版
井上勤監修『岩石・化石の顕微鏡観察』地人書館
坂野昇平ほか『岩石形成のダイナミクス』東京大学出版会

E5　地震計で測る大地の震動

1.　はじめに

　日本列島に住む私たちにとって，地震は馴染み深い自然現象の１つであると同時に，平穏な日常生活に突如として大災害を引き起こす脅威でもある．一方で，地震や火山は，地球深部の活動の結果として生じるプレート運動に起因する現象であり，見方を変えれば，地球が今なお生きている証ともいえる．また，地震によって生じる地震波は，われわれが直接見ることができない地球内部の状態を教えてくれる貴重な情報源でもある．

　本実験では，地震活動の監視や地球深部の様子を知る上で欠かせない地震計の基本的な仕組みや地震波の種類・性質について学び，さらに人工的に発生させた地震波 (弾性波) を多数の地震計を用いて記録することで，地震波が伝播する様子を調べてみよう．

2.　地震計と地震波に関する基礎知識

2.1　地震計の原理と仕組み

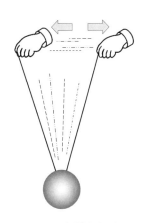

　大地の震動が起こると，地表面に接するものは全て地面と共に揺れてしまう．しかし，地面とは切り離された状態の不動点が存在すれば，そこを基準として大地の動きを記録することができる．たとえば，おもりを吊り下げた状態でその支点を急速に横に振れば，おもりは慣性によって止まったままで，支点のみが振動する (図 1)．この慣性振り子の原理が，地震の揺れを記録する上での基本となる．

　最近の地震計の多くは電磁式地震計である．磁場の中を運動するコイルには電磁誘導によって電位差が生じる．この電位差はコイル

図 1　慣性振り子

と磁石の相対速度に比例するので，これを電気的に記録することにより，地面の動く速度を記録できる (図 2)．地震の際，おもりが不動点となるには，振り子のもつ固有周期 (おもりの重さと，振り子の長さまたはバネの強さによって決まる) を，入力された振動の周期よりも長くする必要がある．したがって，ある周期の振動を正確に記録するには，それより長い固有周期を持つ地震計が必要となる．

　地震計には観測の目的に応じて様々な種類があるが，本実験では，短周期の微小な振動を記録できる 3 成分速度型地震計 (固有周期 0.5 秒) を利用する．

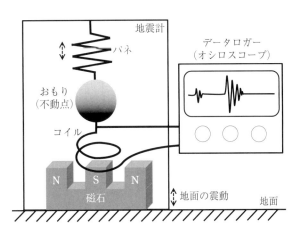

図 2　電磁式地震計の仕組み (概念図)

2.2 地震波の種類と伝播

地震波は，その伝わり方に応じて，震源から球面的に広がる実体波 (P 波，S 波) と，円筒的に広がる表面波 (ラブ波，レイリー波) に分類される．それぞれの波の伝播方向と振動様式との関係は図 3 のようになる．

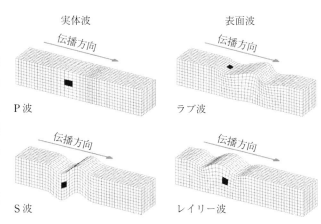

図 3 実体波および表面波の振動様式
［Braile (2010) より一部改変］

① **実体波**：震源から球面的に広がり，地球の深部まで伝わる．

　　・**P 波**：縦波．伝播方向に対して並行に振動する．

　　・**S 波**：横波．伝播方向に対して直交方向に振動する．

② **表面波**：震源から円筒的に広がり，地球の表層部に沿って伝わる．浅いところほど大きく揺れ，深くなるにつれて振幅が小さくなる．

　　・**ラブ波**：伝播方向に垂直な水平面内で振動する．

　　・**レイリー波**：伝播方向に並行な上下–水平面内で，楕円状に振動する．

図 4 は各種地震波の伝播経路の概略図である．観測地点での 3 つの独立な成分 (X, Y, Z) と波の伝播方向・振動方向との関係も示している．実体波である P 波，S 波は表面波よりも速く伝わる．地震後，最初に P 波が到達し，その後，S 波が到達する．地震の際，最初に感じる小さめの震動 (初期微動) が P 波であり，その後に続く大きな揺れ (主要動) が S 波である．さらにその後，地球の表層に沿って伝わる表面波 (ラブ波，レイリー波) が続く．表面波の伝播速度は S 波速度よりもやや遅い程度であり，震源からの距離が近い場所では S 波と表面波は区別しにくいが，震源から遠く離れるほど，徐々に分離して観測されるようになる (図 6 参照)．

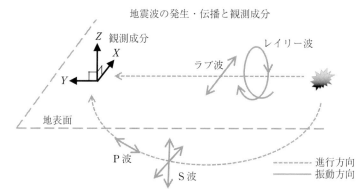

図 4 自然地震により発生する地震波の伝播と 3 成分の観測

　図 5 は，北海道の日高地方直下で発生した地震を，約 2200 km 離れた北京 (中国) の観測点において記録した 3 成分の地震波形である．実体波である P 波や S 波は，振動の周期が短くパルス状の波形として現れる．そのため，波が到達した時間を比較的明瞭に判定できる．これに対し，表面波 (X 成分に現れるラブ波と，Y, Z 成分に現れるレイリー波) は，周期が長く紡錘状

の波形として現れる．こ
れは，表面波の強い分散
性 (伝播速度が周期毎に
変化する性質) によって
生じるものである．

2.3 地震波の走時と 走時曲線

　地震波は弾性波の一種
であり，その伝播速度は，
媒質 (弾性体) の性質に
よって変化する．観測さ
れたP波，S波，表面波
の距離毎の到達時間の違
いなどの情報を用いて，
震源位置の決定や，地球
内部の速度構造の推定が
できる．図6は，図5と
同じ地震を世界各地で記
録した波形の上下 (Z) 成
分を，震源からの距離毎
に並べて表示している．

　地震波が震源から観測
点まで到達するのに要す
る時間を**走時**と呼び，P
波やS波など，それぞれ
の波の到達時刻をつない

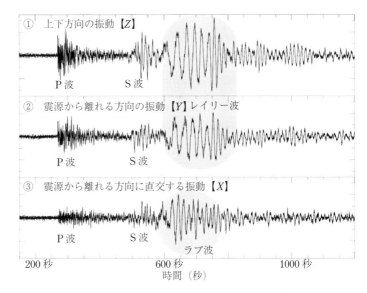

① 上下方向の振動【Z】

P波　　S波

② 震源から離れる方向の振動【Y】レイリー波

P波　　S波

③ 震源から離れる方向に直交する振動【X】

P波　　S波

ラブ波

200秒　　　　　　600秒　　　　　　1000秒
時間（秒）

図5　遠地で観測された3成分地震波形

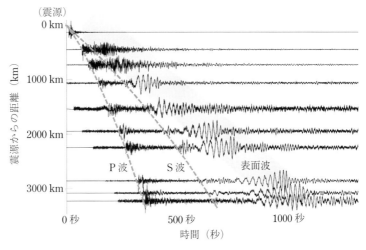

（震源）
0 km

1000 km

2000 km

P波　　S波　　表面波

3000 km

震源からの距離 (km)

0秒　　　　　500秒　　　　　1000秒
時間（秒）

図6　震源からの距離毎の観測波形 (上下成分) と
　　　　P波，S波，表面波の走時曲線

だ曲線 (直線) を**走時曲線**と呼ぶ．この曲線の傾きは「時間/距離」であるので，その逆数から地震波の伝播速度が得られる．地震波の観測から得られる走時曲線を利用することで，地球内部の構造を明らかにできる．

2.4 走時曲線と地球の構造

　地震波が伝わる速さは，地球内部の物質の性質や伝播経路に応じて変化する．したがって，ある震源から放出された波を様々な場所で観測し，波の到達時間を調べることで，地球内部の詳しい構造を知ることができる．

　簡単な例として，地球表層の二層構造を伝わるP波の伝播経路と走時曲線を考える (図7).

ここでは震源が地表面にあるとする. 震源から近い距離では, 第一層 (厚さ h) を伝わる直接波が最初に観測される. しかし, 距離 d より離れた場所では, 伝播速度の速い第二層側を通過する屈折波が直接波を追い越し, 最初に観測される. このとき走時曲線は, 図 7 (下) のように距離 d を境に折れ曲がる. 第一層の速度 V_1 と第二層の速度 V_2 はそれぞれ, 直接波および屈折波の走時曲線の傾きの逆数として得られる. このように, 観測された走時曲線から d, V_1 および V_2 の値がわかると, 第一層の厚さは次式を用いて求めることができる.

$$h = \frac{d}{2}\sqrt{\frac{V_2 - V_1}{V_2 + V_1}} \tag{1}$$

なお, 反射波は常に遅れて届くため, 初動として観測されることはない. 本実験では計測場所に応じて, 屈折波が観測される場合や, 直接波のみが観測される場合がある. 屈折波が観測できた場合は, 上記の式を用いて層厚を計算してみるとよい.

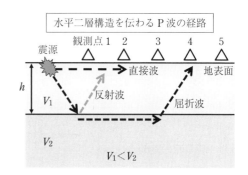

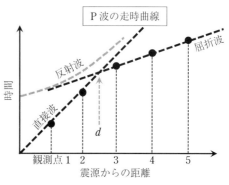

図 7 水平二層構造を伝わる P 波経路 (上) と, 直接波, 屈折波, 反射波の走時曲線 (下).

3. 実験の概要

本実験では, 実際の地震に模した震動を人工的に発生させ, 3 成分地震計を用いて観測し, 伝播する波の様子を調べてみよう.

3.1 計測に用いる機器 (図 8)

図 8 地震計とデータロガー

① 3成分地震計 (固有周期 0.5 秒)

② データロガー (デジタルオシロスコープ)

③ ノートパソコン (利用ソフト：GL 900 APS，Python)

3.2 地震計の使用法

本実験で利用する地震計 (図 9) は，3 成分 (上下，南北，東西) の振動を測ることができる．地震計を設置する際には，次の手順で行う．

① 地震計を設置場所に静かに置き，専用ケーブルのプラグを接続する．

② 設置方位を確認する．本実験では，南北 (Y) 成分の矢印を，震源から離れる方向に合わせる．

③ 地震計上面の水準器を確認し，地震計の 3 本の足の回転ねじを回して高さを調整し，地震計を水平にする (水準器の水泡が中心にくればよい).

【注意】 本実験で用いる地震計は，ごく微小な振動を記録するための繊細な計測機器であるので，激しく揺らしたりぶつけたりすることのないよう，取り扱いには十分注意すること．

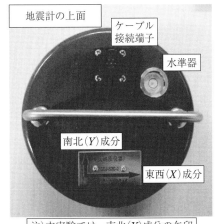

注) 本実験では，南北 (Y) 成分の矢印を，震源から離れる方向に向ける．

図 9 3成分地震計の上面

3.3 データロガーの使い方

地震計は，地面の動く速度を電圧に変換して出力する．本実験では，この信号をデータロガー (デジタルオシロスコープ) で記録して，これを PC に取り込んで波形の表示を行う．データロガーの利用方法やデータ処理の方法については，別紙の補足資料を参照すること．

4. 計測演習 I：実験台での振動計測

【概要】 地震計およびデータロガーの使い方に慣れるために，実験台をハンマーで叩いて振動を発生させ，2 台の地震計を用いて波形を記録してみよう．

4.1 計測機器の接続

A) 地震計を実験台の上に設置し，ケーブルを接続する．地震計上面の短い矢印 (Y 成分) を，

表 1 データロガーの入力チャンネルと地震計の成分

入力端子	Ch 1	Ch 2	Ch 3	Ch 4	Ch 5	Ch 6
記録成分	地震計 A X 成分	地震計 A Y 成分	地震計 A Z 成分	地震計 B X 成分	地震計 B Y 成分	地震計 B Z 成分

※ 地震計 A：地震計番号 1–1 または 2–1 または 3–1 (各班毎に異なる)

※ 地震計 B：地震計番号 1–2 または 2–2 または 3–2 (同上)

震源から離れる方向に向け
て置く (図 10).

B) 　地震計の各成分の端子と，
データロガーの入力端子を表
1 のように接続する.

C) 　データロガーとノート
PC を USB ケーブルで接続
し，専用ソフトで波形記録を
表示する.（ノート PC およ
びロガーの両方の画面で，波
形を確認できる.）

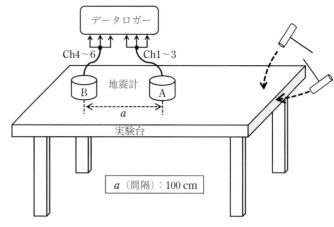

図 10 【計測演習 I】実験台での振動発生

4.2　振動の発生と波形の記録

① 　データロガーおよびノート PC の画面上で波形が表示できることを確認する.

② 　実験台の上面や側面を叩き，様々な方向の振動を発生させる. なお，1 回叩く毎に，数秒
以上の間を空けること.

③ 　データロガーで USB メモリに保存する際には，ロガーの Start ボタンを押して，さらに
Enter を押すと記録を開始し，5 秒後に自動停止する.

【練習：波形の観察】 　実験台の上面や側面を叩いて振動を発生させたときに，地震計 A および
B で記録される 3 成分それぞれの波形の様子を調べてみよう. 机の叩く場所 (上面，側面) に応
じて，2 台の地震計の X, Y, Z の各成分の振幅がどのように変化するか，観察しなさい.

5.　計測演習 II：大地を伝わる地震波の計測

【概要】 　屋外 (天候によっては廊下) で，6 台の地震計を一直線状に等間隔に並べて設置し，人
工的に発生させた地震波が，地中を伝わっていく様子を記録してみよう. なお，この計測の際
には班毎ではなく，全ての班で共同して作業を行う.

5.1　地震計の設置およびデータロガーとの接続

5.1.1　設置場所の決定

　担当教員，TA の指示に従って測定場所を定め，各地震計の設置位置を決定する. 震源とな
る板のすぐ横に「地震計 1–1」を置き，そこを基準に 4 m 間隔で，計 6 台の地震計を直線上に
並べて設置する (図 11).

5.1.2　地震計の設置

　地震計の上面の短い矢印 (Y 成分) が，震源 (板の設置場所) から離れる方向を向くように，
地震計の水平方位を調整する. その後，地震計上面の水準器を確認しながら地震計の 3 本の足
の長さを調整し水平にする.

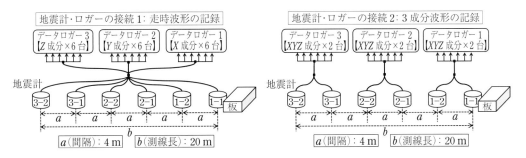

図 11 【計測演習 II】地震計の配置とデータロガーへの配線. (左) 接続 1 [走時波形解析用], (右) 接続 2 [3 成分波形解析用]

5.1.3 地震計とデータロガーの各端子の接続方法 (2 種)

地震計の各成分の端子と, データロガーの入力端子との接続方法には, 以下の 2 種がある (図 11 左と右). まず「接続方法 1」での計測を実施した後に, 「接続方法 2」のように配線を接続し直して, 再度同じ計測を行う.

A. 接続方法 1 (図 11 左)：【走時表示用の波形を収録】

- データロガー 1：全地震計 (6 台) の X 成分を接続
- データロガー 2：全地震計 (6 台) の Y 成分を接続
- データロガー 3：全地震計 (6 台) の Z 成分を接続

B. 接続方法 2 (図 11 右)：【3 成分表示用の波形を収録】

- データロガー 1：地震計 1–1 および 1–2 (2 台) の 3 成分を接続
- データロガー 2：地震計 2–1 および 2–2 (2 台) の 3 成分を接続
- データロガー 3：地震計 3–1 および 3–2 (2 台) の 3 成分を接続

※上記 2 種の接続方法で, データロガーの設定が異なる. 具体的な設定方法については, 別紙の「データロガー設定マニュアル」を参照すること.

5.2 人工地震の発生

測線の一端に板を置き, この板を掛矢で強く叩くことで地面に震動を発生させる. 叩き方に応じて, 励起される弾性波の種類や振幅の大きさが変化する.

5.2.1 板叩きによる震源 1：上面叩き (図 12 の A 方向の打撃)

板の両端に 1 人ずつ乗り重石となる. 板の中心付近の上面を掛矢で強く叩く. 地面に対して上下方向の震動を入力することで, 実体波 (P 波) と地表面を楕円状に振動しながら伝わる表面波 (レイリー波) が強く励起される (図 4 参照).

5.2.2 板叩きによる震源 2：側面叩き (図 12 の B_1 または B_2 方向の打撃)

板の上面全体に 4, 5 名が乗って重石となり, 掛矢で板の側面を強く叩く. 地面に対して水平方向の震動を入力することで, 実体波 (P 波, S 波) や, 表面波 (B_1 の場合はラブ波, B_2 の場合はレイリー波) が励起されやすくなる (図 4 参照).

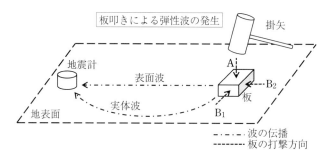

図 12　板叩きによる弾性波の発生と伝播

【補足】　振動発生時の種々の条件 (周辺のノイズレベル，地下構造の状態，屋内の場合には廊下の床板の性質や壁の影響など) により，実際に観測される波は，必ずしも図 4 や図 12 のようになるとは限らない．なお室内で計測する場合，廊下の下側は中空となっているため，大地の上で計測する場合とは異なる波形が得られる．この場合，初動 (実体波) は床に沿って横向きに伝播し，その後に続く波形には，板状の床の固有振動や両側の壁の影響，廊下を伝わる音波なども含まれる．

5.3　波形の計測

　以下の手順で，波形の収録を行う．

① 　測定開始と震動の発生：

　震動を発生させる直前に，3 台のデータロガーの計測開始ボタンを同時に押し，計測を開始する．1 回の記録時間 (5 秒間) の間に，1 回ずつ震動を発生させる．別紙の「計測記録チェック表」に，必要事項 (計測毎の記録時間) を記入する．記録後，データロガーのスクリーン上で，波形記録の収録状況を確認する．

② 　「2 種の震源」および「2 種の接続方法」での計測：

　5.1.3 の 2 つの接続方法それぞれに対して，**5.2** の板の上面叩きおよび側面叩きを，各 2 回ずつ実施する．合計 8 回 (4 種 × 2 回ずつ) の計測を行う．

③ 　機器の撤収：

　別紙「計測記録チェック表」の順に計 8 回分の計測が終了したら，計測機器を撤収し，実験室に戻る．

5.4　波形記録の解析

5.4.1　波形データの整理

　計測された波形データを USB メモリからノート PC に取り込み，CSV 形式のファイルに変換する．詳細は，別紙の「データファイルの整理方法」を参照すること．

5.4.2　記録の表示と印刷

　本実験では，Python で作成した 2 種類の波形表示用プログラムを用いて波形の解析を行う．

- プログラム1「plot_stack」：距離毎に並べた走時波形の表示
- プログラム2「plot_3comp」：地震計毎の3成分波形の表示

これらの波形表示プログラムには，特定の周波数帯のノイズを除去するためのフィルター機能や，見たい波形部分を拡大表示する機能がある．初動波や後続波が見やすくなるように，パラメータの値を適宜調整して，課題で利用する地震波形を表示させる．

　利用方法の詳細は，別紙の「波形表示ソフト利用マニュアル」を参照すること．作成した図は，プリンタで印刷し，以下の3つの課題で利用する．

【課題1：到達時刻の読み取りと波の伝播速度】

　以下の手順に沿って走時曲線を描き，波の伝播速度を求めてみよう．

（ i ）　6台の地震計の波形を並べた波形記録を1つ選び，初動波（もし可能なら後続の表面波も）が到達した時刻を読み取りなさい（図13参照）．

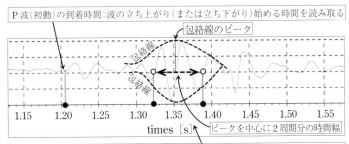

図13　波の到達時刻の読み取り例（P波・レイリー波の場合）

（ ii ）　板の横に置いた「地震計1–1」での初動P波の時間を基準（震源時間）と仮定して，他の5台の地震計で観測された波の走時を方眼紙にプロットし，走時曲線を描きなさい．

（iii）　上記の走時曲線の傾きから，初動波（および後続波）の伝播速度を計算せよ．ただし，単位はm/sとする．ここで，地震波は地表面に沿って伝播すると仮定してよい．なお，走時曲線の傾きが震源からの距離に応じて変化する場合には，複数（2本以上）の直線で近似し，それぞれ平均的な伝播速度を求め，さらに (1) 式を用いて第一層の厚さを求めよ．

【課題2：震央距離毎の振幅の減衰】

　課題1で用いた走時波形記録から，それぞれの波形記録の最大振幅の大きさを読み取り，距離毎の減衰の様子を調べよう．なお，「地震計1–1」の波形は振り切れている場合があるので，この課題では利用しない．

（ i ）　各成分の波形の最大振幅（A_{max}）・最小振幅（A_{min}）の値を読み取り，距離毎の平均振幅 $A = (A_{max} - A_{min})/2$ を求めよ（図14参照）．なお，観測波形の振幅の単位はマイクロメートル毎秒（μm/s）である．

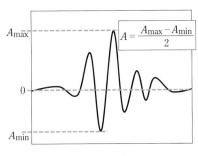

図14　振幅の読み取り

(ⅱ)　振幅の値を距離毎に方眼紙上にプロットし，震源からの距離と平均振幅との間にどのような関係があるか考察せよ.

【課題3：パーティクルモーションのプロット】

　3成分波形表示を用いて，ある地点における波の3次元的な運動 (パーティクルモーション) の様子を調べよう. ここでは，震源からある程度離れた地点の「地震計2–2」または「地震計3–1」または「地震計3–2」の波形を利用するとよい. なお，上下成分を Z 軸，震源から離れる方向の水平成分を Y 軸，伝播方向に直交な水平成分を X 軸とする.

(ⅰ)　まず3成分波形の記録のうち，対象となる波 (たとえば P 波や表面波) の 1～2 波長分がよく見えるように，拡大表示して印刷する.

(ⅱ)　図 15 のように，波の開始時間から一定間隔 (1～5 ミリ秒) 毎に，X, Y, Z の各成分の振幅の大きさを読み取り，方眼紙上の「X～Y 平面」,「Y～Z 平面」,「X～Z 平面」に投影して，振動の時間的変化をプロットせよ. さらに，この振動の時間および空間変化の特徴から推定される波の種類や，伝播方向と振動方向の関係について考察せよ.

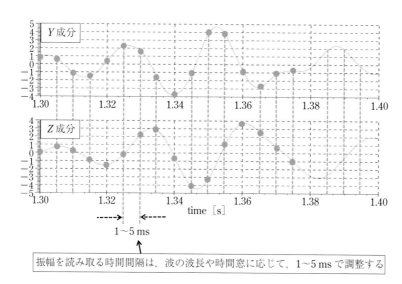

図 15　波形振幅の時間変化の読み取り例 (レイリー波の場合)

参考文献

宇津徳治『地震学 第3版』共立出版, 2001.

防災科学技術研究所『地震の基礎知識とその観測』2001.
　　　(http://www.hinet.bosai.go.jp/about_earthquake/)

Braile, L. Seismic Wave Demonstrations and Animations, 2010.
　　　(http://web.ics.purdue.edu/~braile/edumod/waves/WaveDemo.htm)

E6　VLF 帯電磁波動で探る雷活動

1.　はじめに

　雷放電は，人類が誕生するはるか以前から現在まで普遍的に発生しており，私たちにとって最も身近な自然現象の1つといえる．しかし，雷放電が電気現象であることが確かめられたのは18世紀半ばのことであり，さらに，雷放電が地球上のどこでどの程度発生しているのかが明らかにされたのは，科学観測技術が飛躍的に向上したごく最近のことである．最新の研究成果によると，雷放電活動を遠隔監視することで，台風や集中豪雨などシビア気象現象の規模発達を直前予測することが可能になると指摘されており，雷放電観測の重要性は一層増している．

　本実験では，雷放電から電磁波動が放射され空間を伝搬する仕組みと，雷放電が放射するVLF (Very Low Frequency) 帯電磁波動を観測する手法について学ぶ．さらに，計測した電磁波動の特徴と到来方向を調べるとともに，雷放電の放電電流を推定してみる．

2.　雷放電の発生と電磁波動の放射

2.1　雷放電が発生する仕組み

　雷放電は，活発な上昇気流によって発達した雷雲で発生する．雷雲内部では，上空に輸送されることで急激に冷却された空気中の水蒸気が，氷晶やあられなどになる．これらの粒子が互いに衝突すると，−10 ℃ 以下の低温環境では氷晶は主に正電荷，アラレは主に負電荷を帯びることになる．一方，−10 ℃ 以上の環境ではアラレは主に正の電荷を帯びることになる．このため，雷雲内部では高高度から低高度にかけて正−負−正の3極構造をしていると考えられている (図1)．

　異なる極性の電荷が隣り合って存在するとき，それらの間には電場が生じる．大気は絶縁体

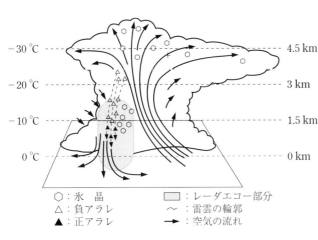

図 1　典型的な雷雲の内部構造　　　　　　図 2　雷放電

であるため，電荷量が少ない場合は放電しないが，電荷量が多い場合は電場が大きくなり，大気の絶縁性が破れて (**絶縁破壊**) やがて放電する．放電開始を決める電場強度を絶縁破壊電場とよび，地上では約 $3 \times 10^6 \, \mathrm{V/m}$ の大きさがある．このように絶縁破壊によって放電路が形成され，**雷雲内の電荷が中和**される現象が雷放電である (図 2)．典型的な雷放電の放電時間は数ミリ秒で，規模の大きな雷放電では最大電流値 (ピーク電流値) が $100\,\mathrm{kA}$ 程度，放電電荷量が数 $100\,\mathrm{C}$ に達する場合もある．

2.2　雷放電の極性

　雷雲内に蓄えられた電荷が，地上との間に形成された放電路を介して中和されるとき，雷雲地上間 (CG: Cloud–to–Ground) 放電とよばれる．さらに，雷雲内の正電荷が中和される CG 放電を**正極性 CG 放電**，負電荷が中和される CG 放電を**負極性 CG 放電**と呼んでいる (図 3)．

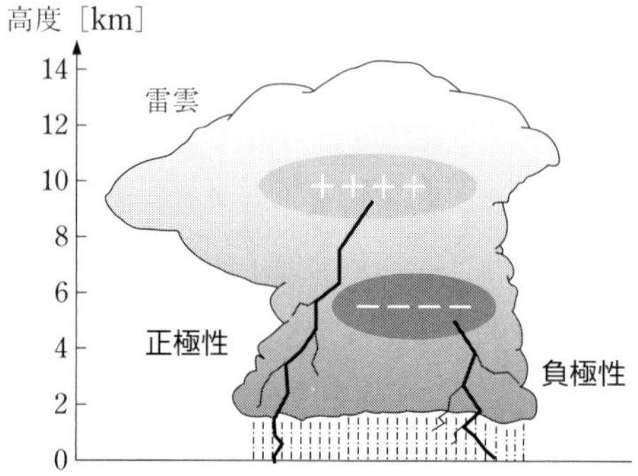

図 3　雷雲地上間 (CG) 放電の極性

2.3　雷放電が放射する VLF 帯電磁波動

　雷の放電路には強力な電流が瞬間的に流れる．それゆえにこの放電路がアンテナとなって電磁波動が放射される．雷放電が放射する電磁波動の周波数帯域は，数 Hz から数 $100\,\mathrm{MHz}$ と広帯域であるが，特に $3 \sim 30\,\mathrm{kHz}$ の VLF (Very Low Frequency) 帯には強い電磁波動が放射される．

　図 4 は雷放電が放射する電磁波動が，空間を伝搬する様子を示す概念図である．

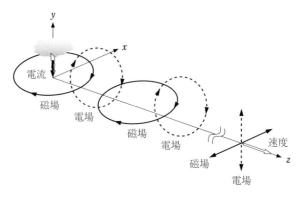

図 4　雷放電から放射された電磁波動の伝搬 (概念図)

る．雷放電の電流 ($\boldsymbol{j}$) は，次式に示すアンペールの法則 (いわゆる右ネジの法則) に従い周辺に磁場 ($\boldsymbol{B}$) を発生させる．

$$\nabla \times \boldsymbol{B} = \mu_0 \boldsymbol{j} \tag{1}$$

さらにその磁場は，電磁誘導の法則 ((2) 式) に従い周辺に電場 ($\boldsymbol{E}$) を発生させる．

$$\nabla \times \boldsymbol{E} = -\frac{\partial \boldsymbol{B}}{\partial t} \tag{2}$$

またさらにその電場は，アンペール・マクスウェルの法則 ((3) 式) に従い周辺に磁場を発生させる．

$$\nabla \times \boldsymbol{B} = -\varepsilon_0 \mu_0 \frac{\partial \boldsymbol{E}}{\partial t} \tag{3}$$

以後，(2), (3) 式に従って電磁波動は空間を伝搬する．雷放電から十分に離れた地点では，電磁波動の速度ベクトルに対して電場は鉛直方向の，磁場は水平方向の成分をもっている．

2.4　VLF 帯電磁波動の伝搬方法と波形

　雷放電から放射された電磁波動は，地球表面と高度 80 km 以上に存在する電離圏でそれぞれ反射し，長距離伝搬することができる (図5)．雷放電から観測点に直接届く電磁波動を**直接波** (地表波)，電離圏で n 回反射し観測点に届く電磁波動を**反射波** (空間波) と呼んでいる．これらの直接波と反射波は同時に観測されるので，その波形を分析することで，観測点から雷放電までの距離 (d) と電離圏反射高度 (h) を推定することができる．

　雷放電から数 100 km 離れた場所で観測される VLF 帯電磁波動の，典型的な波形プロットを図6に示す．直接波に続いて反射波が何度も検出される．

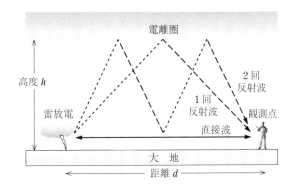

図 5　VLF 帯電磁波動の長距離伝搬の様子 (概念図)

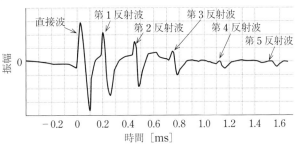

図 6　典型的な VLF 帯電磁波動の波形

2.5　VLF 帯電磁波動の観測方法

　雷放電から放射される VLF 帯電磁波動を観測するために，図7に示すアンテナが用いられる．電磁波動の検出部は，鉛直電場成分を計測するための**モノポールアンテナ**と，水平磁場成分を計測するための南北・東西方向の**直交ループアンテナ**からなる．アンテナからの出力信号は微弱なため，信号増幅器 (アンプ) によって電気信号を増幅した後，オシロスコープなどの計測器によって波形が記録される．

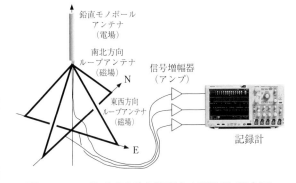

図 7　VLF 帯電磁波動を観測する計測器 (概念図)

雷放電放射 VLF 帯電磁波動を観測した実例を図8に示す．電場・磁場の波形は，ともに鋭い立ち上りを示した後に減衰振動をしている．この鋭い立ち上りと減衰振動は，それぞれ直接波と n 回反射波に対応している．

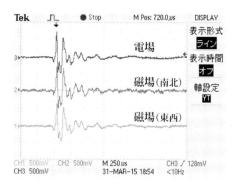

図 8 VLF 帯電磁波動の観測例

2.6 到来方向の推定方法

オシロスコープでは，図8に示すような (縦軸，横軸) = (振幅，時間) の表示方法の他に，図9に示すような X–Y プロット (**リサージュ図**) を表示させる方法もある．南北成分磁場波形と東西成分磁場波形を X–Y 表示させることで，観測した VLF 帯電磁波動の到来方向を容易に推定することが可能となる．南北成分磁場と東西成分磁場の最大振幅を B_{NS}, B_{EW} とすると，到来方向 θ は次式で求まる．

$$\theta = \tan^{-1}\left(\frac{B_{NS}}{B_{EW}}\right) \tag{4}$$

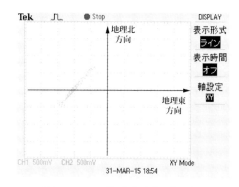

図 9 VLF 帯電磁波動の観測例

2.7 雷活動の現況を知る

日本周辺における今現在の雷活動の状況は，電力会社が公開しているホームページで閲覧することが可能である．

- 東北電力 https://nw.tohoku-epco.co.jp/thunderbolt/
- 東京電力 https://thunder.tepco.co.jp/
- 中部電力 https://powergrid.chuden.co.jp/kisyo/
- 北陸電力 http://www.rikuden.co.jp/nw/kisyo/menu.html
- 関西電力 https://www.kansai-td.co.jp/kaminari-info/index.html
- 中国電力 https://www.energia.co.jp/nw/lls/
- 九州電力 https://www.kyuden.co.jp/td_emergency_kaminari

また，民間の気象会社も雷情報を公開している．

- フランクリンジャパン https://www.franklinjapan.jp/raiburari/lightning-info/

さらに，VLF 帯電磁波動を観測する WWLLN (World Wide Lightning Location Network) という世界観測網が確立されており，この観測データに基づく雷情報も公開されている．

- **WWLLN** http://webflash.ess.washington.edu

課題1：バンデグラフを用いた放電実験

バンデグラフは、摩擦電気を利用して簡単に放電を発生させることができる装置である (図10)．ベルトの回転によって発生した静電気は集電球 (図10左側) に帯電する．アースされた放電球 (図10右側) を集電球に近づけると、放電が起こる．

図 10　バンデグラフ

> （ⅰ）　集電球と放電球との距離が小さいと、放電の頻度は高くなるが1発あたりの放電音は微弱になる．逆に、距離が大きくなると、放電の頻度は低くなるが1発あたりの放電音は大きくなる．これはなぜかを考察せよ．

3.　実 験 の 概 要

本実験では、雷放電が放射したVLF帯電磁波動を観測するための鉛直モノポールアンテナと水平2成分のループアンテナを組立て、アンテナからの出力波形を増幅器によって増幅した後にデジタル・オシロスコープで計測する．電磁波動の波形プロットを観察し、波形の特徴を調べるとともに、札幌から数1,000kmの範囲で発生する雷活動との関係性を調べる．

図11に観測装置の設置方法と配線方法を表す概念図を示す．屋外に電場モノポールアンテナ、磁場ループアンテナ、プリアンプを設置する．一方、屋内には、メインアンプ、デジタル・オシロスコープ、スピーカー、電源装置を設置する．プリアンプとメインアンプの間は、100mの長さがある信号ケーブルで接続する．

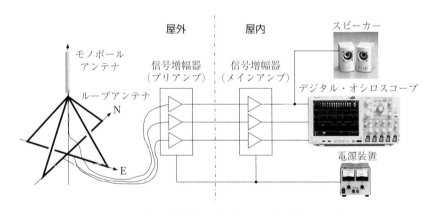

図 11　VLF帯電磁波動観測装置一式の接続方法 (概念図)

3.1　観測に用いる機器

モノポールアンテナは、直径8mm、長さ100cmのアルミニウム製の円柱棒でできており、電磁波動の電場成分によってアルミニウム棒に起電力が生じる．一方、磁場ループアンテナは、一辺が3mの正三角形となるようなアンテナ形状をしている．アンテナ内部には導線が20回

図 12　プリアンプ

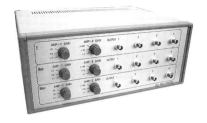

図 13　メインアンプ

図 14　電源装置

巻かれており (アンテナ線全長 = 180 m)，このアンテナ面を電磁波動の磁場成分がよぎることによって起電力が生じる．

　モノポールアンテナとループアンテナで生じた起電力 (電圧信号) は，そのままではとても微弱であるため，アンテナ直下に設置するプリアンプ (図 12) で一旦増幅する必要がある．プリアンプで増幅された電圧信号はメインアンプ (図 13) でさらに増幅される．

　プリアンプ，メインアンプともに直流 ±15 V の電源が必要となるので，専用の電源装置 (図 14) からケーブルを通じて供給する．

3.2　デジタル・オシロスコープの使い方

　オシロスコープは，入力した電圧信号波形を計測するための装置である．メインアンプの出力信号をデジタル・オシロスコープ (図 15，Tektronix/TBS 1064) に入力し，鉛直成分電場，南北成分磁場，東西成分磁場の各波形を観測する．

- **入力信号端子**：正面パネルにある BNC 端子にケーブルを接続し信号を入力する．
- **電圧レンジ調節ダイアル**：表示する波形の電圧レンジを変更する．
- **表示時間幅調節ダイアル**：表示する時間幅を変更する．
- **オフセット調節ダイアル**：縦軸方向に波形の表示位置を変更する．
- **トリガ制御部**：トリガ機能を用いて検出する波形の振幅閾値をダイアルで変更する．
- **画像保存ボタン**：モニタ画面上の波形プロットやリサージュ図を BMP (Bitmap) 形式の画像データとして保存する場合にこのボタンを押す．

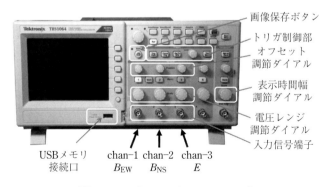

図 15　デジタル・オシロスコープ

- **USB メモリ接続口**：USB メモリを挿入しておくと BMP 画像データがここに記録される．保存した画像は，PC に接続したプリンタで印刷することが可能である．

3.3 観測装置の組み立て方

図 11 を参考に，屋外および屋内に機器を設置するとともに，ケーブルを用いてそれぞれの機器を接続する．

メインアンプとデジタル・オシロスコープ，スピーカーの接続方法を図 16 に示す．各班のテーブルに用意してあるデジタル・オシロスコープにメインアンプから以下の通り信号を入力する．

chan–1：東西成分磁場 (B_{EW})

chan–2：南北成分磁場 (B_{NS})

chan–3：鉛直成分電場 (E)

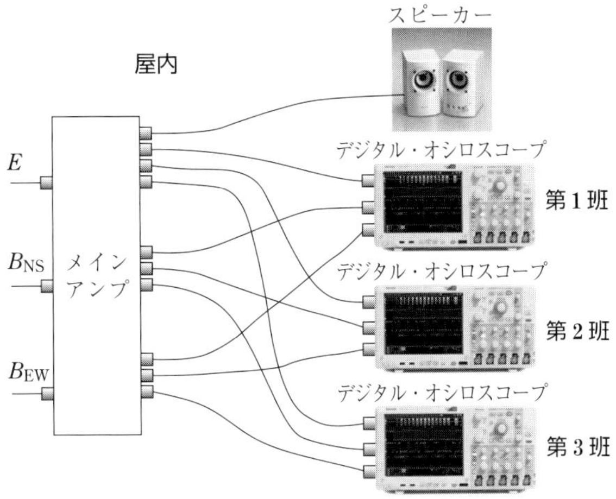

図 16 メインアンプとオシロスコープ，スピーカーの結線図

スピーカーには，鉛直成分電場の出力信号を入力する．

4. 計測演習 I：電磁波動の到来方向の推定

【概要】 雷放電が放射する VLF 帯電磁波動を観測する装置一式を屋内・屋外に設置し，デジタル・オシロスコープによって波形観察する．電磁波動の到来方向を推定し，現況の雷活動と照合する．観測装置の設置は全ての班で共同して作業を行うが，電磁波動の計測は班毎に行う．

4.1 アンテナの設置およびケーブル配線とアンプ接続

4.1.1 アンテナの設置

担当教員・TA の指示に従い，図 11 を参考にアンテナを組み上げ，アンテナからの信号ケーブルとプリアンプを接続する．アンテナに「**N**」「**E**」とマーキングされている部分を地理北方向，地理東方向に向けること．

4.1.2 ループアンテナの方位決定

方位磁石を用いてループアンテナの方位を正確に決める．方位磁石の N–S 針が示す方位を時計回りに 9.4° 回転させ，その直線上に B_{NS} のアンテナを沿わせること．B_{EW} のアンテナは，B_{NS} のアンテナを 90° 回転させた方向に沿わせて張ること．

【補足】 アンテナ設置地点 (43.08° N, 141.34° E) の磁気偏角は，地理北から 9.4° 西向き．

4.1.3 ケーブルの敷設とプリアンプへの接続

屋内から引き延ばした 100 m ケーブルとプリアンプを結線し，プラスチックコンテナを閉じる．

【注意】 ケーブルを踏んだり，無理に引っ張ったりしないこと！ ケーブルが断線します！

4.1.4 メインアンプ,電源装置へのケーブル接続

100 m ケーブルのもう一端とメインアンプを結線する.さらに図16を参考に,各班のデジタル・オシロスコープおよびスピーカーとメインアンプを結線する.最後に,電源装置にプリアンプ,メインアンプ用の電源ケーブルを接続し,AC 100 V の電源コンセントに電源ケーブルを差し込む.

4.1.5 波形観察の開始

デジタル・オシロスコープとスピーカーの電源を「ON」にする.最後に,電源装置の電源を「ON」にして計測を開始する.雷放電から放射された電磁波動を検出する度に,チリチリ,バチッという音がスピーカーから出るのを確かめる.

4.2 計測実習

課題 2:VLF 帯電磁波動の到来方向推定

「**3.2** デジタル・オシロスコープの使い方」を参考に,トリガ機能を用いて VLF 帯電磁波動を計測する.トリガ閾値を下げると数多くの波形が頻繁にトリガされ,逆にトリガ閾値を大きくすると頻度が下がることを確かめる.その日の雷活動に応じて,適切なトリガ閾値を選択する.波形がトリガされたら,図17を参考に次の操作を行う.

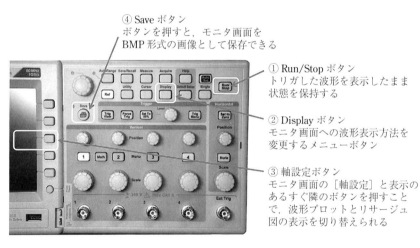

図 **17** デジタル・オシロスコープの操作方法

表 1 波形解析のまとめ

イベント番号	振幅 (B_{NS}) [mV]	振幅 (B_{EW}) [mV]	振幅比 (B_{NS}/B_{EW})	到来角 (地理東から) [deg.]
1	45	128	0.35	+19
2	458	230	1.99	+63.3
3	−215	182	−1.18	−49.7
4	−590	−78	7.6	+83
:	:	:	:	:
10	210	125	1.68	+59.2

⓪ USB メモリが差し込まれていない場合は挿入する.

① 波形がトリガされたら Run/Stop ボタンを押し, 計測状態を一時停止させる.

② Display ボタンを押し, 波形表示方法を変更するメニューをモニタ画面に表示させる.
(※すでにモニタ上にメニューが表示されている場合は, ボタンを押す必要なし)

③ モニタ画面の[軸設定]表示のすぐ隣にあるボタンを押して, 波形プロット[YT]/リサージュ図[XY]の表示切り替えを行う.

④ リサージュ図の表示状態で Save ボタンを押し, 画面の画像データを保存する.

⑤ 画面の保存が全て終わったら波形プロットの表示状態に戻し, 再度 Run/Stop ボタンを押してトリガ待ち計測を再開する.

⑥ 次のトリガがかかったら, ①〜⑤を繰り返す.

(ⅰ) トリガした代表的な波形 10 例以上を選出する. それら全てのイベントについて, (X 軸, Y 軸) = (B_{EW}, B_{NS}) のリサージュ図をプリントアウトし, 式 (4) を用いて波形の到来角を推定する. 推定結果は, 表 1 を参考にして表にまとめること.

(ⅱ) 波形解析の結果をもとに, 札幌を中心とした正方位図に電磁波動の到来方向を全てプロットしてみる. 雷活動の現状と比較し, 雷放電が発生している方向から電磁波動が到来しているかどうかを調べる. 現況の雷放電発生領域も図中に記入すること.

課題 3：雷放電の極性を調べる

課題 2 と同様の手法で, トリガ機能を用いて VLF 帯電磁波動を計測し, CG 放電の極性 (正極性・負極性) を調べる.

(ⅰ) トリガした波形のうち電場波形に着目し, 直接波 (図 6 参照) の極性から, 雷放電が正極性 CG 放電であったか負極性 CG 放電であったかを判定する. 10 分間にトリガされたイベント全てに関して極性を判定し, 正極性 CG 放電と負極性 CG 放電の比率 (正極性：負極性) = (○：○) を求める.

【補足】 デジタル・オシロスコープの電場波形は，Y軸反転して表示されるように設定してある．このため，負極性CG放電の場合，電場波形の直接波は「負」に振れる．一方，正極性のCG放電の場合，電場波形の直接波は「正」に振れる．

5. 計測演習II：電放電の放電電流波形の推定

【概要】 観測したVLF帯電磁波動の波形プロットを解析し，雷放電の放電電流波形と最大電流値(ピーク電流値)を計算する．

5.1 観測点で計測される電磁波動の電場強度

雷放電が放射したVLF帯電磁波動を十分離れた場所で観測した場合，オシロスコープで計測される電圧波形$V(t)$は，

$$V(t) = \frac{\mu_0 s \cdot G \cdot L}{2\pi D}\left(\frac{\mathrm{d}I(t)}{\mathrm{d}t}\right) \tag{5}$$

とあらわされる．ここでμ_0は真空の透磁率$(= 4\pi \times 10^{-7}\,\mathrm{H/m})$，$s$は放電路の長さ，$G$はアンプのゲイン，$L$はモノポールアンテナの長さ，$D$は雷放電と観測点の距離，$I(t)$は雷放電の放電電流である．式(5)からもわかるとおり，観測される電圧波形は放電電流の一階時間微分に比例していることがわかる．逆に，電圧波形を時間積分すると電波を放射した雷放電の電流波形を推定することができる(図18).

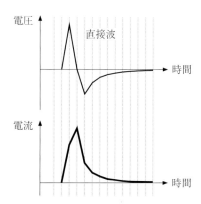

図18 観測される電圧波形と雷放電の放電電流波形との関係を表す模式図

時刻tにおける電圧値および電流値をそれぞれV_n, I_n，時間間隔をΔtとすると，求める電流値は，

$$I_n = \alpha V_n \cdot \Delta t + I_{n-1} \tag{6}$$

となる．ただし，係数αは

$$\alpha = \frac{2\pi D}{\mu_0 s \cdot G \cdot L} \tag{7}$$

とあらわされる．

5.2 計測方法

5.2.1 デジタル・オシロスコープによる波形の計測

課題2と同様に，トリガ機能を用いてVLF帯電磁波動を計測する．解析するのに適切な波形がトリガされたら，電場波形のみを表示させる(デジタル・オシロスコープの①および②ボタンを押して，南北成分磁場波形と東西成分磁場波形をモニタ画面から消す)．さらに，表示時間幅調節ダイアルを回して，電場の直接波部分を拡大表示させる．

表 2 波形解析のまとめ (例)

- 雷放電までの距離: $D = 2{,}000\,\mathrm{km} = 2.0 \times 10^6\,\mathrm{m}$
- 放電路の長さ: $s = 5.0 \times 10^3\,\mathrm{m}$
- 真空の透磁率: $\mu_0 = 4\pi \times 10^{-7}$
- アンプのゲイン: $G = 2.0$
- アンテナ長さ: $L = 1.0\,\mathrm{m}$

$$\therefore\quad \alpha = \frac{2\pi D}{\mu_0 s \cdot G \cdot L} = 1.0 \times 10^9$$

n	相対時刻 (t) [μs]	電圧 (V_n) [V]	αV_n [A/s]	Δt [s]	$\alpha V_n \cdot \Delta t$ [A]	電流値 (I_n) [A]
0	0.0	0.0	0.0		0.0	0.0
1	10	0.05	5.0×10^7	10^{-5}	0.50×10^3	0.50×10^3
2	20	0.12	1.2×10^8	10^{-5}	$1.2 \ \times 10^3$	$1.7 \ \times 10^3$
3	30	0.78	7.8×10^8	10^{-5}	$7.8 \ \times 10^3$	$9.5 \ \times 10^3$
4	40	0.10	1.0×10^8	10^{-5}	$1.0 \ \times 10^3$	$11 \ \ \ \times 10^3$
5	50	-0.50	-5.0×10^8	10^{-5}	$-5.0 \ \times 10^3$	$5.5 \ \times 10^3$
6	60	-0.30	-3.0×10^8	10^{-5}	$-3.0 \ \times 10^3$	$2.5 \ \times 10^3$
7	70	-0.15	-1.5×10^8	10^{-5}	$-1.5 \ \times 10^3$	$1.0 \ \times 10^3$
⋮	⋮	⋮	⋮	⋮	⋮	⋮

$$\therefore\ \ \text{ピーク電流値}\ (I_\mathrm{p}) = 11\,\mathrm{kA}$$

5.2.2 波形の印刷

波形を画像データとして USB メモリに保存し，PC を経由して印刷する．

5.2.3 波形の分析

印刷した波形プロットと定規を用いて，オシロスコープで計測した電圧値を等時間間隔で読み取る．その際，表 2 に従って結果をノートにまとめる．

5.2.4 雷放電までの距離を推定

インターネットで公開されている雷活動の現況を参考にして，雷放電までの距離を求める．放電路の長さは，夏季は $s = 5 \times 10^3\,\mathrm{m}$，冬季は $s = 1 \times 10^3\,\mathrm{m}$ とすること．

課題 4：雷放電の放電電流波形の推定

（ i ） トリガした代表的な波形 1 例について表 2 をまとめる．電流値 I_n が求まったら，その波形を方眼紙にプロットする．

（ ii ） 電流値の最大値 (ピーク電流値) を表 2 から求める．

参考文献

北川信一郎『大気電気学』東海大学出版会 (1996)

佐尾和夫『空電：雷の電波ふく射をめぐって』成山堂書店 (1981)

Umam, M., The Lightning Discharge, Dover Publications, Inc., New York (2001)

E7　環境水の水質分析

0.　環境水とは

このテーマにある「環境水」とは，人間活動や自然現象を通して生産・排出・貯留された河川水，湖水，地下水などの「陸水」，およびこれらの水が海に流入して海水と混合した「沿岸水」の両方を指す．環境水の水質は，人間活動の度合いに応じて多様に変化するため，水質基準を設けて水環境を維持管理する必要がある．

1.　環境水の水質汚濁について

1.1　環境水の水質汚濁とその指標

河川や湖沼は，多少の汚染物質が混入しても，流水による希釈，溶存酸素による有機物の酸化・分解，水中生物による消化・分解などの作用で自然に浄化する能力を備えている (自浄作用あるいは浄化作用)．しかし，河川や湖沼への生活排水や工場排水の流入量が増えて，自然の浄化能力を上まわると，水質の汚濁が生ずる．汚染物質とは，"水質汚濁"を引き起こす家庭や農地などから排出される有機物や栄養塩 (窒素，リン)，および"水質汚染"を引き起こす都会や工場から排出される有害物質などの総称である．水質汚濁や水質汚染の原因物質には，毒性を有するもの，強い生理作用をもつもののほか，水中で化学的かつ生物化学的変化を受け間接的に水質を損なうもの，付着，堆積，閉塞など，生物または構造物に物質的に状態変化をもたらし障害を起こすもの，色や温度異常を引き起こすものがあり，その一部は，人の健康の保護に関する項目および生活環境項目の一部として，排出が規制されている．国が定める環境基準および排水基準に取り上げられている項目を表1に示す．また，それぞれの基準値を付表1, 2に示す．

わが国では，「水質汚濁防止法」の制定によって，水質汚濁に係わる環境基準や工場排水基準が定められ，産業排水に起因する水質汚濁はある程度緩和されている．しかし，家庭からの生活排水による河川や湖沼の水質汚濁 (有機汚濁や富栄養化問題) については，生活様式の変化や

表 1　汚染物質と水質指標

区　　　分		健康項目	生活環境項目	未 規 制 項 目
総合水質指標			pH, DO, BOD, COD, SS, ヘキサン抽出物質	TOC, TOD など
元素	金属	Cd, Pb, Hg	Cu, Zn, Cr, Fe, Mn	Ni, Sn, Sb, Mo など
	非金属	As, Se	F	B, Cl, Br, S など
化合物	無機化合物	CN, Cr(IV)	全窒素，全リン	H_2S など
	有機化合物	有機塩素化合物，農薬，ベンゼン，有機水銀など	フェノール類	塩素系有機化合物，有機スズ化合物，アミン類，トルエン，キシレン，中性洗剤，農薬など
そ　の　他			大腸菌群	色度，温度など

生活用水使用量の増加に伴い，人口が密集する都市部を中心に問題になってきている．これには，水質環境保全に対する住民の意識が低いことばかりでなく，生活排水に対する環境行政対応が産業排水に対するそれと比べて著しく遅れていたことも要因となっている．

富栄養化とは

水中で一次生産 (生物が，無機物を材料に有機物を生産すること．例：光合成) を行う植物プランクトンや藻類の生育には，栄養塩と呼ばれる窒素 (アンモニウム，亜硝酸，硝酸の形で含まれている) およびリン (リン酸の形で存在) の存在が欠かせないが，その栄養塩が過剰に供給されると生産量が過大になり水中生態系に異変が起こる．光合成植物の種類，溶存酸素，pH，水の濁度などの大きな変化が起こり，生態系が大きく変わる．富栄養化がもたらす被害として，以下のことが挙げられる．

① 赤潮や水の華・アオコの発生による水産業の被害
② 湖沼水の着臭：微生物の分泌する悪臭で水道水に被害
③ 湖沼および内湾の生活環境の悪化：富栄養化は，植物プランクトンの増殖や水の変色・濁りなどで水域の美観を著しく損ね，遊泳を不能にするなどレクリエーションの場としての水域環境を破壊する．

1.2　生活環境の保全に関する環境基準が定められている指標

A.　水の一般的性状

(1)　pH (水素イオン濃度〔活量〕の逆数の常用対数)

pH は，水溶液中に存在する水素イオン (H^+) の濃度 (mol/L) を表すもので，以下の式で定義されている．

$$pH = -\log [H^+]$$

水中の水素イオン濃度 $[H^+]$ が水酸化物イオン濃度 $[OH^-]$ に等しいとき，その水は中性であり，$[H^+] > [OH^-]$ のとき酸性，$[H^+] < [OH^-]$ のときアルカリ性である．

現在では，図1のような pH 計を用いて，少量 (0.1 mL 程度) の試料でも簡単に pH が測定できる．

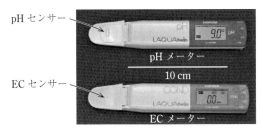

図 1

(2) 浮遊物質量 (SS：Suspended Solid)

　環境水の濁り度合い* の指標の 1 つである．浮遊物質 (懸濁物質) は，目開き 2 mm のふるいを通過した試料の適量を孔径 1 μm のガラス繊維ろ紙 (GFP) でろ過したとき，ガラス繊維ろ紙に捕捉される物質で，水洗い後，105 〜 110 ℃ で 2 時間加熱し，デシケーターで放冷した後の質量を測定し，試料 1 L 中の mg で表す．

* 濁り度合いの指標としては，その他，濁度，透視度，透明度がある．濁度は，分光光度計を用いて濁りの程度を数値化したものであり，透視度，透明度は，濁り (透明) の程度を目視で測る方法である．

(3) 全溶存物質量 (TDS：Total Dissolved Solid)

　環境水に含まれる主要イオン (Na^+, K^+, Ca^{2+}, Mg^{2+}, HCO_3^-, Cl^-, SO_4^{2-} など) の量を合計した値で，試料 1 L 中の mg で表す．この値は，図 1 のような電気電導度 (EC) 計を用いて試料の水温と電気伝導度 (Electric Conductivity) を測ることで求めることができる．

B. 有機汚濁指標物質

(1) 溶存酸素 (DO：Dissolved Oxygen)

　DO の飽和濃度は，1 気圧，20 ℃ で，$8.84\,\mathrm{mg\,L^{-1}}$ である．その値は水温や気圧により変化し，水温上昇とともに減少し，気圧の上昇に比例して上昇する．水中植物による光合成が活発に行われると過飽和状態になることがある．また，大量の有機物汚濁が流入すると，好気性生物が DO を消費して有機物を分解するために DO は減少する．減少した DO は大気中から補給される．

(2) 生物化学的酸素要求 (BOD：Biochemical Oxygen Demand)

　水中の好気性の微生物によって消費される酸素の量のことで，試料を希釈水で希釈して 20 ℃ で 5 日間培養したときに消費された溶存酸素の量から求める．生物によって代謝されやすい有機物の量の間接指標となる．BOD に関する物質は次の 3 つに大別される．

　（ⅰ）　炭素系有機物で，好気性の細菌によって分解されるもの．
　（ⅱ）　窒素化合物で，硝化菌などによって分解されるもの．
　（ⅲ）　水中の溶存酸素を消費する還元性物質 (亜硫酸イオン，硫化物，二価の鉄など)

(3) 化学的酸素要求 (COD：Chemical Oxygen Demand)

　試料に酸化剤を加え，一定の条件下で反応させ，その時消費した酸化剤の量であり，酸化剤によって酸化分解される有機物の量の間接指標となる．当然，酸化剤の種類や酸化条件によって値は変わる．環境水の COD 試験では，過マンガン酸カリウムを酸化剤とし酸性で酸化する方法，同じ酸化剤を使ってアルカリ性で酸化する方法，ニクロム酸カリウムを酸化剤とし強酸性で酸化する方法が代表的である．

C. 水循環と富栄養化関連物質の動き

(1) 水循環

　富栄養化関連物質は，陸域での水の動きに応じて運搬され，水中では多様な反応を起こしながら循環する (図3)．森林や田畑にもたらされた降水は，土壌中を浸透し不圧地下水や被圧地下水として河川や海に注がれ，この浸透過程で富栄養化関連物質の窒素やリンが溶存状態で取り込まれることになる．被圧地下水は，粘土層など透水性の悪い地層によって加圧された地下水である．

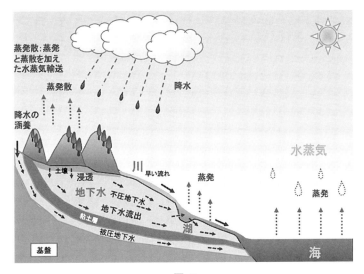

図 2

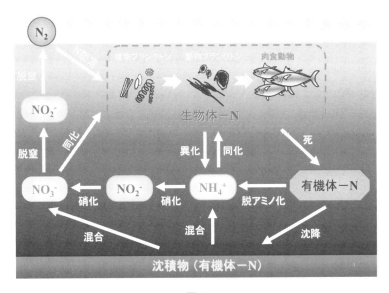

図 3

(2) 窒素

　窒素は, 存在形態が多様であるため, 水圏における窒素循環は複雑である (図 3). 空気中の窒素ガスが溶けた元素状窒素 (N_2) が多いが, これは生物生産とはあまり関係しない. 生物生産に関わる形態は, 硝酸態 (NO_3^-), 亜硝酸態 (NO_2^-), アンモニア態 (NH_4^+) の窒素である. この他にも尿素, 溶存有機物, 粒子状有機物として窒素は環境水中に存在する.

(3) リン

　リンは, 肥料や洗剤に含まれて環境に放出されるが, 土壌粒子に吸着されやすいため土砂に伴われて湖沼に流入する (図 4). 生物生産に必要な栄養素の一つである.

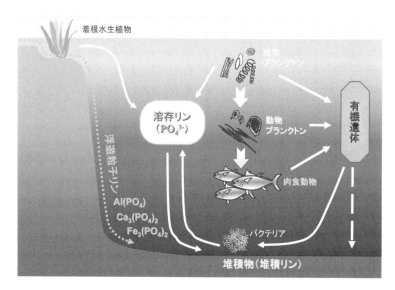

図 4

2. 環境水の試料採取について

2.1 試料の採取

　時間的あるいは空間的に変化する環境水を正しく評価するためには, それを代表する試料を目的に応じて適切に採取し, 試験分析を行うまで水質の変化を極力抑えて保存することが必要である.

A. 試料採取

① グラブサンプル

　ある地点で, ある時刻に採取した試料をグラブサンプル (つかみ取り試料) という. この試料は, 瞬間的かつ部分的な水質を示しているにすぎないが, 水質変動が著しくない環境水については その代表とみなすことができる. 工場排水の試料は, ほとんどこのグラブサンプルである.

② 混合試料

ある地点の水を連続的にあるいは間欠的に採取し，これを混合したものであり，個々の試料を試験分析して平均値を求めるよりも経済的に平均水質を求めることができる．ただし，厳密な意味の平均水質を求めるには，試料採取は等時間隔ではなく，等量間隔とすべきである．

③ 層別サンプル

混合試料とは逆に，同一時刻に異なった地点で試料を採取したものである．大きな河川，湖沼や海洋などについては，空間的な分布を知る必要があるため，深度別や地点別 (岸と中央部など) に水試料を採取し試験分析を行う．

B. 試料容器

試料容器には，保存中に試料の汚染，成分の損失などのリスクの少ない材質のものとしてガラス製，プラスチック製を使用する．また，密栓できることが必要なので共栓のものを用いる．

① ポリエチレン瓶

軽くて，丈夫で，安価なことから広く用いられている．細口瓶が一般的であるが，必要に応じて広口のものや角形のものを使用する．ポリプロピレン瓶，ポリスチレン瓶，ポリカーボネート瓶も同様に使用できる．ただし，気密性に欠けるので，揮発性の高い物質や塩分など4桁以上の精度で測定する成分のためには使えない．

② ガラス瓶

ホウケイ酸ガラス瓶を用いる．栓には，共通すり合わせの他，ポリエチレン，ポリプロピレン製のねじ蓋を用いてもよい．気密が良いので，ガス成分や揮発性の高い物質を測定する試料の保存に適している．重いことと破損しやすいことが欠点であるが，そのまま加熱操作ができる利点もある．

C. 採水器

試料は，試料容器に直接採取するのが，汚染防止の立場からは最も望ましい方法である．しかし，高い位置からの試料採取など直接採取するのが困難な場合は，バケツ，ひしゃくなどの簡易な器具を用いたり，ある深さで採水する場合には各種の採水器を用いたりする．採水器は，有機物，油脂類，懸濁物などが多く含まれる水の場合は，採水後に清水で洗浄するように心がける．著しい汚染に備えて，予備の採水器を用意しておくとよい．

① バケツ類

表層水の採取には，ポリエチレン製，ポリプロピレン製のバケツなどを用いる．金属の試験

以外では，ステンレス製の容器を用いてもよい．バケツにロープを付け，高所から採水する場合は，おもり内蔵形の反転バケツを使うと便利である．排水溝などからの試料採取にはポリエチレン製のひしゃくが便利である．ひしゃくの柄は，長さが調節できるものがよい．

図 5 ［引用 (1)］

② ハイロート採水器

おもりを付けた金属製の枠の中に試料容器を取り付けた採水器である (図 5)．採水器を所定の深さまで沈め，採水用ひもを引いて栓を抜き，その地点の水を採取する．試料容器自身が採水器になっているので，試料の移し替えが禁じられているヘキサン抽出物質試験用の採水には適している．

③ バンドーン採水器

合成樹脂製の円筒の上下に合成ゴムのフタを取り付けたものである (図 6)．フタをあけた状態で所定深度まで沈め，メッセンジャー (ロープを伝わって滑り落とすおもり) を落とすと，その衝撃によってフタが締まり，採水される．図 5 の縦型採水器では，沈降時の水の流通がよく上層水の混入の危険は少ない．また，構造が簡単なので大型化が容易であり，1 〜 20 L まで各種の製品がある．ただし，水密性がよくないのが欠点である．

図 6 ［引用 (1)］

2.2 試料の保存方法

採取した試料は，直ちに試験分析することが望ましいが，試料数の多い場合など試験分析に着手するまでにかなりの時間を要する場合もある．この間の試料の変質を抑えるために，試験分析項目に応じた適切な保存処理を行う必要がある．以下に，測定項目ごとの保存条件の一例を示す．

表 2 試料容器と保存条件

測 定 項 目	試料容器	保 存 条 件
pH	P，G	保存できない
BOD	P，G	0 〜 10 ℃ の暗所
COD	P，G	0 〜 10 ℃ の暗所
浮遊物質 (懸濁物質)	P，G	0 〜 10 ℃ の暗所
ヘキサン抽出物	G (広口)	HCl (1 + 1) で，pH 4 以下
大腸菌群数	G	1 〜 5 ℃ の暗所，9 時間以内に試験
全窒素	P，G	H_2SO_4 または HCl で pH 2 とし 0 〜 10 ℃ の暗所
全リン	P，G	H_2SO_4 または HCl で pH 2

(注) P：プラスチック容器 G：ガラス容器

3. 環境試料の簡易測定

3.1 透視度計による透視度測定

透視度計 (図 7) は海水，河川水，雨水などの透視度を簡易に判定するものである．透視度とは，試料の濁り (透明) の程度を示すもので，水層を通して底部に置いた標識板の二重十字がはじめて明らかに識別できるときの水層の高さ (cm) を「度」で表したものである．

図 7 〔引用 (1)〕

■測定手順

(1) 標識板を比色管の中に入れる．標識板を比色管の底に平らに置かれるのを確認した後，試料を入れる．

(2) 透視度計の真上から底に置いてある標識板の二重の十字線が識別できるかを確認する．確認できない場合，ゴム管の栓を緩めて，二重の十字線が識別可能になるまで試料を排水する．

(3) 二重の十字線が識別可能になったときの水面の目盛りを読む．

3.2 濁度計による濁度測定

水の濁りの程度を測定するために，いろいろな様式の濁度計が開発されている．排水，環境水の試験において濁度測定は義務づけられていないが，浮遊物質量 (SS) の測定が煩雑なことから，その代替として，しばしば濁度測定が行われている．濁度計には次の方式のものがある．

a) 透過光方式：試料セルの一方から光を入射させ，その反対側で，試料中の浮遊物質によって減衰した光を測定する方式．方式は簡単であるが，試料の着色，粒子の着色，窓の汚れなどの影響が大きいので，排水用として用いられることは少ない．

b) 散乱光方式：試料セルの一方から光を入射させ，その直角方向で，試料中の浮遊物質による散乱光を測定する方式．

c) 表面散乱方式：試料の液面に，ある角度で光を入射させ，試料中の浮遊物質による表面散乱光を測定する方式．着色の影響が少なく，試料を静かにオーバーフローさせながら連続測定できるので，広く実用化されている．

d) 散乱光・透過光方式：試料セルに光を入射させ，試料中の浮遊物質による散乱光と透過光を測定し，その比から濁度を求める方式．この測定原理から，窓の汚れや液の着色による影響は低く抑えられている．表面散乱方式と同様，広く実用されている．

e) 積分球方式：積分球に試料を入れ，光を入射させる．全散乱光と入射光の強度を測定し，

その比から濁度を求める方式. 主に実験室用である.

濁度の単位には，次のものがある.

a) NTU: Nephelometric Turbidity Unit の略. ホルマジンを標準液として，散乱光を測定した場合の測定単位. 透過散乱光測定方式 (比濁計濁度) の単位. 標準液がホルマジンで，散乱光測定方式で測定した場合，NTU = 度 (ホルマジン) となる.

b) 度 (ホルマジン)：ホルマジン標準液と比較して測定した場合の濁度. FTU (Forumajin Turbidity Unit) と表記することもあり，硫酸ヒドラジニウム溶液 $(10\,\mathrm{g\,L}^{-1})$，ヘキサメチレンテトラミン $(100\,\mathrm{g\,L}^{-1})$ の各 $10\,\mathrm{mL}$ を混合し，$25\pm3\,^{\circ}\mathrm{C}$ に 24 時間保った後，$200\,\mathrm{mL}$ に希釈して調整したものが，400 度 (ホルマジン) である. 濁度計の校正に用いられる.

c) 度 (カオリン)：カオリン標準液と比較して測定した場合の濁度. 精製カオリン $1\,\mathrm{mg}$ が水 $1\,\mathrm{L}$ 中に分散しているときの濁りを 1 度 (カオリン) と表示する. $\mathrm{mg\,L}^{-1}$ と表記することもある.

■測定手順

(1) 濁度計についている専用容器に水試料を入れる.

(2) 測定ボタンを押す.

(3) 表示された値を記録する.

3.3 パックテストによる水質分析

パックテストとは，環境調査や排水管理のフィールドでの簡易試験のための測定器具である. 試験液を封入したポリエチレンチューブにピンで穴をあけ，採取した試験液を吸い込み，一定時間後に標準色と比色することで，試験液中の濃度を現場で簡単に測定できる特徴がある.

■測定手順

(1) ピペットとビーカーを用いて，試料をパックテストで測定可能な範囲まで希釈する (低濃度の場合は，希釈を行う必要はない).

(2) 試料の温度を測定する.

(3) パックテストにより比色分析を行う.

基本的なパックテストによる測定手順は以下のとおりである (図 8).

① パックテストに穴 (ピンホール) をあける.

② パックテストを指でつぶして，内部の空気を追い出す.

③ パックテストを指でつぶしたまま，穴のある方を試料につけ，水試料をスポイト式に半分くらい吸い込む.

④ 水試料をパックテストの中の試薬とよく反応させ，指定時間後に比色する.

本実験で行う分析項目および反応時間を以下に記す.

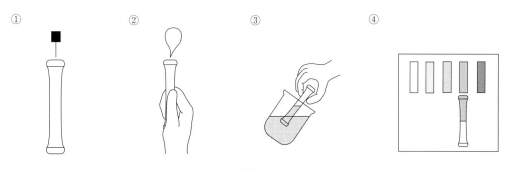

①　　　　　　　②　　　　　　　③　　　　　　　④

図 8

表 3　各パックテストの反応時間

項　　目	反　応　時　間
pH	20 秒
COD	〔7 − (水温 (℃)/10)〕分
硝酸イオン	3 分
アンモニウムイオン	5 分
リン酸イオン	5 分

3.4　課　　題

演習 1　環境水と水質汚濁について学ぶ.

① 環境水と水質汚濁に関する説明を聞きながら, レポート用紙 (2 ページ) の問に答える.

② 環境水と水質汚濁に関する説明終了後, 公害防止管理者国家試験問題 (水質) にチャレンジする.

実験 1　水の濁り度合いの指標について学ぶ.

浮遊物質量 (SS) と透視度および濁度の関係を調べる. 実験時間内に ① まで行う.

① 粘土 (鉱物粒子) の重さ (mg) を測定して水道水に溶かし, その透視度と濁度を 5 回ずつ測定する. 各班で 1 種類ずつ測定する. 全部で 30 (6 種類 × 5 回) の透視度と濁度を記録する.

表 4　各班の試料作製方法

1 班 1000 mg L^{-1} (粘土 1.00 g → 水 1000 mL)	2 班 600 mg L^{-1} (粘土 0.60 g → 水 1000 mL)
3 班 400 mg L^{-1} (粘土 0.40 g → 水 1000 mL)	4 班 300 mg L^{-1} (粘土 0.30 g → 水 1000 mL)
5 班 200 mg L^{-1} (粘土 0.20 g → 水 1000 mL)	6 班 150 mg L^{-1} (粘土 0.15 g → 水 1000 mL)

② 透視度および濁度の平均値と標準偏差を算出する. SS と透視度, SS と濁度の関係を方眼紙へプロットし, それらの関係を考察する.

実験 2　生活排水について考える.

湖沼 (水道 1 級) の有機汚濁の基準 (COD) を達成させるためには, 生活排水 (乳清飲料 1 杯

200 mL) を何リットルの水で希釈する必要があるか求める. 実験時間内に ① まで行う.

① 以下の 5 種類の試料水 (乳清飲料を水で希釈) を用意し，それぞれの COD を定量する.

表 5 試料水の希釈方法

	希釈	希　釈　方　法	
1	1000 倍	試料水 1 mL → 10 mL （10 倍希釈）	10 倍希釈試料水 1 mL → 100 mL
2	2000 倍	試料水 1 mL → 20 mL （20 倍希釈）	20 倍希釈試料水 1 mL → 100 mL
3	3000 倍	試料水 1 mL → 30 mL （30 倍希釈）	30 倍希釈試料水 1 mL → 100 mL
4	5000 倍	試料水 1 mL → 50 mL （50 倍希釈）	50 倍希釈試料水 1 mL → 100 mL
5	10000 倍	試料水 1 mL →100 mL （100 倍希釈）	100 倍希釈試料水 1 mL → 100 mL

② 試料水の COD に希釈率をかけて，乳清飲料の COD 濃度を計算する.

　　【例】　　1000 倍希釈試料水の濃度　$x \, \mathrm{mg \, L^{-1}}$　→　乳清飲料の濃度　$1000x \, \mathrm{mg \, L^{-1}}$

③ 得られた 30 (5 種類 × 6 班) の COD 濃度データを吟味し，信頼できないデータを削除する.

④ 信頼できる乳清飲料の COD 濃度データを平均し，平均値と標準偏差を求める.

⑤ コップ 1 杯 (200 mL) の乳清飲料を何リットルの水で希釈すると，湖沼 (水道 1 級) の有機汚濁の基準 (COD) に到達できるか計算する.

実験 3　身近な環境水の水質を知る.

　身近な環境水試料を採取し，その水質を調べる. 実験時間内に ③ まで行う.

① 身のまわりの水の水質 (pH，COD，アンモニウムイオン，硝酸イオン，リン酸イオン) について，パックテストを用いて測定する.

② 身のまわりの水の水質 (濁りの度合い) について，透過散乱光測定方式の濁度計を用いて測定する.

③ 結果を表にまとめる.

④ 本実験で得られた結果について，平均値，標準偏差を算出し，文献等を参考にして考察を行う.

引　　用
(1)　宮本理研工業 (株)　http://www.miyamotoriken.co.jp

付表1　水質汚濁に関する環境基準
生活環境の保全に関する環境基準

(1)　河　川

類型	利用目的の適応性	基　準　値				
		水素イオン濃度 (pH)	生物化学的酸素要求量 (BOD)	浮遊物質量 (SS)	溶存酸素量 (DO)	大腸菌群数
AA	水道1級 自然環境保全 およびA以下の欄に掲げるもの	6.5 ～ 8.5	1 mg L^{-1} 以下	25 mg L^{-1} 以下	7.5 mg L^{-1} 以上	50 MPN/100 mL 以下
A	水道2級 水産1級 水　浴 およびB以下の欄に掲げるもの	6.5 ～ 8.5	2 mg L^{-1} 以下	25 mg L^{-1} 以下	7.5 mg L^{-1} 以上	1,000 MPN/100 mL 以下
B	水道3級 水産2級 およびC以下の欄に掲げるもの	6.5 ～ 8.5	3 mg L^{-1} 以下	25 mg L^{-1} 以下	5 mg L^{-1} 以上	5,000 MPN/100 mL 以下
C	水産3級 工業用水1級 およびD以下の欄に掲げるもの	6.5 ～ 8.5	5 mg L^{-1} 以下	50 mg L^{-1} 以下	5 mg L^{-1} 以上	―
D	工業用水2級 農業用水 およびEの欄に掲げるもの	6.0 ～ 8.5	8 mg L^{-1} 以下	100 mg L^{-1} 以下	2 mg L^{-1} 以上	―
E	工業用水3級 環境保全	6.0 ～ 8.5	10 mg L^{-1} 以下	ゴミ等の浮遊が認められないこと.	2 mg L^{-1} 以上	―

1　自然環境保全：自然探勝等の環境保全
2　水道1級：ろ過等による簡易な浄水操作を行うもの
　　水道2級：沈殿ろ過等による通常の浄水操作を行うもの
　　水道3級：前処理等を伴う高度の浄水操作を行うもの
3　水産1級：ヤマメ，イワナ等貧腐水性水域の水産生物用並びに水産2級および水産3級の水産生物用
　　水産2級：サケ科魚類およびアユ等貧腐水性水域の水産生物用および水産3級の水産生物用
　　水産3級：コイ，フナ等，β−中腐水性水域の水産生物用
4　工業用水1級：沈殿等による通常の浄水操作を行うもの
　　工業用水2級：薬品注入等による高度の浄水操作を行うもの
　　工業用水3級：特殊な浄水操作を行うもの
5　環境保全：国民の日常生活(沿岸の遊歩等を含む)において，不快感を生じない限度

(2) 湖　沼 (天然湖沼および貯水量 1,000 万立方メートル以上の人工湖)

類型	利用目的の適応性	基　準　値				
		水素イオン濃度 (pH)	化学的酸素要求量 (COD)	浮遊物質量 (SS)	溶存酸素量 (DO)	大腸菌群数
AA	水道 1 級 水産 1 級 自然環境保全 および A 以下の欄に掲げるもの	6.5 ～ 8.5	1 mg L^{-1} 以下	1 mg L^{-1} 以下	7.5 mg L^{-1} 以上	50 MPN/100 mL 以下
A	水道 2, 3 級 水産 2 級 水　浴 および B 以下の欄に掲げるもの	6.5 ～ 8.5	3 mg L^{-1} 以下	5 mg L^{-1} 以下	7.5 mg L^{-1} 以上	1,000 MPN/100 mL 以下
B	水産 3 級 工業用水 1 級 農業用水 および C の欄に掲げるもの	6.5 ～ 8.5	5 mg L^{-1} 以下	15 mg L^{-1} 以下	5 mg L^{-1} 以上	—
C	工業用水 2 級 環境保全	6.0 ～ 8.5	8 mg L^{-1} 以下	ゴミ等の浮遊が認められないこと.	2 mg L^{-1} 以上	—

1　自然環境保全：自然探勝等の環境保全
2　水道 1 級：ろ過等による簡易な浄水操作を行うもの
　　水道 2 級：沈殿ろ過等による通常の浄水操作を行うもの
　　水道 3 級：前処理等を伴う高度の浄水操作を行うもの
3　水産 1 級：ヒメマス等貧栄養湖型の水域の水産生物用並びに水産 2 級および水産 3 級の水産生物用
　　水産 2 級：サケ科魚類およびアユ等貧栄養湖型の水域の水産生物用および水産 3 級の水産生物用
　　水産 3 級：コイ，フナ等富栄養湖型の水域の水産生物用
4　工業用水 1 級：沈殿等による通常の浄水操作を行うもの
　　工業用水 2 級：薬品注入等による高度の浄水操作，または，特殊な浄水操作を行うもの
5　環境保全：国民の日常生活 (沿岸の遊歩等を含む) において，不快感を生じない限度

類型	利用目的の適応性	基　準　値	
		全窒素	全リン
I	自然環境保全および II 以下の欄に掲げるもの	0.1 mg L^{-1} 以下	0.005 mg L^{-1} 以下
II	水道 1, 2, 3 級 (特殊なものを除く) 水産 1 種 水　浴 および III 以下の欄に掲げるもの	0.2 mg L^{-1} 以下	0.01 mg L^{-1} 以下
III	水道 3 級 (特殊なもの) および IV 以下の欄に掲げるもの	0.4 mg L^{-1} 以下	0.03 mg L^{-1} 以下
IV	水産 2 種 および V の欄に掲げるもの	0.6 mg L^{-1} 以下	0.05 mg L^{-1} 以下
V	水産 3 種 工業用水 農業用水 環境保全	1 mg L^{-1} 以下	0.1 mg L^{-1} 以下

1　自然環境保全：自然探勝等の環境保全
2　水道 1 級：ろ過等による簡易な浄水操作を行うもの
　　水道 2 級：沈殿ろ過等による通常の浄水操作を行うもの
　　水道 3 級：前処理等を伴う高度の浄水操作を行うもの
　　　　　　　「特殊なもの」とは，臭気物質の除去が可能な特殊な浄水操作を行うものをいう
3　水産 1 種：サケ科魚類およびアユ等の水産生物用並びに水産 2 種および水産 3 種の水産生物用

水産 2 種：ワカサギ等の水産生物用および水産 3 種の水産生物用
水産 3 種：コイ，フナ等の水産生物用

4　環境保全：国民の日常生活 (沿岸の遊歩等を含む) において，不快感を生じない限度

(3)　海　域

類型	利用目的の適応性	基　準　値				
		水素イオン濃度 (pH)	化学的酸素要求量 (COD)	溶存酸素量 (DO)	大腸菌群数	ヘキサン抽出物質 (油分等)
A	水産 1 級 水　浴 自然環境保全 および B 以下の欄に掲げるもの	7.8 ～ 8.3	2 mg L^{-1} 以下	7.5 mg L^{-1} 以上	1,000 MPN/100 mL 以下	検出されないこと
B	水産 2 級 工業用水 および C 欄に掲げるもの	7.8 ～ 8.3	3 mg L^{-1} 以下	5 mg L^{-1} 以上	—	検出されないこと
C	環境保全	7.0 ～ 8.3	8 mg L^{-1} 以下	2 mg L^{-1} 以上	—	—

1　自然環境保全：自然探勝等の環境保全

2　水産 1 級：マダイ，ブリ，ワカメ等の水産生物用および水産 2 級の水産生物用
　水産 2 級：ボラ，ノリ等の水産生物用

3　環境保全：国民の日常生活 (沿岸の遊歩等を含む) において，不快感を生じない限度

類型	利用目的の適応性	基　準　値	
		全窒素	全リン
I	自然環境保全および II 以下の欄に掲げるもの (水産 2 種および 3 種を除く)	0.2 mg L^{-1} 以下	0.02 mg L^{-1} 以下
II	水産 1 種 水　浴 および III 以下の欄に掲げるもの (水産 2 種および 3 種を除く)	0.3 mg L^{-1} 以下	0.03 mg L^{-1} 以下
III	水産 2 種 および IV の欄に掲げるもの (水産 3 種を除く)	0.6 mg L^{-1} 以下	0.05 mg L^{-1} 以下
IV	水産 3 種 工業用水 生物生息環境保全	1 mg L^{-1} 以下	0.09 mg L^{-1} 以下

1　自然環境保全：自然探勝等の環境保全

2　水産 1 種：底生魚介類を含め多様な水産生物がバランス良く，かつ，安定して漁獲される
　水産 2 種：一部の底生魚介類を除き，魚類を中心とした水産生物が多獲される
　水産 3 種：汚濁に強い特定の水産生物が主に漁獲される

3　生物生息環境保全：年間を通して底生生物が生息できる限度

付表 2　排水基準

(1)　生活環境項目

項　　　　　目	許　容　限　度
1　pH (海域以外の公共用水域に排出されるもの)	$5.8 \sim 8.6$
pH (海域に排出されるもの)	$5.0 \sim 9.0$
2　生物化学的酸素要求量 (BOD)	$160\,\mathrm{mg\,L^{-1}}$ (日間平均 120)
3　化学的酸素要求量 (COD)	$160\,\mathrm{mg\,L^{-1}}$ (日間平均 120)
4　浮遊物質量 (SS)	$200\,\mathrm{mg\,L^{-1}}$ (日間平均 150)
5　ヘキサン抽出物質含有量 (鉱油類)	$5\,\mathrm{mg\,L^{-1}}$
6　ヘキサン抽出物質含有量 (動植物油脂質)	$30\,\mathrm{mg\,L^{-1}}$
7　フェノール類含有量	$5\,\mathrm{mg\,L^{-1}}$
8　銅含有量	$3\,\mathrm{mg\,L^{-1}}$
9　亜鉛含有量	$5\,\mathrm{mg\,L^{-1}}$
10　溶解性鉄含有量	$10\,\mathrm{mg\,L^{-1}}$
11　溶解性マンガン含有量	$10\,\mathrm{mg\,L^{-1}}$
12　クロム含有量	$2\,\mathrm{mg\,L^{-1}}$
13　フッ素含有量	$15\,\mathrm{mg\,L^{-1}}$
14　大腸菌群数	日間平均 3,000 個/cm^3
15　窒素含有量	$120\,\mathrm{mg\,L^{-1}}$ (日間平均 60)
16　リン含有量	$16\,\mathrm{mg\,L^{-1}}$ (日間平均 8)

(2)　有害物質

項　　　　　目	許　容　限　度
1　カドミウムおよびその化合物	$0.1\,\mathrm{mg\,L^{-1}}$
2　シアンおよびその化合物	$1\,\mathrm{mg\,L^{-1}}$
3　有機リン化合物	$1\,\mathrm{mg\,L^{-1}}$
4　鉛およびその化合物	$0.1\,\mathrm{mg\,L^{-1}}$
5　六価クロム化合物	$0.5\,\mathrm{mg\,L^{-1}}$
6　ヒ素およびその化合物	$0.1\,\mathrm{mg\,L^{-1}}$
7　水銀およびアルキル水銀その他の水銀化合物	$0.005\,\mathrm{mg\,L^{-1}}$
8　アルキル水銀化合物	検出されないこと
9　PCB	$0.003\,\mathrm{mg\,L^{-1}}$
10　トリクロロエチレン	$0.3\,\mathrm{mg\,L^{-1}}$
11　テトラクロロエチレン	$0.1\,\mathrm{mg\,L^{-1}}$
12　ジクロロメタン	$0.2\,\mathrm{mg\,L^{-1}}$
13　四塩化炭素	$0.02\,\mathrm{mg\,L^{-1}}$
14　1,2–ジクロロエタン	$0.04\,\mathrm{mg\,L^{-1}}$
15　1,1–ジクロロエチレン	$0.2\,\mathrm{mg\,L^{-1}}$
16　シス–1,2–ジクロロエチレン	$0.4\,\mathrm{mg\,L^{-1}}$
17　1,1,1–トリクロロエタン	$3\,\mathrm{mg\,L^{-1}}$
18　1,1,2–トリクロロエタン	$0.06\,\mathrm{mg\,L^{-1}}$
19　1,3–ジクロロプロペン	$0.02\,\mathrm{mg\,L^{-1}}$
20　チウラム	$0.06\,\mathrm{mg\,L^{-1}}$
21　シマジン	$0.03\,\mathrm{mg\,L^{-1}}$
22　チオベンカルブ	$0.2\,\mathrm{mg\,L^{-1}}$
23　ベンゼン	$0.1\,\mathrm{mg\,L^{-1}}$
24　セレン	$0.1\,\mathrm{mg\,L^{-1}}$

付表

1. 基本物理定数の値
2. エネルギー換算表
3. 元素・化合物の物理量
4. 放射線 (単位換算)
5. SI 基本単位
6. SI 単位接頭語
7. ギリシャ語アルファベット

1. 基本物理定数の値

物　理　量	記　号	数　　　　値	単　位
真空中の光速	c_0	$299\,792\,458$	$\mathrm{m\,s^{-1}}$
真空の誘電率	ε_0	$8.854\,187\,817 \times 10^{-12}$	$\mathrm{F\,m^{-1}}$
真空の透磁率	$\mu_0(= 4\pi \times 10^{-7})$	$12.566\,370\,614 \times 10^{-7}$	$\mathrm{N\,A^{-2}}$
万有引力定数	G	$6.67408\,(31) \times 10^{-11}$	$\mathrm{N\,m^2\,kg^{-2}}$
プランク定数	h	$6.626\,070\,150\,(69) \times 10^{-34}$	$\mathrm{J\,s}$
	$h/2\pi$	$1.054\,571\,800\,(13) \times 10^{-34}$	$\mathrm{J\,s}$
電気素量	e	$1.602\,176\,6341\,(83) \times 10^{-19}$	C
量子コンダクタンス	$2e^2/h$	$7.748\,091\,7310\,(18) \times 10^{-5}$	S
電子質量	m_e	$9.109\,38356\,(16) \times 10^{-31}$	kg
陽子質量	m_p	$1.672\,621\,898\,(48) \times 10^{-27}$	kg
ボーア半径	a_0	$5.291\,772\,1067 \times 10^{-11}$	m
リュードベリ定数	R_∞	$1.097\,373\,156\,8508\,(65) \times 10^{7}$	$\mathrm{m^{-1}}$
アボガドロ定数	N_A	$6.022\,140\,758\,(62) \times 10^{23}$	$\mathrm{mol^{-1}}$
ボルツマン定数	k_B	$1.380\,64903\,(51) \times 10^{-23}$	$\mathrm{J\,K^{-1}}$
ファラデー定数	$F = N_\mathrm{A} e$	$96485.3383\,(83)$	$\mathrm{C\,mol^{-1}}$
気体定数	R	$8.314\,4598\,(48)$	$\mathrm{J\,mol^{-1}\,K^{-1}}$
水の3重点	$T_\mathrm{tw}.\ T_\mathrm{tp}$	273.16	K
セルシウス温度目盛りのゼロ点	$0\,^\circ\mathrm{C}$	273.15	K
理想気体のモル体積 $T = 273.15\,\mathrm{K},\ p = 100\,\mathrm{kPa}$	V_0	$2.241\,3962\,(13) \times 10^{-2}$	$\mathrm{m^3\,mol^{-1}}$

Peter J. Mohr and Barry N. Taylor, CODATA Recommended Values of the Fundamental Physical Constants : 2002, Rev. Mod. Phys. vol. 77 (1) 1–107 (2005).
http://physics.nist.gov/cuu/Constants/index.html

2. エネルギー換算表

	eV	J	波数 [cm^{-1}]	周波数 [Hz]	温度 [K]	磁場 [T]	備考
1 eV =	1	1.60218×10^{-19}	8.06554×10^{3}	2.41799×10^{14}	1.16045×10^{4}	1.72760×10^{4}	
1 J =	6.24151×10^{18}	1	5.03412×10^{22}	1.50919×10^{33}	7.24296×10^{22}	1.07828×10^{23}	
1 cm^{-1} =	1.23984×10^{-4}	1.98645×10^{-23}	1	2.99792×10^{10}	1.438775	2.14195	$hc \times$ 波数
1 Hz =	4.13567×10^{-15}	6.62607×10^{-34}	3.33564×10^{-11}	1	4.79924×10^{-11}	7.14477×10^{-11}	$h \times$ 周波数
1 K =	8.61734×10^{-5}	1.380651×10^{-23}	6.95036×10^{-1}	2.08366×10^{10}	1	1.48873	$k_B \times$ 温度
1 T =	5.78838×10^{-5}	9.27401×10^{-24}	4.66865×10^{-1}	1.39962×10^{10}	6.71713×10^{-1}	1	$\mu_B \times$ 磁界

Peter J. Mohr and Barry N. Taylor, CODATA Recommended Values of the Fundamental Physical Constants: 2002, Rev. Mod. Phys. vol. 77 (1) 1–107 (2005).

http://physics.nist.gov/cuu/Constants/index.html

3. 元素・化合物の物理量

元素・物質	融点 [°C]	沸点 [°C]	密 度 [g cm^{-3}]	比 熱 [J g^{-1} K^{-1}]	抵 抗 率 [$\mu\Omega$ cm $= 10^{-8}\,\Omega$ m]		
亜鉛 (Zn)	419.53	907	7.14	0.385(0 °C)	5.5(0 °C)		
アルミ (Al)	660	2519	2.70	0.88(0 °C)	2.5(0 °C)	10.6(20 °C)	
金 (Au)	1064.18	2856	19.3	0.128(0 °C)	2.05(0 °C)	2.35(20 °C)	0.5(77 K)
銀 (Ag)	961.78	2162	10.5	0.235(0 °C)	1.47(0 °C)	1.59(20 °C)	0.3(77 K)
鉄 (Fe) 純	1538	2862	7.79	0.435(0 °C)	8.9(0 °C)		
鉛 (Pb)	327.5	1749	11.34	0.129(0 °C)	19.2(0 °C)		
銅 (Cu)	1084.6	2562	8.96	0.379(0 °C)	1.55(0 °C) 1.67(20 °C)		0.2(77 K)
白金 (Pt)	1768	3825	21.45	0.132(0 °C)	9.81(0 °C)	10.6(20 °C)	1.96(77 K)
真鍮	900		8.4	0.387(0 °C)	6.3(0 °C)		
ステンレス	1480		7.5	0.5(0 °C)	73.7(RT(非磁性)) $\begin{cases}62.2(\text{RT(SUS 410)})\\72\quad(\text{RT(SUS 18–8)})\end{cases}$		
YBa$_2$Cu$_3$O$_7$					$0.5 \times 10^4 - 5 \times 10^4$		
ガラス	550		2.5	~0.5(RT)			
ヘリウム (He)		−268.9	0.179(g L^{-1})				
酸素 (O$_2$)	−218.8	−182.96	1.429(g L^{-1})	0.922(16 °C)			
窒素 (N$_2$)	−210	−195.8	1.250(g L^{-1})	1.034(16 °C)			
水 (H$_2$O)	0	100	0.99984	4.2174(0 °C)			
			0.99970	4.1919(10 °C)			
			0.99820	4.1816(20 °C)			
			0.99565	4.1782(30 °C)			
			0.99222	4.1783(40 °C)			

RT：室温

4. 放射線 (単位換算)

照射線量

R(r)	C/kg
1	0.000258
3876	1

R：レントゲン
C：クーロン

放射能

Ci(c)	dps	s^{-1}	Bq
1	3.7×10^{10}	3.7×10^{10}	3.7×10^{10}
2.7×10^{-11}	1	1	1

Ci：キュリー
dps：1秒間の崩壊数
Bq：ベクレル

等価線量および線量等量

rem	J/kg	Sv
1	0.01	0.01
100	1	1

rem：レム
J：ジュール
Sv：シーベルト

吸収線量

rad	erg/g	J/kg	Gy
1	100	0.01	0.01
0.01	1	0.0001	0.0001
100	1000	1	1

rad：ラド
erg：エルグ
J：ジュール
Gy：グレイ

5. SI 基本単位

物理量	物理量の記号	SI 単位の名称	SI 単位の記号
長さ	l	メートル	m
質量	m	キログラム	kg
時間	t	秒	s
電流	I	アンペア	A
熱力学温度	T	ケルビン	K
物質量	n	モル	mol
光度	I_v	カンデラ	cd

6. SI 単位接頭語

倍数	接頭語	記号	倍数	接頭語	記号
10^{30}	クエタ	Q	10^{-1}	デシ	d
10^{27}	ロナ	R	10^{-2}	センチ	c
10^{24}	ヨタ	Y	10^{-3}	ミリ	m
10^{21}	ゼタ	Z	10^{-6}	マイクロ	μ
10^{18}	エクサ	E	10^{-9}	ナノ	n
10^{15}	ペタ	P	10^{-12}	ピコ	p
10^{12}	テラ	T	10^{-15}	フェムト	f
10^{9}	ギガ	G	10^{-18}	アト	a
10^{6}	メガ	M	10^{-21}	ゼプト	z
10^{3}	キロ	k	10^{-24}	ヨクト	y
10^{2}	ヘクト	h	10^{-27}	ロント	r
10	デカ	da	10^{-30}	クエクト	q

7. ギリシャ語アルファベット

A	α	Alpha	アルファ	N	ν	Nu	ニュー
B	β	Beta	ベータ	Ξ	ξ	Xi	グザイ
Γ	γ	Gamma	ガンマ	O	o	Omicron	オミクロン
Δ	δ	Delta	デルタ	Π	π	Pi	パイ
E	ε	Epsilon	イプシロン	P	ρ	Rho	ロー
Z	ζ	Zeta	ツェータ	Σ	σ	Sigma	シグマ
H	η	Eta	イータ	T	τ	Tau	タウ
Θ	θ	Theta	シータ	Υ	υ	Upsilon	ウプシロン
I	ι	Iota	イオタ	Φ	ϕ	Phi	ファイ
K	κ	Kappa	カッパ	X	χ	Chi	カイ
Λ	λ	Lambda	ラムダ	Ψ	ψ	Psi	プサイ
M	μ	Mu	ミュー	Ω	ω	Omega	オメガ

索　引

欧　文

A/D コンバータ　4
BOD　68
COD　68
D/A コンバータ　5
Geiger-Mueller (GM)
　管の原理　51
GPIB　21
G タンパク質　109
Lineweaver–Burk プ
　ロット　86
$Nd_2Fe_{14}B$　23
Paramecium
　caudatum　130
PCR (polymerase
　chain reaction)　138
pH　221
pH 指示薬　82
pH メータ　78
Planck 定数　76
P 波　200
R_f 値　106
S 波　200
TLC　106
VLF 帯電磁波動　210
$YBa_2Cu_3O_7$　18, 23
α 線　49
β–カロチン　129
β 線　49
γ 線　49

あ　行

亜硝酸態窒素　224
アナログオシロスコープ
　5
アナログ回路　4
アナログ信号　4
あられ　209
アルカリ長石　184
アルキル基　91
安山岩　186
アンペール・マクスウェ
　ルの法則　210
アンモニア態窒素　224
位相　34
1 次反応速度定数　85
移動相　106
色指数　187

ウィッティッヒ反応　102
浮き磁石　23
永久磁石　23
栄養塩　221
液体窒素　17, 18
エステル　109
エステル化　111
エネルギー効率　58
塩基　102, 103, 104
オシロスコープ　4
汚濁階級指数　157
汚濁度　157
オープンニコル　195
オームの法則　17, 21

か　行

回折　27
回折格子　27, 29
開放ニコル　195
界面活性剤　100
界面張力　101
化学エネルギー　58
化学感覚　109
化学的酸素要求　222
化学的酸素要求量　68
化学量論　69
河岸段丘　170
角閃石　184
拡張係数　101
花こう岩　186
火山ガラス　183, 186
火山岩　182, 192
火山噴出物　178
可視吸収スペクトル　75
加水分解反応　84
ガスクロマトグラフィー
　109
火成岩　174, 182, 191
カップリング反応　102
加熱還流　109
過マンガン酸カリウム
　69
雷放電　209
空試験　73
ガラスデュワー　19
ガラス電極　82
カラムクロマトグラ
　フィー　106
カルボキシ基　91

カロチン　128
環境汚染　157
環境基準　68, 220
還元剤　69
還元的脱離　103
干渉色　195, 196
岩石　191
岩石圏　182
岩石薄片　193
完全反磁性　23
かんらん岩　187
かんらん石　184
擬 1 次反応速度定数　89
基質　85
キモトリプシン　84, 86
キャピラリー　107
キャリヤーガス　115
吸引びん　105
吸引ろ過　74, 105
求核攻撃　112
吸光度　76, 84
吸収極大　86
吸収スペクトル　75
吸収線量　50
共鳴　35
桐山ロート　105
空中写真　164
屈折波　202
グリニャール反応　102
クリーニング　155
黒雲母　184
クロスニコル　194
グローブ燃料電池　58
クロマトグラフィー
　102, 105, 106
クロマトビューキャビ
　ネット　108
クロロフィル　128, 129
珪藻　154
結合角　91
結合距離　91
結合性軌道　75
結晶構造　187
結晶作用　191
結晶軸　187
結晶面　187
減衰　207
原生動物　130
玄武岩　186

検量線　76
光学顕微鏡　120
光合成色素　125
合成　102
酵素　84
酵素基質複合体　85
光電変換素子 (フォトダ
　イオード)　14
硬度　188
鉱物　191
交流電流計　35
固体高分子型燃料電池
　58
固体高分子電解質膜　59
固定相　106
駒込ピペット　104, 105
固有振動数　34
根端細胞　122

さ　行

最確値　44
砕屑粒子　183
最大反応速度　89
最大飛程　55
細胞小器官　130
細胞分裂　123
砂岩　178
酢酸パラジウム
　102, 103, 104
錯生成 (キレート) 反応
　69
酸塩基平衡　75
酸解離定数　80
酸化還元滴定　68
酸化還元反応　69
酸化剤　69
酸化的付加　103
酸化物高温超伝導体　17
残留抵抗　18
紫外線　108
紫外線照射　106
識別珪藻群　157
シクロヘキサン　101
自形　183, 187, 192
指示薬　69
自浄作用　220
沈み込み帯　182
実体視　164
実体波　200

シビア気象現象　209
指標生物　154
斜消光　196
斜長石　184
斜方輝石　184
シュウ酸ナトリウム　69
収縮胞　130
収率　105
重力加速度　47
受容タンパク質　109
主要動　200
純度　109
衝撃変成作用　193
消光　196
硝酸態窒素　224
照射線量　50
蒸発散　223
上部マントル　182
初期濃度　89
初期微動　200
触媒　84, 102, 103, 104
触媒サイクル　103
植物細胞　123
食胞　130
シリカゲル TLC シート
　　107
親水性　91
深成岩　182, 192
振動数　34
心拍センサー　4
振幅　34, 207
水質汚濁　220
鈴木–宮浦カップリング
　反応　102, 103
ステアリン酸　91
ステレオスコープ　164
スポイト　104
スポット　106, 107, 108
スメアー法　122
スリット　28
正極性 CG 放電　210
生成速度　85
生成物　84
生物化学的酸素要求　222
石英　184
絶縁破壊　210
絶縁破壊電場　210
石灰岩　178
接眼レンズ　120
石基　183, 192
接触抵抗　18, 24
接触変成作用　193
セリンプロテアーゼ　86

遷移金属　103
扇状地　169
繊毛　130
繊毛虫　130
線量当量　50
閃緑岩　187
造岩鉱物　184
走時　201
走時曲線　201
双晶　196
走性 (タキシス)　131
総発熱量　63
ゾウリムシ　130
藻類　154
続成作用　192
疎水性　91

た　行

大核　130
堆積岩　174, 182, 192
堆積構造　183
堆積物　172
対物レンズ　120
他形　192
多形　193
多色性　195
脱水反応　109
多様度指数　156
炭酸カリウム　102, 104
単斜輝石　184
炭素―炭素結合
　　102, 103
タンパク質分解酵素　84
単分子膜　91
地殻　182
地形形成　165
地形図　164
地形断面図　171
地質プロセス　165
窒素　221, 224
チャート　178
中性子線　50
中和反応　69
超苦鉄質岩　186
超伝導　17, 18
超伝導転移温度　18
直消光　196
直接波　202
直接波 (地表波)　211
直交ニコル　194
沈殿反応　69
抵抗　17
抵抗率　24, 25

定在波　34
低周波増幅器　35
定常波　34
定電流発生器　19
ディールス–アルダー反
　応　102
滴定分析　70
デジタル・オシロスコー
　プ　213, 214
デジタルストレージオシ
　ロスコープ　4
電圧　17
電位依存性チャネル　109
電位差　84
電解質　59
展開槽　107
展開溶媒　107
電気泳動　138
電気エネルギー　58
電気抵抗　17
電気分解　59
電気分解素子　59, 60
電極　78
電子遷移　75
電磁誘導の法則　210
伝導度　84
電離圏　211
電流　17
透過度　76
等吸収点　81
島弧–海溝系　182
同質異像　193
透視度　222
透視度計　227
動物細胞　123
等粒状組織　192
当量点　69
共洗い　71
トランスメタル化　103
トリガー　10

な　行

内部抵抗　61
ナス型フラスコ　104, 105
2 端子法　17, 24
入力抵抗　24
ネオジウム磁石　23
ネギ　122
燃料電池　58
ノーベル化学賞　102

は　行

排水基準　220

薄層クロマトグラフィー
　　102, 106, 124
薄片　193
波数　35
白金抵抗温度計　19
パックテスト　228
パーティクルモーション
　　208
波動　34
腹　35
パラジウム　102, 103
パラジウム黒　104
反結合性軌道　75
半自形　192
反射波　202
反射波 (空間波)　211
斑晶　192
斑晶鉱物　183
斑状組織　192
バンデグラフ　213
反応機構　103, 111
反応次数　84
反応速度　73, 84
反応速度解析　84
反応速度定数　84, 85
反応物　84
万有引力定数　41
はんれい岩　186
被圧地下水　223
比較電極　82
微化石　180
ピーク電流値
　　210, 218, 219
比重計　189
ビフェニル　104
ピペット　70
ビュレット　71
標準誤差　45
標準物質　106, 107
標準溶液　69
氷晶　209
表面圧　100
表面張力　100
表面波　200
不圧地下水　223
ファンデルワールス半径
　　91
風化作用　175
富栄養化　220
フェニルボロン酸
　　102, 103, 104
フェノール性ヒドロキシ
　基　77

不確定性関係　　　　　32
負極性 CG 放電　　　210
複屈折　　　　　　　197
節　　　　　　　　　　35
浮遊物質　　　　　　222
プライマー　　　　　139
プラトー　　　　　　53
プロトン　　　　　　112
ブロモチモールブルー
　　　　　　　　　　75
分解速度　　　　　　85
分光学的手法　　　　84
分光光度計　　　　　78
分光法　　　　　　　76
分散関係　　　　　　35
分散性　　　　　　　201
分子軌道　　　　　　76
平衡定数　　　　　　116
劈開　　　　　　　　195
ベクレル　　　　　　50
ヘリウム　　　　19, 25
偏光顕微鏡　　　　　191
変成岩　　174, 182, 193

ベンゼン　　　　　　101
変動帯　　　　　　　182
ポアソン分布　　　　54
放射線　　　　　　　49
補色　　　　　　　　77

ま 行

マイスナー効果　23, 25
マウス骨髄腫細胞　　122
マグマ　　　　　　　182
マルチメーター　　　19
ミカエリス定数　85, 89
ミカエリス–メンテン 85
密度　　　　　　　　189
脈拍　　　　　　　　14
無色鉱物　　　174, 184
無定位運動性 (カイネシ
ス)　　　　　　131
メスフラスコ　　　　71
メニスカス　　　　　70
毛管現象　　　　　　106
モースの硬度計　　　188
モノポールアンテナ 211

モル吸光係数　　76, 87

や 行

有機汚濁　　　　　　220
有機化合物　　　　　102
有機金属化合物　　　103
有機合成　　　102, 103
有機ハロゲン化物
　　　　　　　102, 103
有機ホウ素化合物　　103
有機ボロン酸　　　　103
有効数字　　　　　　99
有色鉱物　　　174, 184
油滴　　　　　　　　100
陽子交換膜　　　　　59
溶存酸素　　　　　　222
4 端子法　　18, 20, 24
4–ビフェニルカルボン酸
　　102, 103, 105, 106,
　　107, 108
4–ブロモ安息香酸
　　102, 103, 106, 107,
　　108

ら 行

裸眼実体視　　　　　165
ラブ波　　　　　　　200
ランベルト–ベールの法
　　則　　　　　　76
リサージュ図　　　　212
リサージュ図形　　　12
理想気体　　　　　　25
リソスフェア　　　　182
立体異性体　　　　　110
流紋岩　　　　　　　186
離溶組織　　　　　　196
リン　　　　　　　　221
リン酸　　　　　　　230
累帯構造　　　192, 196
ループアンテナ　　　211
レイリー波　　　　　200
礫岩　　　　　　　　178
レセプター　　　　　109
濾紙クロマトグラフィー
　　　　　　　　　106

自然科学実験

| 2006 年 3 月 31 日 | 第 1 版　第 1 刷　発行 |
| 2024 年 3 月 31 日 | 第 1 版　第 19 刷　発行 |

編　　者　　北海道大学自然科学実験編集委員会
発 行 者　　発 田 和 子
発 行 所　　株式会社　学術図書出版社

〒113−0033　　東京都文京区本郷 5 丁目 4 の 6
TEL 03−3811−0889　　振替　00110−4−28454
印刷　中央印刷 (株)